高等职业教育产教融合特色系列教材

工业网络与组态技术

主　编　熊　飞　方　芳　吴慧玲

北京理工大学出版社
BEIJING INSTITUTE OF TECHNOLOGY PRESS

内 容 简 介

本教材分为理论篇和实践篇。理论篇主要的内容为工业网络概述、通信基础、计算机网络。理论篇主要介绍工业网络概念、计算机控制系统概念和发展、常见的工业控制网络；通信概念和通信技术的基础知识；计算机网络的概念和组建基础知识。实践篇包括5个项目内容，项目一串行通信应用；项目二PROFIBUS基础与组网应用；项目三工业以太网组网应用；项目四WINCC项目；项目五HMI项目。基于西门子工业控制系统和博途软件，实现常见总线和工业以太网络的组建、WINCC组态、HMI组态的应用。本教材的实践项目均提供微课视频资源，另外本书还配套相关的课件等资源。

本教材在基本理论学习的基础上着重实践的应用，紧密的结合了西门子最先进的工业控制系统。可作为高等院校、高职院校自动化类专业的教材，也可作为从事现场总线、工业网络系统设计、组建、开发应用的技术人员的培训教材。

版权专有　侵权必究

图书在版编目（ＣＩＰ）数据

工业网络与组态技术／熊飞，方芳，吴慧玲主编
. －－北京：北京理工大学出版社，2024.3（2024.7重印）
ISBN 978 – 7 – 5763 – 3627 – 6

Ⅰ. ①工… Ⅱ. ①熊… ②方… ③吴… Ⅲ. ①工业控制计算机 – 计算机网络 – 高等职业教育 – 教材 Ⅳ. ①TP273

中国国家版本馆 CIP 数据核字（2024）第 046788 号

责任编辑：钟　博　　　　文案编辑：钟　博
责任校对：周瑞红　　　　责任印制：李志强

出版发行 ／ 北京理工大学出版社有限责任公司
社　　址 ／ 北京市丰台区四合庄路 6 号
邮　　编 ／ 100070
电　　话 ／ (010) 68914026（教材售后服务热线）
　　　　　　（010) 68944437（课件资源服务热线）
网　　址 ／ http://www.bitpress.com.cn

版 印 次 ／ 2024 年 7 月第 1 版第 2 次印刷
印　　刷 ／ 涿州市新华印刷有限公司
开　　本 ／ 787 mm × 1092 mm　1/16
印　　张 ／ 18.25
字　　数 ／ 425 千字
定　　价 ／ 49.90 元

图书出现印装质量问题，请拨打售后服务热线，负责调换

前 言

随着计算机技术与通信技术的发展,计算机控制技术和计算机网络通信技术结合工业制造形成了新的工业网络控制技术。如今工业网络控制技术得到了极大的发展,实现了大量的应用,而工业网络与组态技术是实现工业网络组网控制的关键,其包含数据通信基础、工业现场总线基础、工业以太网和网络组建、工业组态软件的应用等内容。从高等职业专业教学来看,"工业网络与组态技术"课程已成为智能控制技术、电气自动化技术等相关专业的核心课程。

本书从培养应用型人才的实际要求出发,结合西门子工业控制系统,以任务为导向,在通信基础、计算机网络基础、工业控制网络基本理论学习的基础上,展开项目任务和组网训练。

编者在总结长期教学经验和工程实践的基础上,联合相关企业人员,共同编写了本书,力争使读者通过"看书"就能学会工业控制网络组建的相关技术。本书力求简单和详细,用简单任务引领读者入门,让读者在学习理论部分后能完成相应的任务。

本书贯彻落实党的二十大精神,助推中国制造高质量发展及深入实施人才强国战略,具有如下特色。

(1) 以基本理论为学习基础。梳理工业网络组网的基本理论,详细介绍相关内容。

(2) 以任务促进学习。多次论证项目任务,明确项目目标,加强任务驱动。

(3) 以实践提高应用能力。项目任务可操作性强,能较好地训练组网能力。

本书共分为上、下两篇,共八个项目。本书由重庆工程职业技术学院的熊飞、方芳、吴慧玲主编。本书的项目一、二、四～六由熊飞编写,重庆西门雷森精密装备制造研究院有限公司岳海胜参与了项目四～六的任务论证工作,罗汪滔参与了项目四～六的任务验证工作;项目三由吴慧玲编写;项目七、八由方芳编写。

由于编者水平有限,本书的疏漏和不足在所难免,恳请读者批评指正,编者将万分感谢!

编　者

目　录

上篇

理论篇

（1）了解工业网络的概念，熟悉工业网络的层次结构。
（2）了解自动控制系统的概念，熟悉闭环控制系统。
（3）了解计算机控制系统的概念，熟悉计算机控制系统的组成。
（4）了解计算机控制系统的发展和分类，熟悉现场总线控制系统和工业以太网。
（5）理解工业控制网络的特点，了解各种常见的工业控制网络的概念和特点。
（6）养成独立学习、自主解决问题的学习习惯。
（7）能按照学习要求完成学习任务，具有敬业精神。

1.1 工业网络概述

工业网络通常指工业控制网络，即以具有通信能力的传感器、执行器、测控仪表作为网络节点，以现场总线作为通信介质连接而成的具有开放式、数字化、多节点通信特性，能够完成测量控制任务的网络。

工业控制网络是应用于企业信息系统现场控制层和过程监控层的通信网络，属于一种特殊类型的计算机网络，是近年来随着工业数据通信与控制网络的发展而形成的自控领域的网络，是计算机网络、通信技术与自控（自动控制）技术结合的产物。

为了适应企业管理控制一体化的应用需要，随着自动控制、计算机、通信、网络等技术的发展，企业的信息集成系统逐渐壮大，覆盖从现场控制到监控、市场、经营管理的各个层次以及从原料采购到生成加工的各个环节、经营管理的各个层次；同时，企业的信息管理系统对工业数据通信的开放性、对底层控制网络的功能与性能都提出了更高的要求。工业控制网络因此得到了比较大的发展，经历了集散控制系统、现场总线控制系统、工业以太网控制系统几个阶段。随着无线网络、物联网的兴起和相关技术的应用，工业物联网得以兴起并有了比较大的发展及较普遍的应用。

随着互联网技术的深入应用，工业企业控制网络、企业信息网络、互联网的结合发展，逐步形成了工业互联网。

工业互联网（Industrial Internet）是新一代信息通信技术与工业经济深度融合的新型基础设施、应用模式和工业生态，它通过对人、机、物、系统等的全面连接，构建起覆盖全产业链、全价值链的全新制造和服务体系，为工业乃至产业数字化、网络化、智能化发展提供了实现途径，是第四次工业革命的重要基石。

可见工业网络的概念随着技术的发展和应用得到了放大和延伸，从工业控制网络逐步演变为工业企业的管理、生产、控制网络，形成了工业互联网的技术和形态。

按照工业网络的功能结构，工业网络可分为企业资源规划层（ERP）、制造执行系统层（MES）、现场总线控制系统层（FCS）三层（图1－1）。

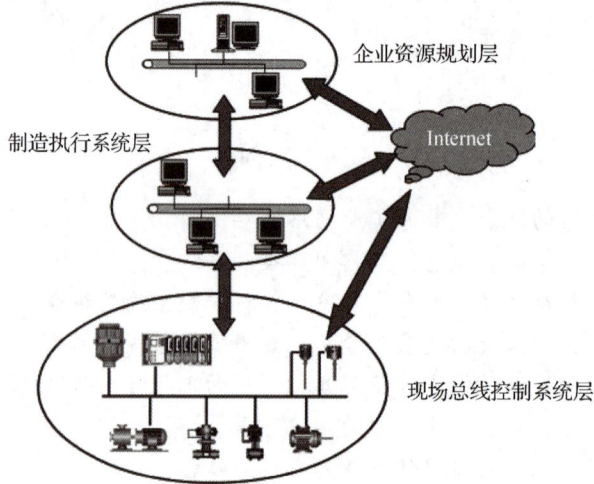

图1－1　工业网络层次划分

企业信息和控制网络结构在早期比较复杂，随着网络技术的发展，网络的层次结构越来越清晰，趋于扁平化和简洁化，上面三层各自完成相应的功能，从而实现工业控制和企业内部的信息传输，为企业的生产规划、信息传递、自动化运行提供网络基础。

顶层为企业资源规划层，该层通过在分布式的网络结构中构建一个企业信息网络系统，从而实现企业经营管理信息化，实施销售管理、采购管理、库存管理、办公管理、设备管理、人事管理、财务管理、数据分析与挖掘等，实现企业各个系统间的数据集成和共享，消除数据孤岛，实现企业的精细化管理；将来自制造执行系统层的信息进行存储和管理、分析和应用，从而为企业的经营决策提供服务；还可以通过网络远程了解现场总线控制系统的运行情况等。

中间层为制造执行系统层，主要负责车间生产管理和计划执行。制造执行系统可以在统一平台上集成诸如生产调度、生产统计、产品跟踪、物料配送、质量控制、仓库管理、设备故障分析等管理功能，使用统一的数据库，通过网络连接可以同时为生产部门、质检部门、工艺部门、物流部门等提供车间管理信息服务，集成现场各个过程控制子系统的信息和生产管理系统的信息，实现生产过程的管控一体化。

底层为现场控制层或者现场总线控制系统层。底层为工业网络部分，以具有通信能力的传感器、执行器、测控仪表作为网络节点，以现场总线作为通信介质，具有开放式、数字化、多节点通信特性，能够完成测量控制任务。现场总线控制系统层的功能一是完成自动化生产控制任务，二是完成各种信息的采集和传递，即生产装置运行参数的测量值、控制量、阀门的工作位置、开关状态、报警状态、设备的资源与维护信息、系统组态、参数修改、零点量程调校信息等。

1.2 自动控制系统和计算机控制系统

1.2.1 自动控制系统概述

1. 自动控制系统的概念和组成

在工业生产中，为了实现生产的自动化，需要构建各种各样的控制系统。为了实现生产过程的自动化所构建的系统称为自动控制系统。所谓自动控制，是指在没有人直接参与的条件下，利用控制装置使被控对象的某些物理量（或状态）自动地按照预定的规律运行。

在工业方面，对于冶金、化工、机械制造等生产过程中涉及的各种物理量，包括温度、流量、压力、厚度、张力、速度、位置、频率、相位等，都有相应的控制系统。在此基础上还可以通过数字计算机建立控制性能更好和自动化程度更高的数字控制系统，以及具有控制与管理双重功能的过程控制系统。

自动控制系统的组成通常包括控制装置和被控对象。控制装置通常包括控制单元、检测变送单元、执行单元。

2. 自动控制系统的控制方式

自动控制系统的控制方式按照自动控制系统的结构分为开环控制、闭环控制，每种控制方式都有其自身的特点及不同的适用场合。

1）开环控制

只有给定量（输入量）影响输出量（被控制量），输出量只能受控于控制量，而不能反过来影响控制量的控制方式称为开环控制。

开环控制系统可以用结构示意图表示，如图1-2所示。

给定量(输入量) → 控制器 → 控制量 → 被控制对象 → 输出量(被控制量)

图1-2 开环控制系统

开环控制的特点是只有输入量对输出量产生控制作用；从控制结构来看，只有从输入端到输出端的信号传递通道（该通道称为前向通道），结构简单，容易实现。

开环控制系统的控制精度完全通过采用高精度元件和有效的抗干扰措施来保证。

对于开环控制系统，或者不存在不稳定问题，或者不稳定问题容易解决。

开环控制系统适用于输入量已知、扰动小的控制场景。一般基于时序和给定逻辑的自动控制系统都是开环控制系统，比如红绿灯控制系统、洗衣机控制系统等。

2）闭环控制

必须对输出量进行测量，并将测量的结果反馈到输入端与输入量相减得到偏差，再由偏差产生直接控制作用去消除偏差的控制方式称为闭环控制。可见，整个自动控制系统形成一个闭合环路。把输出量直接或间接地反馈到输入端，形成闭环参与控制的系统称为闭环控制系统。由于闭环控制系统是根据负反馈原理按偏差进行控制的，所以也叫作闭环负反馈控制系统（图1-3）。

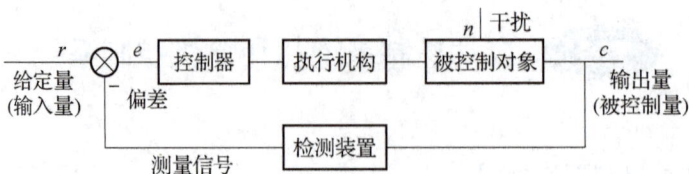

图 1-3　闭环控制系统

被控制对象：指被控制的机器、设备或生产过程等，如水塔、锅炉、电动机等。

控制器：对被控制对象进行控制的装置，如电动阀、气动阀、伺服电动机等。

给定量（输入量）：参考输入，如给定的温度、压力等。

干扰：除给定量外，引起输出量变化的因数，如炉温控制系统中的环境温度的变化、煤气的压力变化等。

输出量（被控制量）：表征被控制对象工作状态的物理参量。

控制任务实际上就是形成控制作用的规律，不管是否存在扰动，均能使被控制对象的输出量满足给定量的要求。

闭环控制系统的特点如下。

（1）闭环控制系统中除前向通道外，还必须有从输出端到输入端的信号传递通道，使输出量也参与控制，该通道称为反馈通道。闭环控制系统就是由前向通道和反馈通道组成的，结构复杂。

（2）闭环控制系统能抑制内部和外部各种形式的干扰，对干扰不敏感。因此，可以采用不太精密和成本较低的元件来构成控制精度较高的系统。

（3）对闭环控制系统的稳定性始终是首要问题。稳定是闭环控制系统正常工作必要条件。

闭环负反馈控制系统可以进行自动补偿，抗干扰能力强，精度高，适用于给定量为定值的场景，其所控制的物理量通常有温度、压力、流量、电压、转速、位移和力等。

3. 自动控制系统的发展

随着工业控制系统的发展，可以把自动控制系统的发展分为两个阶段：一是早期的控制系统，主要为模拟仪表控制系统；二是应用于工业控制的计算机控制系统（Computer Control System，CCS）。

早期的模拟仪表控制系统中现场的控制仪表主要有气动控制仪表和电动控制仪表，控制仪表内和控制仪表间传递的是模拟信号，只能对单个回路进行控制，各回路间不能交换信息；可以对这些控制仪表的信号进行显示和监测，但不能构成控制网络。

自世界第一台电子计算机问世后，计算机首先被用来自动检测化工生产过程中的过程参量并进行相关的数据处理，同时人们研究了计算机的开环控制，逐步形成了计算机监视系统。到 20 世纪 60 年代，出现了用于过程控制的计算机，实现了直接数字控制；后经集中式计算机控制系统发展到以微处理器为核心的分层式控制系统，通过计算机实现了对生产过程的集中监视、操作和管理控制，计算机控制系统逐步发展起来。伴随着计算机处理器等技术的发展，计算机控制系统随之发生相应的变革，最终应用于工业生产并对工业生产产生巨大影响。

1.2.2 计算机控制系统

计算机控制系统是应用计算机参与控制并借助一些辅助部件与被控制对象联系，以获得一定控制目的而构成的系统。这里的计算机通常指各种规模的数字计算机，如从微型到大型的通用或专用计算机。计算机控制系统是自动控制系统发展的高级阶段，是自动控制系统非常重要的一个分支。计算机控制系统利用计算机的软件和硬件代替自动控制系统中的控制器，它以自动控制理论和计算机技术为基础，综合了计算机、自动控制和生产过程等多方面的知识。

计算机控制系统主要由控制计算机和被控制对象两大部分组成，工业控制中还包括各种自动控制仪表。控制计算机包括计算机本身及外围设备，由硬件和软件系统组成。硬件包括计算机、输入/输出通道、人机接口、外部存储器等。软件系统是完成各种功能的计算机程序的总和，通常包括系统软件和应用软件。

被控制对象的范围很广，包括各行各业的生产过程、机械装置、交通工具、机器人、实验装置、仪器仪表、家庭生活设施、家用电器和儿童玩具等。控制目的可以是使被控制对象的状态或运动过程达到某种要求，也可以是达到某种最优化目标。计算机控制系统通常具有精度高、速度快、存储容量大和具有逻辑判断功能等特点，因此可以实现高级复杂的控制方法，获得快速精密的控制效果。

与一般自动控制系统相同，计算机控制系统可以是闭环的，这时计算机要不断采集被控制对象的各种状态信息，按照一定的控制策略处理后，输出控制信息直接影响被控制对象（图1-4）。由于控制计算机输入和输出的是数字信号，而现场采集到的信号或送到执行机构的信号大多是模拟信号，所以与常规的按偏差控制的闭环负反馈系统相比，计算机控制系统需要有数/模转换（D/A）和模/数转换（A/D）这两个环节。

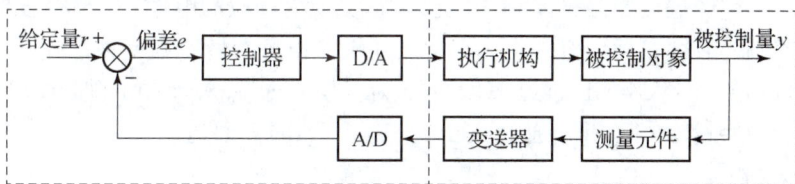

图1-4 计算机闭环控制系统

计算控制系统也可以是开环的，这时有两种方式实现控制：一种是控制计算机只按时间顺序或某种给定的规则（程序）影响被控制对象；另一种是控制计算机将来自被控制对象的信息处理后，只向操作人员提供操作指导信息，然后由人工影响被控制对象。

1. 计算机控制系统的硬件

计算机控制系统的硬件主要包括：微处理器或微控制器、存储器（ROM/RAM）、输入/输出通道、A/D与D/A转换器接口通道、人机接口（如显示器、键盘、鼠标等）、网络通信接口、实时时钟和电源等（图1-5）。

各硬件通过微处理器或微控制器的地址总线、数据总线和控制总线（亦称系统总线）构成一个系统。

1）主机（计算机）

主机由CPU和存储器构成。它通过输入通道发送来的工业生产对象的生产工况参数，

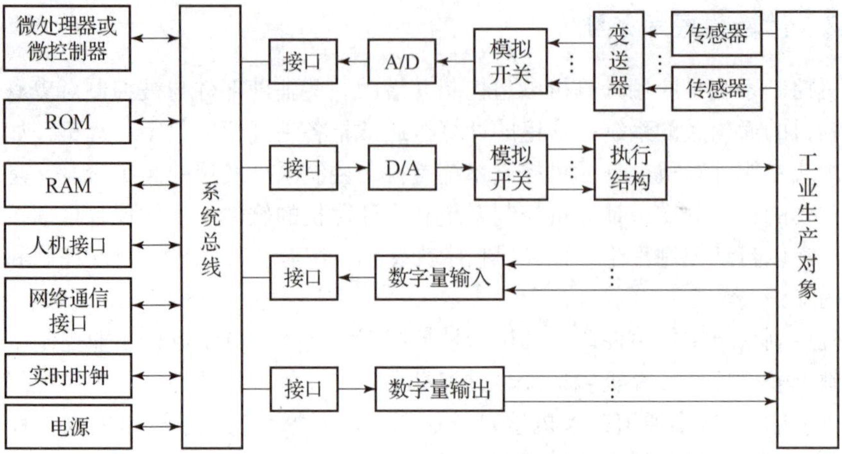

图1-5　计算机控制系统的硬件

按照人们预先安排的程序自动地进行信息的处理、分析和计算，并做出相应的控制决策或调节，以信息的形式通过输出通道及时发出控制命令。

2）常规外部设备

常规外部设备可分为输入设备、输出设备和存储设备，并根据计算机控制系统的规模和要求来配置。常用的输入设备有键盘、鼠标等，主要用来输入程序和数据等。常用的输出设备有显示器、打印机等。输出设备将各种数据和信息提供给操作人员，使其能够了解过程控制的情况。存储设备用来存储数据和备份重要的数据，主要有磁盘等。

3）输入/输出通道

计算机控制系统的输入/输出通道又称为过程通道。工业生产对象的过程参数一般是非电物理量，必须经过传感器（又称一次仪表）变换为相应的电信号。为了实现计算机对生产过程的控制，必须在计算机和生产过程之间设置信息的传递和变换的连接通道，这就是输入/输出通道。输入/输出通道一般可分为：模拟量输入（AI）通道、模拟量输出（AO）通道、数字量输入（DI）通道、数字量输出（DO）通道。

4）外部设备

输入/输出通道是不能直接由主机控制的，必须由接口来传送相应的信息和命令。计算机控制系统根据应用不同，有各种不同的接口电路。

5）运行操作台

每个计算机的标准人机接口是用来直接与CPU对话的。程序员使用人机设备（运行操作台）来检查程序。当主机硬件发生故障时，维修人员可以利用运行操作台判断故障。生产过程的操作人员必须了解运行操作台的使用细节，否则会引起严重后果。计算机控制系统的运行操作台应该具备如下功能：有屏幕或数字显示器，以显示过程参数、状态、画面和报警；有一组简单的功能键用于控制操作；有一组数字键用于数据操作；采用硬保护和软保护措施，保证键盘的误操作不致引起严重的后果。

6）网络通信接口

当多个计算机控制系统之间需要相互传递信息或与更高层的计算机通信时，每个计算机控制系统就必须设置网络通信接口，如一般的RS-232C、RS-485通信接口，TCP/IP

以太网接口，现场总线接口等。计算机控制系统的网络结构可以分为两大类：一类为对等式网络结构（Peer – to – Peer）；另一类为客户/服务器结构（Client/Server）。这种分类主要是按照各网络节点之间的关系确定的。

7）实时时钟

计算机控制系统的运行需要一个时钟，用于确定采样周期、控制周期及事件发生时间等。常用的实时时钟电路如美国 Dallas 公司的 DS12C887 等。

8）工业自动化仪表

工业自动化仪表是被控对象与输入/输出通道发生联系的设备，有测量仪表（包括传感器和变送器）、显示仪表（包括模拟和数字显示仪表）、调节设备、执行机构和手动 – 自动切换装置等。手动 – 自动切换装置在主机故障或调试程序时，可由操作人员从自动切换到手动，实现无扰动切换，确保生产安全。

2. 计算机控制系统的软件

计算机控制系统的硬件是完成控制任务的设备基础，而计算机的操作系统和各种应用程序是履行控制任务的关键，通称为软件。软件的质量关系到计算机运行和控制效果的好坏、硬件功能的充分发挥和推广应用。

计算机控制系统的软件主要分系统软件和应用软件。系统软件提供计算机运行和管理的基本环境，如 Windows、WinNT、UNIX 等以及网络平台。应用软件有语言加工软件，如汇编、编译软件和控制系统的编程软件（如 Siemens 公司的 STEP7 等），它们属于专业化的软件，非常方便用户进行二次开发，同时也保证了安全性。

1.2.3 计算机控制系统的分类

1. 数据采集系统

数据采集系统（Data Acquisition System）是计算机应用于生产过程控制最早，也是最基本的一种类型。生产过程中被控制对象的大量参数经测量变送仪表发送和模拟量输入通道或数字量输入通道巡回采集后送入计算机，由计算机对这些数据进行分析和处理，并按操作要求进行屏幕显示、制表打印和越限报警。计算机不直接参与控制过程（图 1 – 6）。

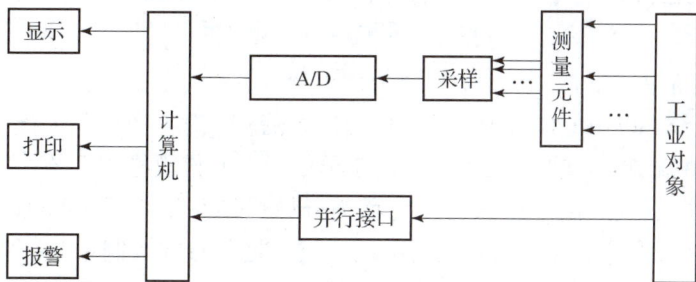

图 1 – 6 数据采集系统

2. 操作指导控制系统

操作指导控制（OCG）系统是基于数据采集系统的一种开环控制系统。计算机根据采集到的数据以及工艺要求进行最优化计算，计算出的最优操作条件并不直接输出用于控制被控制对象，而是显示或打印出来，操作人员据此改变各个控制器的给定量或操作执行器，以达到操作指导的作用。它相当于模拟仪表控制系统的手动与半自动工作状态。操作指导控制系统的优点是结构简单、控制灵活和安全。其缺点是要由人工操作，速度受到限制，不能同时控制多个回路。

3. 直接数字控制系统

直接数字控制（DDC）系统用一台计算机不仅完成对多个被控参数的数据采集，而且能按一定的控制规律进行实时决策，并通过输出通道发出控制信号，实现对生产过程的闭环控制（图1-7）。为了操作方便，直接数字控制系统还配置一个包括给定、显示、报警等功能的操作控制台。直接数字控制系统中的一台计算机不仅完全取代了多个模拟调节器，而且在各个回路的控制方案上，不改变硬件，只通过改变程序就能有效地实现各种各样的复杂控制。

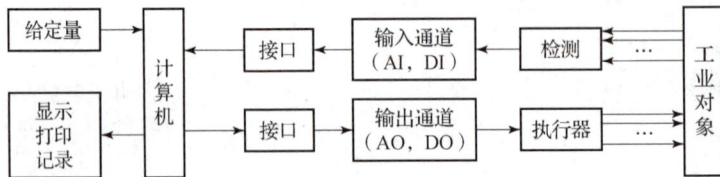

图1-7　直接数字控制系统

4. 监督计算机控制系统

监督计算机控制（SCC）系统是操作指导控制系统与常规仪表控制系统或与直接数字控制系统综合而成的两级系统（图1-8）。显然，这属于计算机在线最优控制的一种形式。当上位机出现故障时，可由下位机独立完成控制。下位机直接参与生产过程控制，要求其实时性好、可靠性高、抗干扰能力强；上位机承担高级控制与管理任务，应配置数据处理能力强、存储容量大的高档计算机。

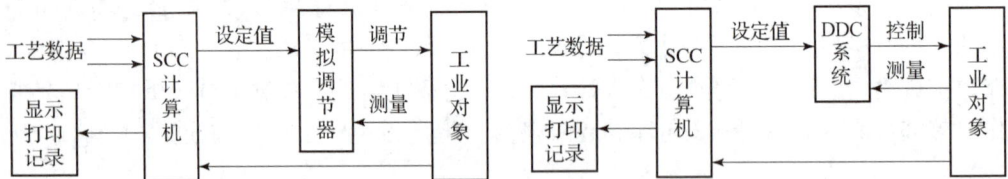

图1-8　监督计算机控制系统

5. 集散控制系统

集散控制系统是以微处理器为基础，借助计算机网络对生产过程进行集中管理和分散控制的先进计算机控制系统（图1-9）。由于早期开发的集散控制系统在体系结构上具有分散式系统的特征，因此国外将该类系统称为分散控制系统（Distributed Control System，DCS），国内也有人将其称为集散型控制系统，或者是分布式控制系统。集散控制系统采用分散控制、集中操作、分级管理、分而自治和综合协调的设计原则。

集散控制系统较过去的集中控制系统具有以下特点。

1）控制分散、信息集中

集散控制系统采用大系统递阶控制的思想，生产过程的控制采用全分散的结构，而生产过程的信息则全部集中并存储于数据库中，利用高速公路或通信网络输送到有关设备。这种结构使系统的危险分散，提高了可靠性。

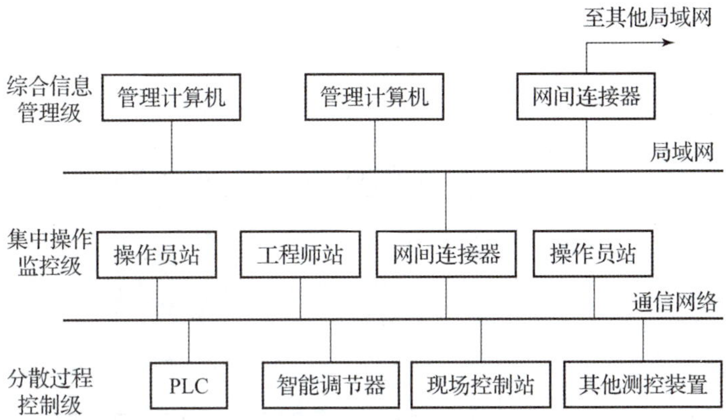

至其他局域网

图 1-9　集散控制系统

2）系统模块化

在集散控制系统中有许多不同功能的模块，如 CPU 模块、AI 和 AO 模块、DI 和 DO 模块、通信模块、CRT 模块、存储器模块等。选择不同数量和不同功能的模块可组成不同规模和不同要求的硬件环境。同样，应用软件也采用模块化结构，用户只需借助组态软件，即可方便地将所选硬件和软件模块连接起来组成控制系统。

3）数据通信能力较强

集散控制系统利用高速数据通道连接各个模块或设备，并经通道接口与局域网络相连，从而保证各设备间的信息交换及数据库和系统资源的共享。

4）具有友好而丰富的人机接口

操作人员可通过人机接口及时获取整个生产过程的信息，如流程画面、趋势显示、报警显示、数据表格等。同时，操作人员还可以通过功能键直接改变操作量，干预生产过程、改变运行状况或进行事故处理。

5）可靠性高

在集散控制系统中，人们采用了各种措施来提高其可靠性，如硬件自诊断系统、通信网络、高速公路、电源以及输入/输出接口等关键部分的双重化（又称冗余），还有自动后援和手动后援等。

6. 现场总线控制系统

现场总线控制系统（Fieldbus Control System，FCS）采用新一代分布式控制结构。现场总线控制系统弥补了集散控制系统成本高和各厂商的产品通信标准不统一造成的不能互连等弱点，采用集管理控制功能于一身的工作站与现场总线智能仪表的二层结构模式，把原集散控制系统控制站的功能分散到智能型现场仪表中，形成一个彻底的分散控制模式。每个现场仪表（如变送器、执行器）都作为一个智能节点，都带有 CPU 单元，可分别独立完成测量、校正、调节、诊断等功能，靠网络协议把它们连接在一起统筹工作。

现场总线控制系统是 20 世纪 80 年代中期在国际上发展起来的新一代分布式控制系统。它采用不同于集散控制系统的"工作站—现场总线智能仪表"结构模式，降低了系统总成本，提高了可靠性，且在统一的国际标准下可实现真正的开放式互连系统结构，因此它是一种具有发展前途的真正的分散控制系统（图 1-10）。

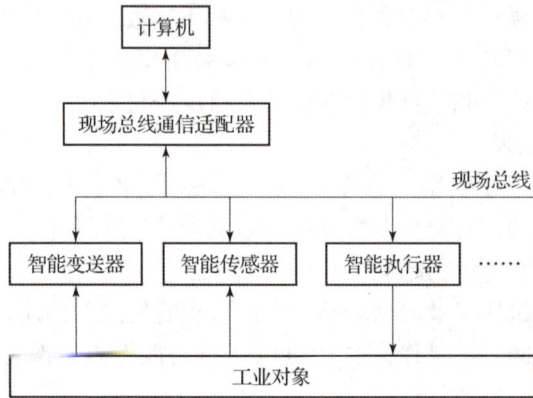

图 1-10 现场总线控制系统

现场总线控制系统的特点如下。

1）具有现场通信网络

现场总线控制系统具有用于过程及制造自动化的现场设备或现场仪表互连的现场通信网络。

2）现场设备互连

现场设备（或仪表）指传感器、变送器和执行器等。这些设备通过一对传输线互连，传输线可以使用双绞线、同轴电缆、光纤和电源线等。

3）具有互操作性

在现场总线控制系统中，可以对不同厂商、不同品牌的现场设备统一组态，构成所需要的控制回路，并且具备相互操作的功能。

4）分散功能块

在现场总线控制系统中，把集散控制系统控制站的功能块分散地分配给现场仪表，从而构成虚拟控制站。例如：流量变送器不仅具有流量信号变换、补偿和累加输入模块，而且有 PID 控制和运算功能模块。调节阀的基本功能是信号驱动和执行，内含输出特性补偿模块或 PID 控制和运算模块，甚至具有阀门特性自检验和自诊断功能。

5）通信线供电

在现场总线控制系统中，允许现场仪表直接从通信线上获取能量，对于要求本征安全的低功耗现场仪表，可采用这种供电方式。

6）开放式互连网络

现场总线控制系统既可与同层网络互连，也可以与不同层网络互连，还可以实现网络数据库的共享。

7. 工业以太网控制系统

进入 21 世纪以来，以太网技术开始应用于工业自动化控制网络。它针对工业控制实时性、高可靠性的要求，在链路层、网络层增加了不同的功能模块，在物理层增加了电磁兼容性设计，解决了通信实时性、网络安全性、抗强电磁干扰等技术问题。此外，工业以太网的体系结构基本上采用了以太网的标准结构，在物理层和数据链路层均采用 IEEE 802.3 标准，在网络层和传输层则采用 TCP/IP 协议簇，在高层协议中通常省略了会话层、表示层，而定义了应用层，如实时通信、用于系统组态的对象以及工程模型的应用协议。

当以太网用于信息技术时，应用层包括 HTTP、FTP、SNMP 等常用协议，但当它用于工业控制时，体现在应用层的是实时通信、用于系统组态的对象以及工程模型的应用协议。目前还没有统一的应用层协议，但受到广泛支持并已经开发出相应产品的有 4 种主要协议：FF – HSE 协议、Modbus TCP/IP、PROFINET 协议、Ethernet/IP。

工业以太网是应用于工业控制领域的以太网技术，在技术上与商用以太网（即 IEEE 802.3 标准）兼容，但是实际产品和应用却完全不同。在设计普通商用以太网的产品时，在材质的选用、产品的强度、适用性以及实时性、可互操作性、可靠性、抗干扰性、本质安全性等方面不能满足工业现场的需要，故在工业现场控制中应用的是与商用以太网不同的工业以太网。

1.3 工业控制网络

1.3.1 工业控制网络的特点

工业控制网络应用于工业中，必须具备如下几个方面的特点，以便更好地实现工业生产。

1）实时性

实时性是指控制系统能在较短且可以预测的确定时间内完成过程参数的采集、数据处理、控制运算、反馈执行等操作，并且执行时序应满足过程控制对时间限制的要求。

2）开放性

开放性是指使用的通信协议、标准等公开，不同制造商的设备可以互连为系统，并实现数据、信息的交换。采用相同协议的设备应具有一定的互操作性和互用性。互操作指互连设备间可以实现信息的传递与交换，互用性指不同制造商生产的性能类似的设备可以实现替换，即不同制造商生产的设备能进行混合组网、组态。

3）可靠性

可靠性是指能对过程信息和控制指令等关键数据实现可靠的传输。可靠性通常包括三个方面的内容：一是可使用性好，平均的故障间隔时间长；二是容错能力强，不会因为局部单元出现故障而影响整个系统的正常工作；三是可维护性好，发生故障后能及时发现和处理故障。

4）环境的适应性

工业控制网络应具有对现场恶劣环境的适应性，如机械环境、气候环境、电磁环境或电磁兼容性，并能满足耐腐蚀、防尘、防水、易燃易爆环境下能保证本质安全、支持总线供电等要求。

5）系统的安全性

工业控制网络的安全性包括生产安全和信息安全两方面。

当工业控制网络应用于易燃易爆等危险区域时，必须确保应用于网络中的控制设备是本质安全的，利用安全栅技术，将提供给现场仪表的电能量限制在不能产生足以引爆的电火花、仪表表面温升的安全范围内。

信息安全则是工业控制网络中另一个非常重要的方面，如信息本身的保密性、完整性以及信息来源和去向的可靠性等。

1.3.2　常见的工业控制网络

1999 年 8 月形成了一个由 8 种类型组成的 IEC61158 现场总线国际标准，即 TS61158、ControlNet、PROFIBUS、P - NET、FF - HSE、SwiftNet、WorldFIP 和 INTERBUS。

国际电工委员会（IEC）于 2007 年 12 月制定了 IEC61784 - 2 "基于 ISOEC8802.3 的实时应用系统中工业通信网络行规"国际标准（第四版），该标准吸收了包括浙江大学、中控集团等联合制定的 EPA 在内的 9 种实时以太网技术，使 IEC61158 中包含的现场总线（包括传统现场总线和实时以太网）类型由原来的 11 种扩展到了 20 种（包括 9 种实时以太网技术），见表 1 - 1。

表 1 - 1　IEC61158 中包含的现场总线类型

类型	说明	类型	说明
Type1	TS61158 现场总线	Type11	TCNET 实时以太网
Type2	CIP 现场总线	Type12	EtherCAT 实时以太网
Type3	PROFIBUS 现场总线	Type13	Ethernet Power Link 实时以太网
Type4	P - NET 现场总线	Type14	EPA 实时以太网
Type5	FF - HSE 高速以太网	Type15	Modbus - RTPS 实时以太网
Type6	SwiftNet（已撤销）	Type16	SERCOS - Ⅰ、Ⅱ现场总线
Type7	WorldFIP 现场总线	Type17	Vnet/IP 实时以太网
Type8	INTERBUS 现场总线	Type18	CC - Link 现场总线
Type9	FF - H1 现场总线	Type19	SERCOS - Ⅱ实时以太网
Type10	PROFINET 实时以太网	Type20	HART 现场总线

1. 现场总线网络

1）FF 现场总线

FF 现场总线基金会是由 WorldFIPNA（北美部分，不含欧洲）和 ISPFoundation 于 1994 年 6 月联合成立的，是一个国际性组织。

FF 现场总线采用 OSI 的物理层、数据链路层、应用层，增加了用户层。FF 现场总线分低速 H1（31.25 Kbit/s，通信距离可达 1 900 m）和高速 H2（1 Mbit/s 和 2.5 Mbit/s，通信距离为 750 m 和 500 m）两种通信速率；支持双绞线、同轴电缆、光纤和无线发射。FF 现场总线的物理媒介的传输信号采用曼彻斯特编码。

2）LonWorks 现场总线

LonWorks 现场总线是美国 Echelon 公司在 1992 年推出的局部操作网络，最初主要用于楼宇自动化，但很快发展到工业现场领域。LonWorks 技术为设计和实现可互操作的控制网络提供了一套完整、开放、成品化的解决途径。

LonTalk 协议固化在 Neuron 芯片中，芯片内部嵌有 3 个 8 位微处理器；采用 OSI 模型的全部 7 层通信协议；支持双绞线、同轴电缆、光缆和红外线等多种传输介质；传输速率为 300 bit/s～1.5 Mbit/s，传输距离可达 2 700 m。

3）PROFIBUS 现场总线

PROFIBUS 是作为德国国家标准 DIN19245 和欧洲标准 prEN50170 的现场总线，主要有 DP、FMS 和 PA 三种通信行规。DP 用于分散外设间的高速传输；FMS 即现场信息规范，用于主站间的中速传输；PA 则是用于过程自动化的总线类型，它遵从 IEC1158 - 2 标准，可实现总线供电与本质安全防爆。

PROFIBUS 采用 OSI 模型的物理层、数据链路层和应用层；支持双绞线、光纤等传输介质；传输速率为 9.6 Kbit/s～12 Mbit/s，最大传输距离在 12 Mbit/s 时为 1 km；最多可挂接 127 个站点；支持主从系统、纯主站系统、多主多从混合系统等传输方式。

4）CAN 现场总线

CAN 现场总线最早由德国 BOSCH 公司于 1985 年推出，用于汽车内部测量与执行部件之间的数据通信。CAN 总线规范于 1993 年成为国际标准（ISO 11898）。

CAN 协议采用 OSI 的物理层、数据链路层和应用层；信号传输采用短帧结构，每帧的有效字节数为 8 个，可靠性高；传输介质为双绞线、同轴电缆、光缆；通信速率最高可达 1 Mbit/(s·40 m)，直接传输距离最远可达 10 km/(Kbit·s^{-1})；可挂接设备最多可达 110 个；支持点对点、一点对多点和全局广播方式接收/发送数据。

5）DeviceNet 现场总线

DeviceNet 是在 20 世纪 90 年代中期发展起来的一种基于 CAN 技术的开放型、符合全球工业标准的低成本、高性能的通信网络，最初由美国 Rockwell 公司开发应用。它用一根电缆将工业设备连接到网络，实现设备间的通信，从而消除了高昂的硬接线成本，更重要的是它为系统提供了设备级诊断功能。

DeviceNet 采用 CAN 的物理层和数据链路层规约；最多可连接 64 个节点；传输速率为 125 Kbit/s、250 Kbit/s、500 Kbit/s；提供点对点、多主或主/从通信方式；基于 CAN 技术，成本低，可靠性高。

6）HART 现场总线

HART 即可寻址远程传感器高速通道协议，它是兼容 4～20 mA 模拟信号的数字通信标准，于 1986 年由艾默电气集团生旗下的洛斯蒙德推出，并于 1993 年成立了 HART 通信基金会。

HART 现场总线采用基于 Bell202 标准的 FSK 频移键控信号；支持点对点主从应答方式（数据更新速率为 2～3 次/s）和多点广播方式（数据更新速率为 3～4 次/s）；可挂接设备多达 15 个；最大传输距离为 3 000 m；支持两个通信主设备；利用总线供电，可满足本质安全防爆要求。

7）CC - Link 现场总线

CC - Link 即控制与通信链路系统，于 1996 年由以三菱电机为主导的多家公司共同推出。CC - Link 现场总线是一种以设备层为主的开放式现场总线。2005 年 7 月 CC - Link 被中国国家标准委员会批准为中国国家标准指导性技术文件。CC - Link 现场总线数据容量大，通信速率多级可选；既能适应较高的管理层网络，又能适应较低的传感器层网络；可同时将控制和信息数据以 10 Mbit/s 高速传送至现场网络，具有性能卓越、使用简单、应用广泛、节省成本等优点，具有优异的抗噪性能和兼容性。

2. 工业以太网

1）HSE

HSE 是 FF 现场总线基金会于 2000 年发布 Ethernet 规范，它是以太网协议 IEEE802.3、TCP/IP 协议簇与 FF H1 的结合体。FF 现场总线基金会明确将 HSE 定位于实现控制网络与 Internet 的集成。

HSE 的低四层采用以太网 + TCP/IP，应用层和用户层直接采用 FF H1 的应用层服务和功能块应用进程规范；通过连接设备可将 FF H1（31.25 Kbit/s）网络接入 100 Mbit/s 的 HSE 主干网；连接设备具有网桥和网关的功能。

2）Modbus/TCP

Modbus/TCP 是法国施耐德公司在 1999 年公布的协议，它以一种非常简单的方式将 Modbus 帧嵌入 TCP 帧，使 Modbus 与以太网和 TCP/IP 结合。其低四层采用以太网 + TCP/IP、应用层以及 Modbus 协议报文。Modbus/TCP 是一种面向连接的呼叫/应答通信方式，与 Modbus 的主/从机制相互配合，具有很高的确定性。设备中可嵌入 Web 服务器（TCP 端口 502），用户可通过 Web 浏览器查看设备运行情况。

3）PROFINET

PROFINET 是德国西门子公司于 2001 年发布的工业 Ethernet 规范。它将原有的 PROFIBUS 与互联网技术结合，形成了 PROFINET 的网络方案。

PROFINET 主要包括三方面的内容：①基于组件对象模型（COM）的分布式自动化系统；②规定了 PROFINET 现场总线和标准以太网之间的开放、透明通信；③提供了一个独立于制造商，包括设备层和系统层的系统模型；④采用标准 TCP/IP + 以太网作为连接介质，通过标准 TCP/IP + 应用层的 RPC/DCOM 来完成节点间的通信和网络寻址。

4）Ethernet/IP

Ethernet/IP 是美国罗克韦尔公司于 2000 年发布的适合工业环境应用的工业 Ethernet 规范，IP 代表 Industrial Protocol。Ethernet/IP 模型由 IEEE802.3 标准的物理层和数据链路层、以太网协议 TCP/IP 和控制与信息协议 CIP 三部分组成。CIP 是一个端到端的面向对象并提供了工业设备和高级设备之间连接的协议，主要由对象模型、通用对象库、设备行规、电子数据表、信息管理等组成。CIP 能够保证网络上隐式（控制）的实时 IO 信息和显式信息（包括用于组态、参数设置、诊断等的信息）的有效传输。

【思考与练习】

1. 工业控制网络按照功能可以划分为那几个层次？
2. 自动控制系统是如何分类的？计算机控制系统有哪些类型？
3. 集散控制系统与现场总线控制系统的不同点有哪些？
4. 工业以太网有哪些特点？主要类型有哪些？

项目二 工业控制网络通信基础

【学习目标】

(1) 了解通信系统的概念、组成、类型。

(2) 了解信息、信号等相关概念，熟悉信息处理过程。

(3) 熟悉信息编码技术、数据编码技术。

(4) 了解数据传输方式和信号传输模式。

(5) 了解信道的概念及复用技术，熟悉常用的通信介质。

(6) 了解数据交换的概念和常用的技术。

(7) 了解同步和差错控制的概念，熟悉常用同步技术、差错控制技术。

(8) 养成独立学习、自主解决问题的学习习惯。

(9) 能按照学习要求完成学习任务，具有敬业精神。

工业控制网络是随着通信技术、计算机技术的发展而发展起来的，由工业控制网络组建的系统仍然是一个通信系统，因此在学习工业控制网络构建知识之前，需要学习网络构建的相关技术。

2.1 通信概述

2.1.1 通信的概念及发展

1. 通信的概念

广义通信的概念如下：通信就是信息的传递，"通"是传达的意思，"信"则是信息，二者合起来则是信息的传达流通。通信的本质就是信息的传递。

按照广义通信的概念，通信无处不在。有了信息的传递、交流，才有了人类社会的传承和发展。狭义的通信指的是获取一些特定的信息，而为获取这些特定的信息往往需要建立专门的信息传递模式或者系统。

我国古代有烽火传信、飞鸽传书等通信形式。这些通信形式在一定程度上实现了特定信息的传递（图2-1）。

2. 近现代通信的发展

到了近代，工业革命引发了科学技术的大发展，人们对信息获取技术、通信技术进行

（a）　　　　　　　　　　　　（b）

图 2 - 1　我国古代的通信形式

（a）烽火传信；（b）飞鸽传书

了不断的研究，并且取得了很大的进步。电报、电话、广播、电视、互联网都是在近现代发展起来的通信形式。其纵观近现代一两百年通信的发展，以下 10 项通信技术在通信发展史上的地位、作用及其对人类社会的影响可谓意义非凡。

（1）摩尔斯发明有线电报。有线电报开创了人类信息交流的新纪元。

（2）马克尼发明无线电报。无线电报为人类通信技术开辟了一个崭新的领域。

（3）载波通信。载波通信的出现改变了一条线路只能传送一路音频信号（电话）的局面，使一个物理介质上传送多路音频信号成为可能。

（4）电视。电视极大地改变了人们的生活，使传输和交流信息的表现形式从单一的声音发展到实时图像。

（5）计算机。计算机被公认为 20 世纪最伟大的发明，它加快了各类科学技术的发展进程。

（6）集成电路。集成电路为各种电子设备提供了高速、微小、功能强大的"心脏"，使人类的信息传输能力和信息处理能力达到了一个新的高度。

（7）光纤通信。光导纤维的发明使人们找到了一种真正能够承担起构筑未来信息化基础设施传输平台重任的通信介质。

（8）卫星通信。卫星通信将人类带入太空通信时代。

（9）蜂窝移动通信。蜂窝移动通信为人们提供了一种前所未有、方便快捷的通信手段。

（10）Internet。Internet 的出现标志着信息时代的到来，它使地球变成了一个没有距离的小村落——"地球村"。

3. 现代通信的定义

如今通信技术取得了长足的发展，人们可以很方便地利用各种通信方式行交流沟通。现代通信是特指利用各种电信号和光信号作为通信信号的电通信与光通信。作为一门科学、一种技术，现代通信所研究的主要问题概括地说就是如何把信息大量地、快速地、准确地、广泛地、方便地、经济地、安全地从信源通过传输介质传送到信宿（图 2 - 2）。

图 2 - 2　通信系统的组成

2.1.2　通信系统

1. 通信系统的一般模型

要实现通信，就需要构建通信系统。按照现代通信的定义，通信系统的一般模型由信源、发送变换器、信道、接收变换器、信宿组成（图2-3）。信源产生需要发送的信息，信息通过发送变换器转换成能够在信道中传输的信号，发送到信道中进行传输，信道即信号传输的通道，接收方通过接收变换器接收信号，并转换成信息交给信宿。任何一个通信系统中信号的传送都会受到干扰信号的影响，通常把干扰信号称作噪声。

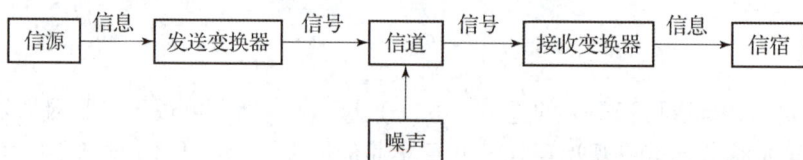

图2-3　通信系统的一般模型

在现代通信中，通信系统通常有3种形式：模拟通信系统、数字通信系统、数据通信系统。通常通过信道中传输的信号来区分是模拟通信系统和数字通信系统；数据通信系统中传输的信号可以是模拟信号，也可以是数字信号，但其信源产生的信号一般为数字信号。

2. 模拟通信系统

模拟通信系统在信道中传送的电信号或者光信号是模拟信号，模拟信号也就是取值连续变化的信号。

模拟通信系统由信源、变换器、调制器、解调器、逆变换器、信宿组成（图2-4）。比如，简单的点对点的电话系统，说话者需要传递的信息转换成声音信号，再经变换器转换为电信号，经过放大发送到信道上，而在接收端，对经过传输后出现衰减的信号进行放大，送给逆变换器转换成声音信号，再传给接收者。

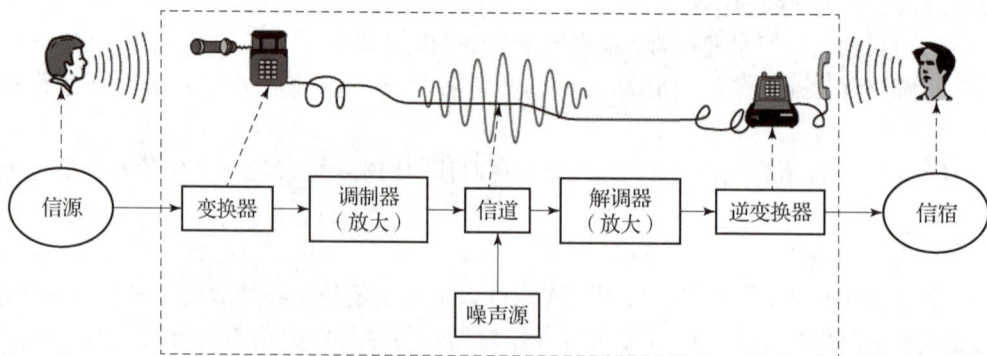

图2-4　模拟通信系统

3. 数字通信系统

变换器的作用是把信息转换成数字基带信号。信源编码的主要任务是提高数字信号传输的有效性。信源编码器的输出就是信息码元。语音和图像压缩编码等都是在信源编码器内完成的。接收端信源译码则是信源编码的逆过程。

信道编码的任务是提高数字信号传输的可靠性。其基本做法是在信息码组中按一定的规则附加一些监督码元，以使接收端根据相应的规则进行检错和纠错，信道编码也称为纠错编码。接收端信道译码是其逆过程。

数字通信系统（图2-5）还有一个非常重要的控制单元，即同步系统（图中没有画出）。它可以为数字通信系统的收、发两端或整个数字通信系统以精度很高的时钟提供定时，使数据流与发送端同步，有序而准确地接收与恢复原信息。与频带传输系统对应，把没有调制器/解调器的数字通信系统称为数字基带传输通信系统。

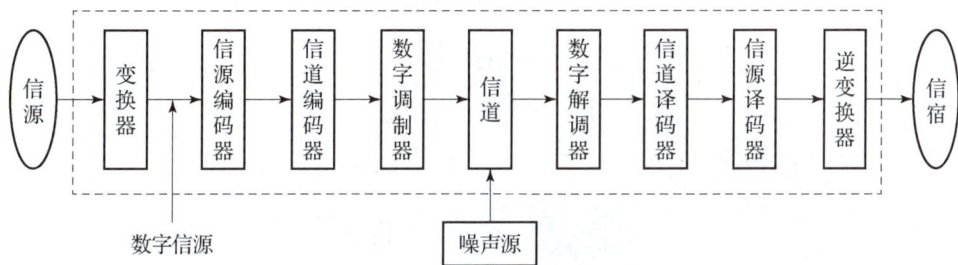

图2-5　数字通信系统

数字通信系统的优点如下。

（1）抗干扰、抗噪声性能好。

（2）差错可控。数字信号在传输过程中出现的错误（差错）可通过纠错编码技术来控制。

（3）易加密。数字信号与模拟信号相比，容易加密和解密。因此，数字通信系统的保密性好。

（4）数字通信设备和模拟通信设备相比，设计和制造更容易，体积更小，质量更小。

（5）数字信号可以通过信源编码进行压缩，以减小冗余度，提高信道利用率。

（6）易于与现代技术结合，特别是可以利用计算机技术对信息进行处理和存储。

4. 数据通信系统

如果一个通信系统传输的信息是数据，则这种通信系统称为数据通信系统，数据一般是由数字、字母或者其他字符组成的。更具体地说，数据通信是指计算机和其他数据设备之间通过通信节点、有线或无线链路进行数字信息的交换。计算机的输入、输出都是数据信号，而数据通信就是以传输数据为业务的一种通信方式，因此是计算机和通信相结合的产物；是计算机与计算机、计算机与终端以及终端与终端之间的通信；是按照某种协议连接信息处理装置和数据传输装置，进行数据传输及处理的通信。

数据通信是随计算机和计算机网络的发展而出现的一种新的通信方式。它是指信源、信宿处理的都是数字信号，而传输信道既可以是数字信道，也可以是模拟信道的通信过程（方式）。通常，数据通信主要指计算机（或数字终端）之间的通信。

数据通信主要由数据处理子系统、数据传输子系统、数据终端子系统组成（图2-6）。信道以及两端连接的数据电路终端设备，构成数据传输子系统，形成数据传送电路；数据处理子系统与数据终端子系统通过数据传输子系统实现数据传送，形成数据传送链路。

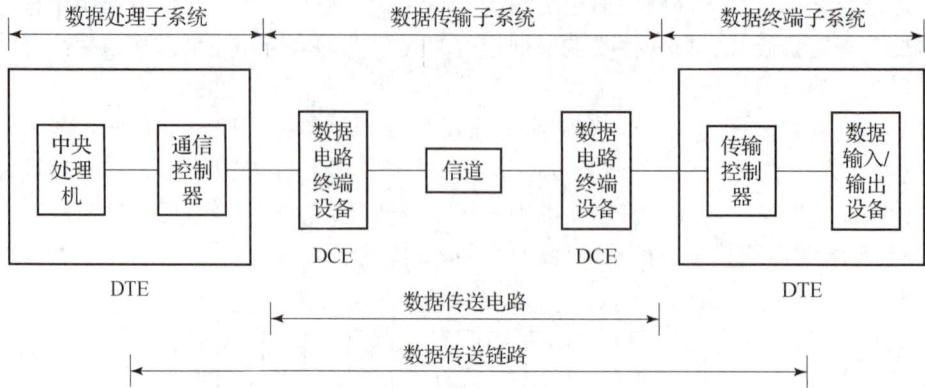

图 2-6　数据通信系统

2.2　信号与编码

2.2.1　信号的相关概念

1. 信息的定义

信息不等同于情报（intelligence）。

情报往往是军事学、文献学方面的习惯用词，它的含义比"信息"窄得多，一般只限于特殊的领域，它只是一类特定的信息。

情报是人们对于某个特定对象所见、所闻、所理解而产生的知识（情报学中的定义）。

信息也不等同于知识（knowledge）。

知识是人们根据某种目的，从自然界收集得来的数据中整理、概括而提取得到的有价值的、人们所需的信息，是一种具有普遍和概况性质的高层次的信息。知识属于信息，但不等于信息的全体。

广义的信息是指与客观事物联系，反映客观事物的运动状态，通过一定的物质载体被发出、传递和感受，对接收对象的思维产生影响并用来指导接收对象行为的一种描述。

信息不仅要反应事物运行的状态，更要对接收对象产生一定的影响。这说明信息是一个相对的概念，同样的一个事物的运行状态对不同的人来说不一定都是信息。

技术术语中的信息是指通过技术的手段和方式去收集、识别、提取、变换、存储、传递、处理、检索、检测、分析和利用的对象，其更多地是指信息的表达形式。从技术处理的角度来看，这里信息更多的是通过技术获取，能处理的客观事物的运行状态。

2. 信息、消息、信号之间的关系

信息最终要通过信号传送出去，信息、消息以及信号之间存在转换关系。

用文字、符号、数据、语言、音符、图片、图像等，把客观事物运行和主体思维活动的状态表达出来就成为消息。信息是一种内在形式，消息是一种表现形式。

文字、符号、图形、图像这几类消息，是通过反射的光进入眼睛获取的，在这里光就是一种信号，即光信号；同理，人们所听到的是声音信号，在通信设备间的通信信道中传

送的就是表示消息（数据编码）的电信号或者光信号。

显然，获取消息或者把消息传送出去需要通过信号完成，这个过程中，信号承载了消息。因此，信号是载体，消息是需要传递的内容。

信号是消息传输的物理形式，常见的如声音信号、光信号、电信号、机械信号等。现代通信研究的信号一般指在通信电缆中发送的电压、电流两种电信号和在光纤中传输的光信号。

3. 信息的度量

消除多少不确定性，就得到多少信息。对数学而言，不确定性就是随机性，不确定的事件就是随机事件，可以用数学工具——概率论和随机过程来度量不确定性的大小。简单地说，不确定性的大小可以直观地看成事先猜测某随机事件是否发生的难易程度。

按照信息论中信息的度量的定义，信息量的大小与信息出现的概念有关系：

$$I = \log_a \frac{1}{P(x)} = -\log_a P(x)$$

$$I = \log_2 \frac{1}{P(x)} = -\log_2 P(x)$$

2.2.2　信号的分类

通信中使用的信号一般定义为以时间为自变量的函数 $f(t)$，为了能实现信息传递，通常要对信号进行分析、变换、处理。

1. 确定信号和随机信号

确定信号是可以用确定时间函数表示的信号，如正弦波信号。

随机信号不能用确切的时间函数描述，它在任意时刻的取值都具有不确定性，只可能知道它的统计特性，如在某时刻取某一数值的概率，随机信号也称为不确定信号。电子系统中的起伏热噪声、雷电干扰信号就是两种典型的随机信号。

2. 连续时间信号和离散时间信号

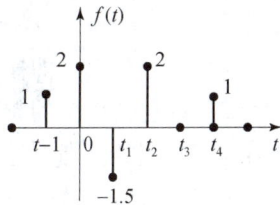

在连续的时间范围内 （$-\infty < t < \infty$）有定义的信号称为连续时间信号，简称连续信号（图 2-7）。这里的"连续"指函数的定义域——时间是连续的，但可以含有间断点，而值域可以连续，也可以不连续。

仅在一些离散的瞬间才有定义的信号称为离散时间信号，简称离散信号（图 2-8）。这里的"离散"指函数的定义域——时间是离散的，它只在某些规定的离散瞬间给出函数值，在其余时间无定义。

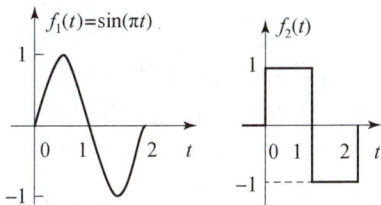

图 2-7　连续时间信号　　　　图 2-8　离散时间信号

3. 模拟信号和数字信号

（1）模拟信号：代表消息的信号参量取值连续，例如麦克风输出电压（图 2-9）。

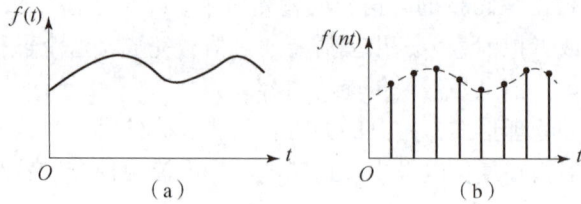

图 2 – 9　模拟信号
(a) 连续信号；(b) 抽样信号

（2）数字信号：代表消息的信号参量取值为有限个（离散），如电报信号、计算机输入/输出信号（图 2 – 10）。

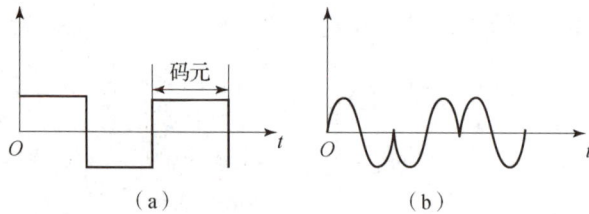

图 2 – 10　数字信号
(a) 二进制信号；(b) 2PSK 信号

4. 周期信号和非周期信号

周期信号（period signal）是定义在（$-\infty$，$+\infty$）区间，每隔一定时间 T（或整数 N），按相同规律重复变化的信号；非周期信号可以看作周期为无穷大的周期信号（图 2 – 11）。

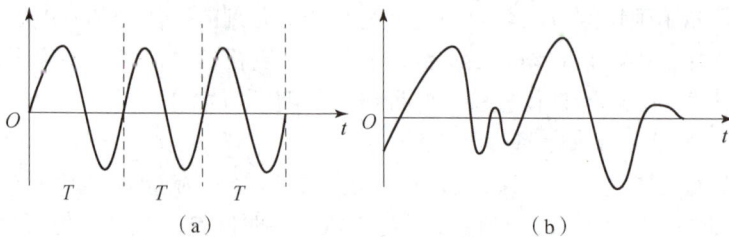

图 2 – 11　周期与非周期信号
(a) 周期信号；(b) 非周期信号

5. 信号的频率

频域（frequency domain）是描述信号的频率特性时用到的一种坐标系。在电子学、控制系统工程和统计学中，频域图显示了在一个频率范围内每个给定频带内的信号量。

在频域中，自变量是频率，即横轴是频率，纵轴是该频率下信号的幅度，也就是通常说的频谱图。频谱图描述了信号的频率结构及频率与该频率下信号幅度的关系。一个信号最低频率到最高频率之间的范围，称为信号频谱宽度，简称带宽。

对信号进行时域分析时，有时一些信号的时域参数相同，但并不能说明信号完全相同，因为信号不仅随时间变化，还与频率、相位等信息有关，这就需要进一步分析信号的频率结构，并在频率域中对信号进行描述。动态信号从时间域变换到频率域主要通过傅里叶级数和傅里叶变换进行。

周期信号 $f(t) = 3\sin\omega_1 t + \sin 3\omega_1 t$ 及其频谱如图 2-12 所示。

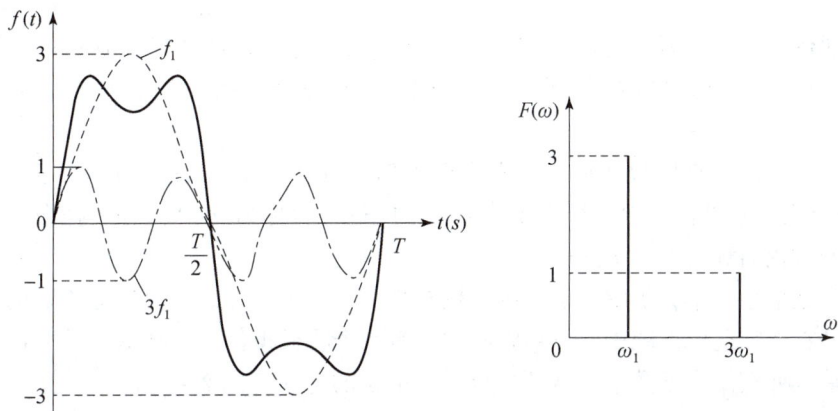

图 2-12 周期信号与频谱

对于非周期信号来说，其频谱是连续的，则傅里叶级数就变成了傅里叶积分，可表示为

$$f(t) = \frac{1}{2\pi}\int_{-\infty}^{\infty} F(\omega)\,\mathrm{e}^{\mathrm{j}\omega t}\mathrm{d}\omega$$

$$F(\omega) = \int_{-\infty}^{\infty} f(t)\,\mathrm{e}^{-\mathrm{j}\omega t}\mathrm{d}t$$

以上两式称为傅里叶变换对，表示为

$$f(t) \Leftrightarrow F(\omega)$$

时域与频域如图 2-13 所示。

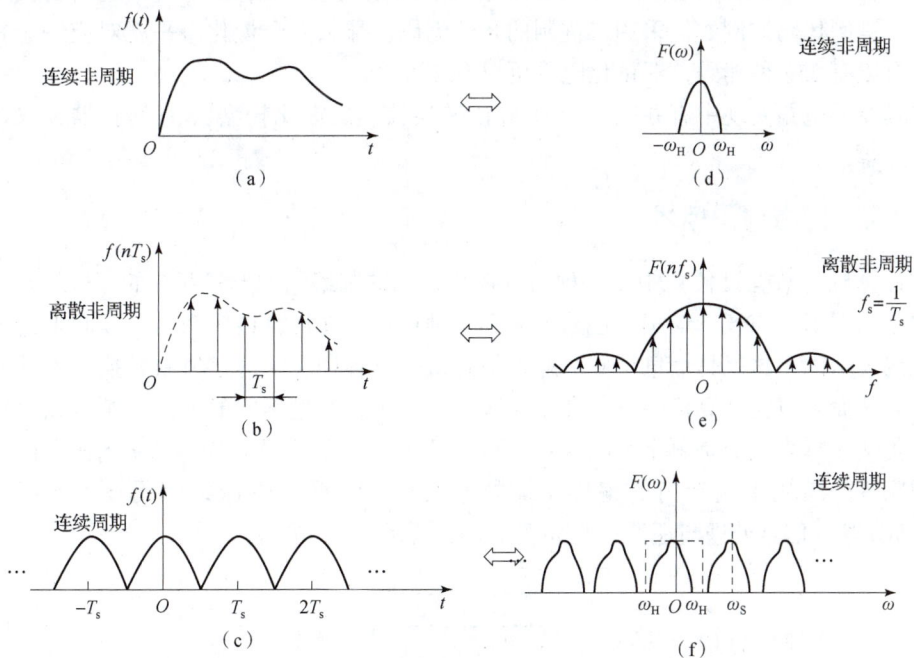

图 2-13 时域与频域

(a)、(b)、(c) 时域；(d)、(e)、(f) 频域

2.2.3　模数转换

随着通信技术的发展，模拟通信系统逐渐被数字通信系统替代，但模拟信源依然存在，需要一种技术手段把模拟信源生成的模拟信号变成数字信号，以便更方便地进行传输、信息的储存和处理。

这种技术手段就是模数转换，通常用模拟信号（Analog signal）和数字信号（Digital signal）的英文首字母把模拟信号变成数字信号的过程简称为 A/D 转换，把数字信号变成模拟信号的过程简称为 D/A 转换。

在数字通信系统中，信源和信宿都是模拟信号（模拟信息），而信道传输的却是数字信号。可见在数字通信系统中的发信端必须要有一个将模拟信号变成数字信号的过程，同时在收信端也要有一个把数字信号还原成模拟信号的过程（图 2 - 14）。

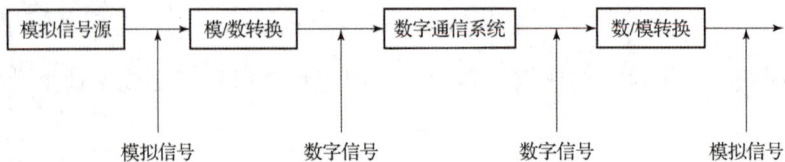

图 2 - 14　模数与数模转换

模数转换通常经过 3 个步骤：抽样、量化、编码。

（1）抽样，是在模拟信号中采集一定数量的点，即在时间上离散。

（2）量化，是对采样得到的点的取值进行处理，将采样得到的很多取值变成有限多个取值，也就是规定的量化电平值，即将信号在幅度上离散。

（3）编码，是把采样并量化后得到的各个点量化电平，编为一个 M 进制的代码，如常用的二进制代码。例如，采用二进制的 8 位编码，那么一个量化电平就对应一个 8 位的编码，可以有 256 种编码，即量化电平可以有 256 个。

在具体的电路实现中有并联比较型 A/D 转换器、反馈比较型 A/D 转换器、双积分型 A/D 转换器。

2.2.4　信息编码技术

在计算机（数据设备）中，各种信息都是以二进制编码的形式存在的，也就是说，不管是文字、图形、声音、动画，还是电影等各种信息，在计算机中都是以 0 和 1 组成的二进制代码表示的，这就是信息编码。通过信息编码，各种文字的字符就转换了不同的二进制代码，从而可以在计算机中进行存储、区分、显示。通过不同的编码规则可以编制不同的码，英文字母采用的是单字节的 ASCII 码，汉字采用的是双字节的汉字内码。图形、声音、视频等的编码采用专门的编码压缩技术实现。常见的图像编解码技术包括 JPEG、PNG、GIF 等。信息处理与还原过程如图 2 - 15 所示。

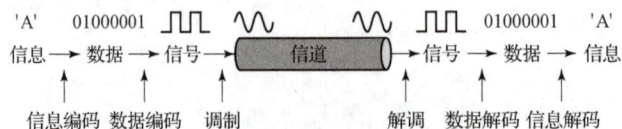

图 2 - 15　信息处理与还原过程

1. 字符集

字符是用来组织、控制或表示数据的字母、数字及计算机能识别的其他符号。字符集是为了某一目的而设计的一组互不相同的字符。

在计算机系统中普遍采用的是有 128 个符号的键盘字符集，具体如下。

（1）10 个十进制数码 0~9；

（2）52 个大小写英文字母；

（3）32 个标点符号、专用符号、运算符号；

（4）34 个控制符。

2. 字符编码

字符编码规定了用怎样的二进制编码表示数字、字母和各种专用符号。

由于这是一个涉及世界范围内的有关信息表示、交换、处理、传输和存储的基本问题，所以字符编码都以国家标准或国际标准的形式颁布施行。

目前在计算机中普遍采用的字符编码是 ASCII 码。

ASCII 是英文 American Standard Code for Information Interchange 的缩写，意为"美国标准信息交换代码"。该编码后被国际标准化组织 ISO（国际标准化委员会）采纳，作为国际通用的信息交换标准代码。

ASCII 有 7 位版本和 8 位版本。

1）7 位 ASCII 码

7 位 ASCII 码用 7 位二进制数表示一个字符，由于 $2^7 = 128$，所以可以表示 128 个不同的字符，其中包括数码 0~9，26 个大写英文字母，26 个小写英文字母以及各种运算符号、标点符号及控制命令等。

注意：7 位 ASCII 码表示数的范围是 0~127，在计算机中采用 7 位 ASCII 码时，最高位 b7 恒为 0，因此，一个字符的 ASCII 码占一个字节位置。

2）8 位 ASCII 码

8 位 ASCII 码使用 8 位二进制数进行编码，这样可以表示 256 个不同的字符。当最高位恒为 0 时，8 位 ASCII 码与 7 位 ASCII 码相同，称为基本 ASCII 码。当最高位为 1 时，形成扩充 ASCII 码。通常，各国都把扩充 ASCII 码部分作为自己本国语言字符代码。

3. 汉字编码

我国于 1981 年颁布了《信息交换用汉字编码字符集——基本集》，即国家标准 GB 2312—1980。基本集中共收集汉字和图形符号 7 445 个、汉字 6 763 个，分为两级。一级汉字为 3 755 个，属于常用汉字，按汉字拼音字母顺序排列；二级汉字为 3 008 个，属于次常用汉字，按部首排列；图形符号为 682 个。规定一个汉字用两个字节表示。

为了使中文信息与西文信息兼容，每个字节的最高位用于区分汉字编码或 ASCII 字符编码，因此汉字编码每个字节只用低 7 位。此外，由于每个字节的低 7 位中还有 34 个控制字符编码，所以每个字节只能有 $128 - 34 = 94$ 种状态可用于汉字编码。这样两个字节可以有 $94 \times 94 = 8\ 836$ 种状态。

2.2.5 数据编码技术

信息经过信息编码后生成二进制的代码，再通过数字数据编码变成信号的形式。

　　数字数据编码是用高低电平的矩形脉冲信号来表示数据的 0、1 状态的编码方式。常见的数字数据编码有以下几种（图 2 - 16）。

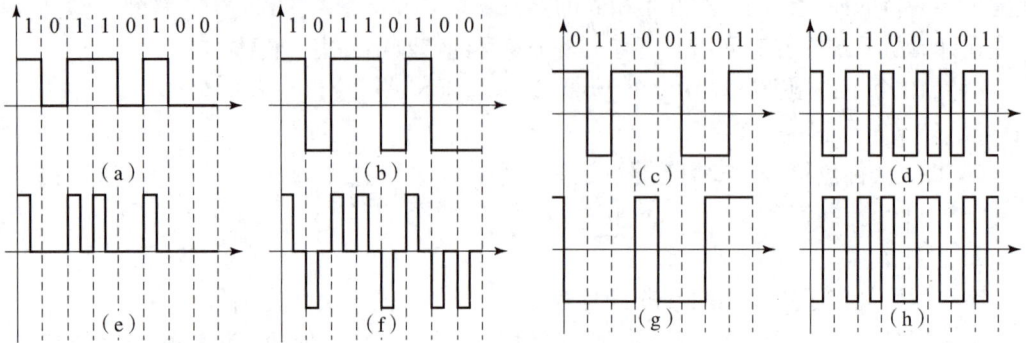

图 2 - 16　数字数据编码

（a）单极性非归零码；（b）双极性非归零码；（c）传号差分码；（d）曼彻斯特编码；
（e）单极性归零码；（f）双极性归零码；（g）空号差分码；（h）空号差分曼彻斯特编码

　　（1）单极性码：信号电平为单极性的编码。

　　（2）双极性码：信号电平为正、负两种极性的编码。

　　（3）归零码：在每一位二进制信息传输之后均返回零电平的编码。

　　（4）不归零码：在整个码元时间内维持有效电平的编码。

　　（5）差分码：用每个周期起点电平的变化与否来代表逻辑"1"和"0"的编码，电平变化代表"1"，电平不变化代表"0"，此方式为传号差分码，反之为空号差分码。

　　（6）曼彻斯特编码：又称为分相码，是工业数据通信中最常用的一种基带信号编码。在该编码中，按照一个比特位的时间进行电平发送，在这个时间段的中点存在电平跳变，高电平变为低电平表示"0"，低电平变为高电平表示"1"。

　　（7）差分曼彻斯特编码：曼彻斯特编码结合差分码的一种变形，即在一个比特的时间里，低电平变为高电平表示"1"，当不存在电平变化时表示"0"。

2.2.6　数据传输方式

　　数据传输方式按照数据代码的传输顺序分为串行传输和并行传输；按照数据信号传输的同步方式分为异步传输和同步传输。

1. 串行传输和并行传输

1）串行传输

　　在串行传输中，计算机中的一个字节由一个 8 位二进制代码来表示，将准备传输的每个字节的二进制代码按照由低到高位的顺序依次发送。串行传输适合远距离传输，在集散控制系统中数据通信网络几乎全部采用串行传输。

2）并行传输

　　在并行传输中，同时传输一组比特，每个比特用一个线路通道。传输距离短时采用并行传输可以提高传输速率，但若数据位数较多、传送距离较长，则并行传输的线路复杂，成本较高且干扰大。并行传输一般用于可编程序控制器内部的各元件之间、主机与扩展模块或近距离智能模块之间的数据处理。

串行传输和并行传输如图 2-17 所示。

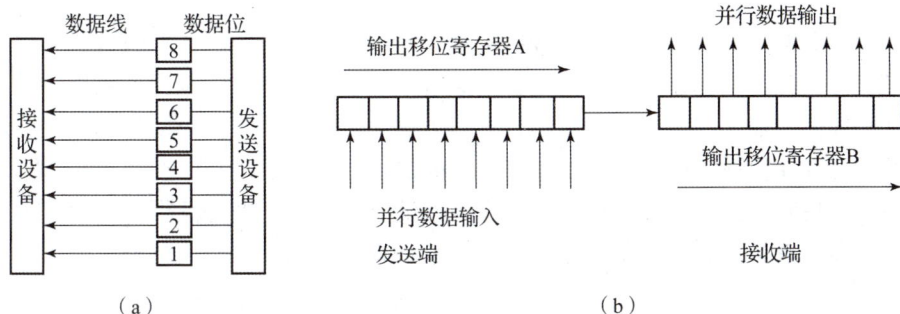

图 2-17　串行传输和并行传输

（a）串行传输；（b）并行传输

2. 异步传输和同步传输

1）异步传输

在异步传输中，信息以字符为单位进行传输，每个信息字符都有自己的起始位和停止位，每个字符中的各个位是同步的，相邻两个字符传送数据之间的停顿时间长短是不确定的，它是靠发送信息时同时发出字符的开始和结束标志信号来实现的（图 2-18）。

异步传输简单便宜，但每个字符有 2~3 个位的额外开销，传输效率低，主要用于中、低速通信场合。

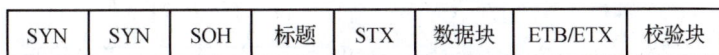

图 2-18　异步传输

2）同步传输

同步传输是以数据块为单位的，字符与字符之间、字符内部的位与位之间都同步；每次传送 1~2 个同步字符、若干个数据字节和校验字符；同步字符起联络作用，用于通知接收方开始接收数据。在同步传输中发送方和接收方保持完全的同步，即发送方和接收方使用同一时钟频率。

同步传输的数据块结构如图 2-19 所示。

SYN	SYN	SOH	标题	STX	数据块	ETB/ETX	校验块

图 2-19　同步传输的数据块结构

由于同步传输不需要在每个数据字符中加起始位、校验位和停止位，只需要在数据块之前加一两个同步字符，所以传输效率高，但对硬件要求也相应提高，主要用于高速通信场合。

2.2.7 信号传输模式

信息变换后得到的或者生成的信号通常称为基带信号，直接以基带信号的带宽（频率范围）把信号传送出去的系统称为基带传输系统。基带信号具有频率很低的频谱分量，出于抗干扰和提高传输率的考虑，一般不宜直接传输基带信号，需要对基带信号进行频率变换，变换成适合在信道中传输的信号，变换后的信号就是频带信号。在信道中传送频带信号，称为频带传输。进行频带传输的系统称为频带传输系统。进行频带传输时需要进行频谱搬移，即需要进行调制（对信号进行处理、变换来实现）。

1. 调制的概念

把信号转换成适合在信道中传输的形式的过程（把基带信号携带的信息转载到高频信号上的处理过程），即把基带信号变为频带信号的过程，称为调制

（1）调制信号：来自信源的基带信号。

（2）载波调制：用调制信号去控制载波参数的过程。

（3）载波：未受调制的周期性振荡信号，它可以是正弦波，也可以是非正弦波。

（4）已调信号：载波受调制后称为已调信号。

（5）解调（检波）：调制的逆过程，其作用是将已调信号中的调制信号恢复出来。

（6）基带信号：语音信号，频率为 300 ~ 3 400 Hz。

（7）高频信号：如电磁波，频率在 300 kHz 以上。

2. 模拟基带与频带传输

1）模拟基带传输

模拟基带传输是将信源产生的信号直接发送到信道中传输出去，用于短距离传输系统。

2）模拟频带传输

模拟频带传输即模拟基带信号经过调制成为频带信号后，再发送到信道中进行传输。实现频带传输的关键是要对基带信号进行调制，根据调制的不同类型产生不同的频带信号。

目前一般采用的是正弦载波调制，用调制信号 $m(t)$ 分别改变一个正弦信号的 3 个参数，形成了 3 种调制方式；幅度调制（调幅）、频率调制（调频）、相位调制（调相）。

调制信号与正弦信号如图 2-20 所示。

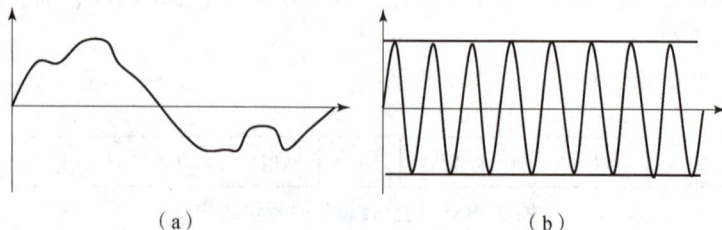

（a）   （b）

图 2-20 调制信号与正弦信号

（a）调制信号；（b）正弦信号

基带信号（调制信号）为 $m(t)$。

载波信号为 $c(t) = A\cos(\omega c t + \varphi)$。

用 $m(t)$ 改变载波信号的幅度，得到已调信号 $S_{AM}(t) = [A_0 + m(t)]\cos\omega_c t$。
调制过程如图 2-21 所示。

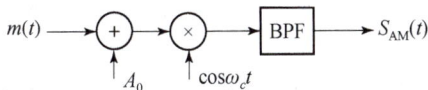

图 2-21　调制过程

从频率的角度分析该信号的变换过程，可以看到由基带信号 $m(t)$ 得到的已调信号的带宽是在高频段的以 ω_c 为中心的一个范围（图 2-22）。

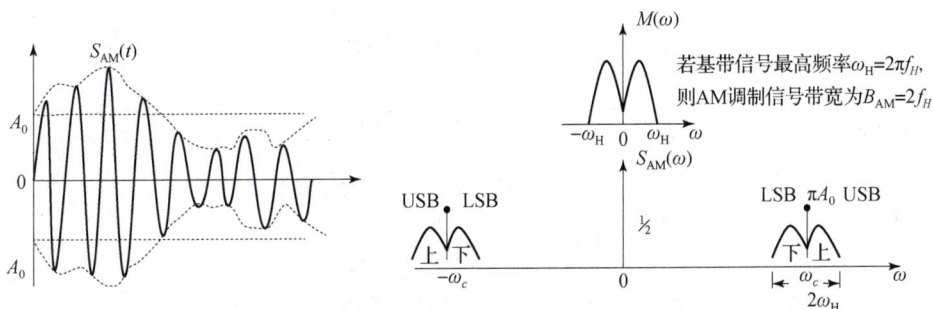

图 2-22　已调信号波形与频谱

3. 数字基带与频带传输

1）数字基带传输

数字基带传输是数字基带信号在信道中的直接传输，用于某些具有低通特性的有线信道中，特别是传输距离不太大的情况下。数字基带传输系统如图 2-23 所示。

（1）码型变换器：把原始基带信号变换成适合信道传输的各种码型，达到与信道匹配的目的，也就是生成代表"1"和"0"的码型。

（2）发送滤波器：码型变换器输出的各种码型是以矩形为基础的，发送滤波器的作用就是把它们变换为比较平滑的波形，如升余弦波形等，以利于压缩频带、便于传输。

（3）接收滤波器：滤除带外噪声，进行信道特性均衡，使输出的基带波形有利于抽样判决。

（4）抽样判决器：在传输特性不理想的条件下及噪声背景下，在规定时刻（由位定时脉冲控制）对接收滤波器的输出波形进行抽样判决，以恢复或再生基带信号。

数字基带传输的关键就是把二进制 1 和 0 编成适合信道传输的码型。常见的码型有单极性不归零码、双极性不归零码、单极性归零码、双极性归零码、差分码。

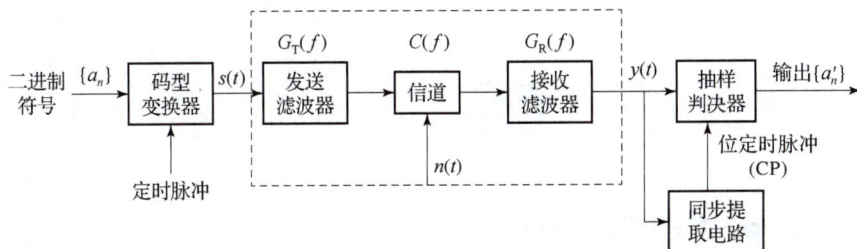

图 2-23　数字基带传输系统

2）数字频带传输

数字频带传输是将数字基带信号调制成为频带信号后再发送到信道中进行传输。

和模拟频带传输一样，数字基带信号也可以进行正弦载波调制，实现频谱搬移，从而在适合的信道中进行传输。

用数字基带信号分别改变正弦载波信号的幅度、频率、相位，得到 3 种不同的调制信号（把数字调制称为键控，把数字基带的码元脉冲序列看成"电键"，即对载波进行控制的意思），分别是：幅度键控（ASK）、频率键控（FSK）、相位键控（PSK）（图 2 – 24）。

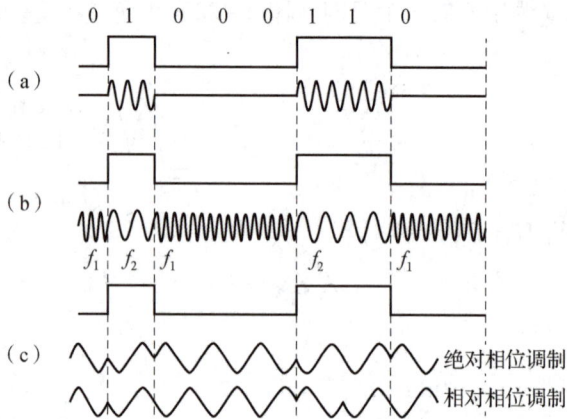

图 2 – 24　二进制的数字基带信号的 3 种调制波形
(a) ASK；(b) FSK；(c) PSK

（1）幅度键控（ASK）。

如果采用幅度键控方法实现调制，则在码元为"1"的时候让载波通过，在码元为"0"的时候不让码元通过。通过系统得到的信号是已调信号，由已调信号的波形［图 2 – 24 (a)］可以看出，码元为"1"则有载波波形，码元为"0"则无载波的波形。

（2）频率键控（FSK）。

二进制频率键控是用基带信号去控制传送的载波频率，在码元为"1"的时候使用频率 f_1，在码元为"0"的时候使用频率 f_2，得到的调制信号的典型波形如图 2 – 24 (b) 所示，码元为"1"和"0"的时候分别对应不同频率的信号。

（3）相位键控（PSK）。

二进制相位键控是用一个相位为 0 的载波，通过移相得到一个相位为 π 的载波，在码元为"0"的时候相位为 0 的载波通过，在码元为"1"的时候相位为 π 的载波通过。从已调信号的波形［图 2 – 24 (c)］可以看出，在码元为"1"和"0"的时候信号的相位是完全不同的。

2.3　信　道

2.3.1　信道与信道容量

任何一个通信系统均可视为由发送端、信道和接收端三大部分组成。显然信道是通信系统必不可少的组成部分，信道特性的好坏直接影响通信系统的总特性。

1. 信道的分类

一种信道是指信号的传输介质，如对称电缆、同轴电缆、超短波及微波视距传播路径、短波电离层反射路径、对流层散射路径以及光纤等，此种类型的信道称为狭义信道。

另一种信道是将传输介质和各种信号形式的转换、耦合等设备都归纳在一起，包括发送设备、接收设备、馈线与天线、调制器等部件和电路在内的传输路径或传输通路，这种范围扩大了的信道称为广义信道。广义信道分为调制信道和编码信道。

信道的分类如图 2 – 25 所示。

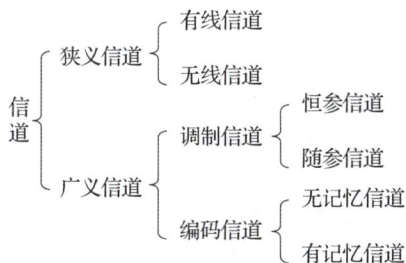

图 2 – 25　信道的分类

1）调制信道

在模拟通信系统中，主要研究调制和解调的基本原理，其信道可以用调制信道来定义。所谓调制信道，是指调制器输出端到解调器输入端的部分。从调制和解调的角度来看，调制器输出到解调器输入端的所有变换装置及传输媒介，不管其中间过程如何，只是对已调信号进行某种变换，因此可以将其视为一个整体。

2）编码信道

在数字通信系统中，所谓编码信道是指编码器输出端到译码器输入端的部分。因为从编码和译码的角度来看，编码器是把信源所产生的消息信号变换为数字信号，译码器则是将数字信号恢复成原来的消息信号，而编码器输出端至译码器输入端之间的一切环节只起到了传输数字信号的作用，所以可以将其归为一体来讨论。

2. 信道对传输信号的影响

架空明线、电缆、波导、中长波地波传播、超短波及微波视距传播、卫星中继、光导纤维以及光波视距传播等传输媒介构成的信道称为恒参信道，恒参信道的参数不会变化。

信号经过恒参信道的时候会发生幅度衰减，称为幅 – 频失真，幅 – 频失真对模拟通信影响较大，导致信噪比下降；信号的各频率分量通过信道后将产生不同的时延，从而引起波形的群时延失真，称这种失真为相 – 频失真，相 – 频失真对数字通信影响较大，会引起严重的码间干扰，造成误码。

短波电离层反射、超短波流星余迹散射、超短波及微波对流层散射、超短波电离层散射以及超短波视距绕射等传输媒介所构成的信道称为随参信道。

随参信道的参数随时间变化，其特性相对复杂。随参信道会引起信号衰落，从而严重地影响通信系统的性能。

3. 信道容量

信号在信道中传输时，如果信道受到加性高斯白噪声的影响，传输信号的功率和带宽会受到限制，那么信道的传输能力如何呢？

科学家香农给出了计算信道最大信息传输速率 C 的公式：

$$C = B\log_2\left(1 + \frac{S}{N}\right)$$

该式通常称为香农公式，其中 C 是码元速率的极限值，即信道容量；B 为信道带宽（bit/s）；S 是信号功率（W），N 是噪声功率（W）。

信道容量与信道带宽成正比，同时取决于系统信噪比以及编码技术种类，该公式可以计算一条信道在一定条件下的极限传输速率。

由该公式可以知道以下几点。

（1）给定了 B、S/N，C 就是确定的，要想在这条信道上实现无差错的传输，信号的传输速率 R 只能小于等于 C。

（2）提高信噪比可以增大信道容量（减小 N 或者提高 S），即 N 接近 0 时，C 可以趋近无穷大。

（3）增大信道带宽 B 可以增大信道容量，但是增加信道带宽也会增大 N，因此增大信道带宽并不能无限制地增大 C。

2.3.2 传输介质

传输介质用于连接通信设备，为通信设备提供信息传输的物理通道，是信息传输的实际载体。从本质上讲，有线通信与无线通信中的信号传输，实际上都是电磁波在不同传输介质中的传播过程，在这一过程中对电磁波频谱的使用从根本上决定了通信过程的信息传输能力。理论上，任何频率的信号都可以用于通信，但实际上人们仍然根据业务要求、传播特性等因素来选择性的所使用电磁波的频段。

1）有线介质

有线介质主要有通信中常见的电缆和光纤。电缆包括非屏蔽双绞线、屏蔽双绞线和同轴电缆等。电缆的特点是成本低、安装简单；其缺点是频谱有限，而且安装之后不便移动。电缆是有线通信中，特别是接入网络中最常见的传输介质，主要用在短距离的通信系统中。光纤中传送的是光信号，其衰减小，受干扰的影响小，因此适用于长距离的通信系统。

2）无线介质

无线介质在使用中可以划分为可见光、微波、紫外、红外等频段以及卫星通信。使用无线介质的显著优点是建网快捷且移动性好，它的缺点是频谱宽度小于电缆。此外，使用无线介质的成本有时远高于使用有线介质。虽然存在部分不经授权就可以使用的频段，如340/433 MHz、2.4 GHz 等，但大多数无线频段是需要授权甚至是购买之后才可以使用的。

2.3.3 信道复用技术

在通信系统的构建中，信道的建设是需要一定成本的，如果在一条信道上传送的信息量少，传输效率低，就必须有相应的技术来改变这种情况。多路复用技术的使用极大地提高了信道的传输效率，得到了广泛的应用。多路复用技术就是在发送端将多路信号进行组合，然后在一条专用的物理信道上实现传输，接收端再将复合信号分离出来。信道复用技术主要分为两大类：频分多路复用（简称频分复用）和时分多路复用（简称时分复用）。波分复用和统计复用本质上也属于这两类信道复用技术。还有一些其他信道复用技术，如码分复用、极化波复用和空分复用等。

1. 频分复用

所谓频分复用（Frequency Division Multiplexing，FDM），是指按照频率的不同来复用多路信号的方法。在频分复用中，信道的带宽被分成若干个相互不重叠的频段，每路信号占用其中一个频段，因此在接收端可以采用适当的带通滤波器将多路信号分开，从而恢复出所需要的信号。一个简单的 FDM 系统如图 2-26 所示。

图 2-26 FDM 系统

2. 时分复用

所谓时分复用（Time Division Multiplexing，TDM），是指利用各信号的抽样值在时间上的不相互重叠来达到在同一信道中传输多路信号的方法。在 FDM 系统中，各信号在频域上是分开的，而在时域上是混叠在一起的；在 TDM 系统（图 2-27）中，各信号在时域上是分开的，而在频域上是混叠在一起的。TDM 将提供给整个信道传输信息的时间划分成若干时间片（简称时隙），并将这些时隙分配给每个信号源使用，每路信号在自己的时隙内独占信道进行数据传输。TDM 的特点是时隙事先规划分配好且固定不变，因此有时也叫作同步时分复用。其优点是时隙分配固定，便于调节控制，适用于数字信息的传输；其缺点是当某信号源没有数据传输时，它所对应的信道会出现空闲，而其他繁忙的信道无法占用这个空闲的信道，因此会降低线路的利用率，但这一问题可以采用统计时分复用（STDM）的方法解决（图 2-28）。TDM 与 FDM 一样，有非常广泛的应用，电话通信中的 PCM 系统、SDH、ATM 就是最经典的例子。

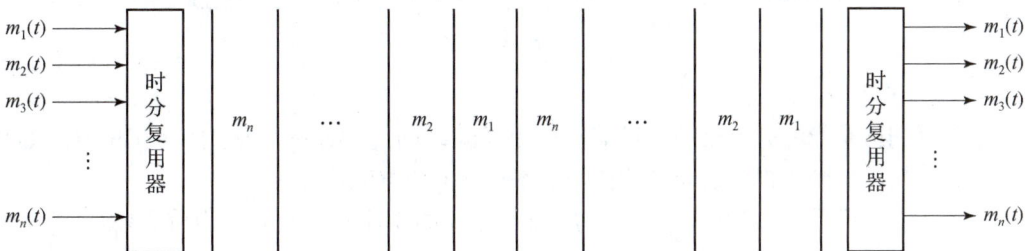

图 2-27 TDM 系统

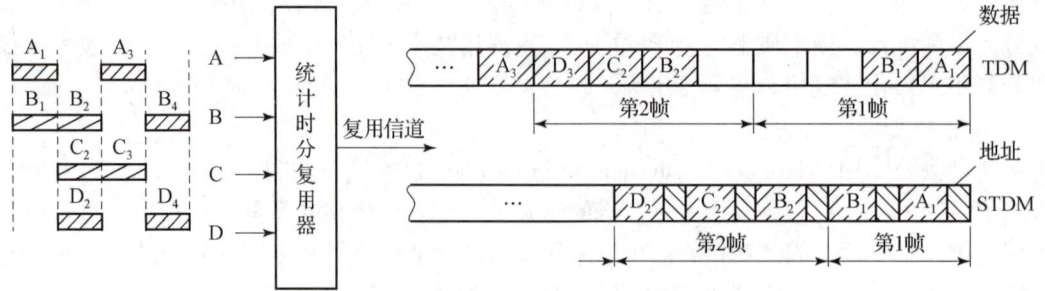

图 2–28　统计时分复用

3. 码分复用

码分复用（Code Division Multiplexing，CDM），常称为码分多址（Code Division Multiple Access，CDMA）。每个用户可以在同样的时间使用同样的频带进行通信。由于各用户使用经过特殊挑选的不同码型，所以各用户互不干扰。CDMA 最早应用于军事通信，随着技术的进步，CDMA 设备的价格和体积都大幅度下降，现已广泛应用于民用移动通信。

CDMA 系统为每路信号分配了各自特定的地址码，利用同一信道传输信息（图 2–29）。CDMA 系统的地址码相互之间具有准正交性，以区别各路信号。CDMA 的信号在频率、时间和空间上都可能重叠。也就是说，每路信号都有自己的地址码，地址码用于区别每路信号，地址码彼此之间是互相独立的，也就是互相不影响，但是由于技术等种种原因，地址码不可能做到完全正交，即完全独立，互相不影响，所以称为准正交。由于有地址码区分各路信号，所以 CDMA 对频率、时间和空间没有限制，信号在这些方面完全可以重叠。

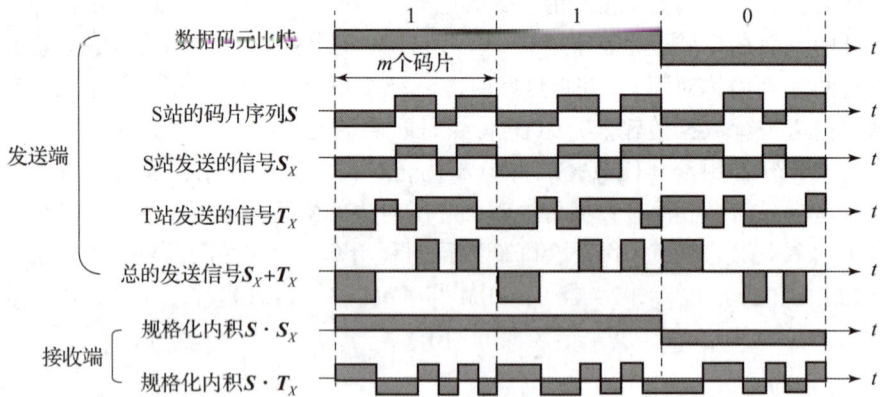

图 2–29　码分复用

4. 波分复用

波分复用就是光的频分复用。目前一根单模光纤的传输速率可达到 2.5 Gbit/s。如采用色散补偿技术，则一根单模光纤的传输速率可达到 10 Gbit/s。

如图 2–30 所示，8 路传输速率均为 2.5 Gbit/s 的光载波（其波长均为 1 310 nm），经光调制后，它们的波长变换到 1 550～1 557 nm，相邻两个光载波相隔 1 nm。这 8 个波长很接近的光载波经过光复用器后，在一根光纤中传输。光信号传输一段距离后会衰减，因此衰减的光信号必须经过放大后才能继续传输。现在已经有很好的掺铒光纤放大器（EDFA），它是一种光放大器。EDFA 不需要进行光电转换即可直接对光信号进行放大。两个光纤放大器之间的光缆线路长度可达 120 km，而光复用器和光分用器之间的无光电转换的距离可达 600 km（只需放入 4 个光纤放大器）。

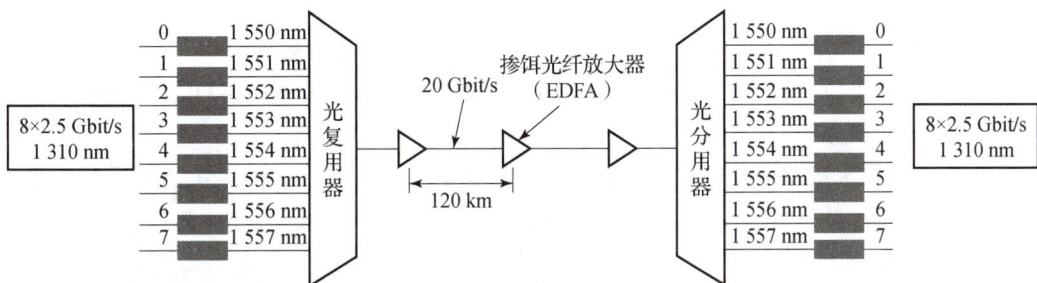

图 2-30　波分复用

2.4　通信系统性能指标和通信方式

1. 通信系统性能指标

现代通信研究的主要问题概括地说就是如何把信息大量地、快速地、准确地、广泛地、方便地、经济地、安全地从信源通过传输介质传送到信宿。由此可以看出，建立一个通信系统要考虑的因素很多，但具体评价一个通信系统主要有两个方面的性能指标：一是通信的可靠性，二是通信的有效性。

1）可靠性

可靠性指消息传输的"质量"问题，即信源发送的信息是否被信宿完整地接收到。

模拟通信系统的可靠性指标用整个通信系统的输出信噪比来衡量。信噪比是信号的平均功率 S 与噪声的平均功率 N 之比。信噪比越高，说明噪声对信号的影响越小。显然，信噪比越高，通信质量就越好。

数字通信系统的可靠性指标主要是误码率和误信率。

（1）误码率。

P_e = 错误码元数/总的码元数，即接收到的错误码元数与接收到的总的码元之比，亦即出现错误码元的概率。

（2）误信率。

P_b = 错误比特数/总的传输比特数，即接收到的错误比特数与总的传输比特数之比，亦即出现错误信息的概率。

2）有效性

有效性指消息传输的"效率"问题，即在占用一定传输资源的基础上，资源的利用率越高，有效性越好。

（1）模拟通信系统的有效性指标。

模拟通信系统的有效性指标用所传输信号的有效传输带宽来表征，当信道容许传输带宽一定，而进行 FDM 时，每路信号所需的有效带宽越窄，信道内复用的路数就越多，传输效率越高。

（2）数字通信系统的有效性指标。

数字通信系统的有效性指标用传输速率和频带利用率来表征。

①传输速率。

传输速率有两种表示方法：码元传输速率 R_B 和信息传输速率 R_b。

码元传输速率 R_B 简称传码率，又称为符号速率等。它表示单位时间内传输码元的数量，单位是波特（Baud），记为 B。

信息传输速率 R_b 简称传信率，又称为比特率等。它是表示每秒传送的信息量，单位是比特/秒，记为 bit/s。

②频带利用率。

码元的频带利用率为码元的传输速率传输带宽之比，即单位频带上码元的传送量。

信息的频带利用率为传输的比特率传输带宽之比，即单位频带上信息的传送量。

3）两个性能指标关系总结

对有效性和可靠性这两个性能指标的要求经常是矛盾的，提高通信系统的有效性会降低可靠性，反之亦然。因此，在设计通信系统时，对两者应统筹考虑。

2. 通信方式

通信系统传输信息，按照信息传输方向，规定通信系统的通信方式，分为单工通信、半双工通信、全双工通信（图 2-31）。

在单工通信方式中，信号只能向一个方向传输，任何时候都不能改变信号的传送方向。如图 2-31（a）所示，数据信息总是从发送端传输到接收端。这种情况与无线电广播类似，信号只在一个方向上传播，由电台发送，由收音机接收。

在半双工通信方式中，信号可以双向传送，但必须交替进行，一个时间只能向一个方向传送，如图 2-31（b）所示。

在全双工通信方式中，同时在两个方向上进行通信，即有两个信道，数据同时在两个方向流动，它相当于把两个相反方向的单工通信组合起来，如图 2-31（c）所示。显然，全双工通信效率高，但构建通信系统的造价也高。

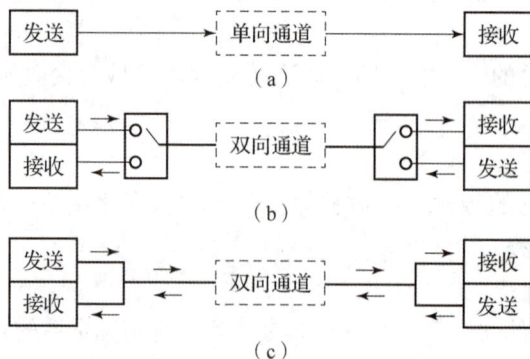

图 2-31　通信方式
（a）单工通信；（b）半双工通信；（c）全双工通信

2.5 数据交换技术

通信系统由信源、信宿、信道组成，在信道中传输信号，可以认为任意两个通信终端要实现通信都需要一条信道。如果有 8 个通信终端，实现相互间的通信则需要搭建 $[8 \times (8-1)]/2$ 条信道（图 2 − 32）。如果用户再增加通信终端，则信道将更多，这样的通信模式在实际中是不可取的。

在实际通信系统的组建中，通常是通过数据交换技术来解决这个问题。数据交换技术的核心在于通信终端之间有一个中心设备，与所有通信终端连接在一起，接到任意一个通信终端与其他通信终端的通信请求后，可以把这两个通信终端的信道连接起来，或者把信息接收后再转发给接收信息的用户。数据交换技术是一种转接、转发技术，中心设备通常被称为交换机，常用的有电话交换机（图 2 − 33）、网络交换机。

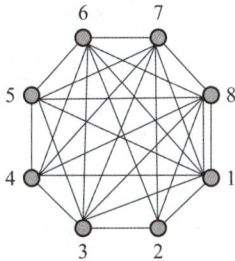

图 2 − 32　多终端通信连接示意　　　图 2 − 33　电话交换机连接示意

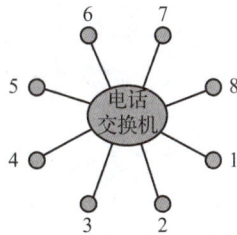

1. 电路交换

电路交换主要应用在电话交换网中。自从贝尔发明电话以来，电话交换技术逐步从人工交换发展到电路交换。电路交换。

在电路交换中，建立了很多用户交换节点，用来接入用户，也建立了中继交换节点，负责多个用户交换节点之间的用户连接（图 2 − 34）。

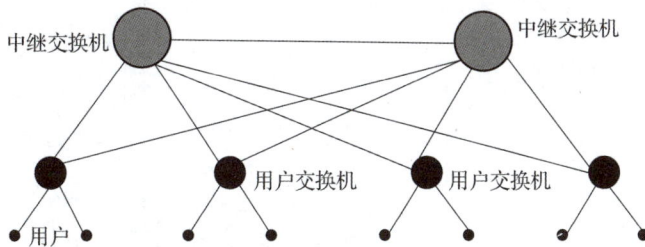

图 2 − 34　电路交换连接示意

电路交换包括呼叫建立、信息传送、连接释放 3 个阶段（图 2 − 35）。呼叫用户端发起呼叫，首先发送被呼叫的信息，用户交换机接到呼叫信息后，分析呼叫信息并检测被呼叫状态，如果被呼叫的状态能够接受呼叫，则给这两个用户间分配信息传输信道，呼叫建立过程完成；两个用户间建立信息传输通道后，呼叫接通，进行信息传输；在连接释放阶段，呼叫完成后，通信的一方挂机，用户交换机检测到后，则拆除两个用户之间的信道连接，释放信道。

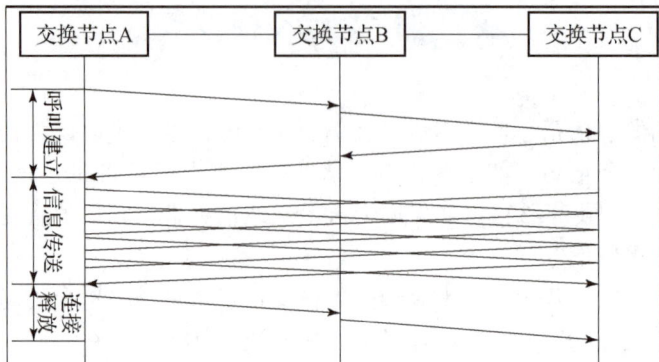

图 2 - 35　电路交换实现过程

电路交换是一种实时交换，不管用户相隔多远，中间经过了多少个中继节点，都会在两个用户之间建立一条实时、实际的信道，这条信道为通信两端独有，即使用户之间没有信息传递的时候也保留信道。电路交换的优点是实时性好，不对传输的信息进行处理，保真性好；其缺点主要是对所传输的信息不进行差错控制，信道属于用户独占，对整个通信系统而言，传输效率低，通信成本高。

2. 报文交换

随着数据通信终端的发展，需要发送的数据可以存储起来，且用户传递的信息具有随机性和突发性，不能一直分配和占用信道，基于这两点人们发展了报文交换。

报文交换中传输的数据单位为报文，通信用户在发送数据的时候会将目的地址和传输的数据一起加入报文，发送给所连接的交换节点，交换节点把需要发送的报文接收并存储，根据目的地址信息转发送到下一个交换节点，直到达到目的用户为止（图 2 - 36）。

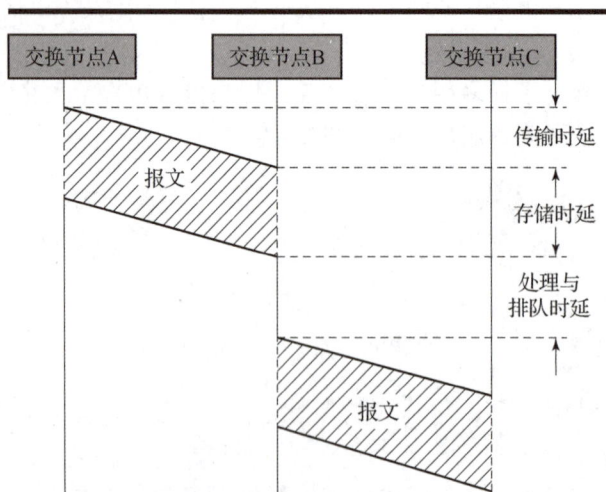

图 2 - 36　报文交换

报文交换从源到目的地都采用存储转发的方式，在传送时未考虑传送数据的大小，在一段时间内占用信道并将报文传送下去。

报文交换的优点是可以提高的通信系统的传输效率，资源利用率高；其缺点是实时性差，每个交换节点采用存储转发模式，造成了传输时延和存储时延。

3. 分组交换

分组交换是在报文交换的基础上发展起来的。报文交换未考虑传送数据的大小，也未考虑中继节点的存储容量；分组交换则把需要传送的报文分成有大、小上限的分组，从而提高了传输和转发速度，增加了数据的可靠性（图2-37）。

分组交换包括数据报分组和虚电路分组两种方式。

数据报分组对传输的数据进行分组，对每个分组进行编号，并附上地址信息，用户把分组发送到通信节点中，通信节点根据地址信息和连接的网络情况，寻找一条合适的线路发送各个分组；目的用户接收分组的路径不同，并且分组到达的顺序也不同；目的用户根据分组顺序重组数据。数据报分组适用于对数据传输可靠性要求不高的应用。

虚电路分组是在用户接入的源节点和目的节点之间先建立一条逻辑通路，这条逻辑通路并不由这两个用户专用，而只是给需要发送的数据分组指定一条"路"，各分组按顺序在这条"路"上进行传输，数据仍然在节点中进行排队缓冲，在没有分组数据传输的时候，这条"路"上的通信资源仍然可以用于传送其他用户的数据。虚电路分组适用于对数据传输可靠性要求高的应用。

分组交换是目前数据通信中广泛使用的一种数据交换方式，在计算机网络的组建和计算机网络通信中应用尤为广泛，适用于数据量大的通信需求。

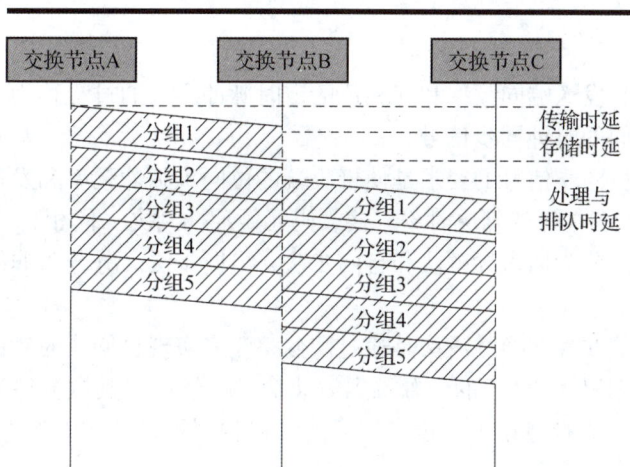

图 2-37　分组交换

2.6　同步技术与差错控制技术

2.6.1　同步技术

为了使整个通信系统有序、准确、可靠地工作，收、发双方必须有一个统一的时间标准，即定时系统。依靠定时系统完成收、发双方时间的一致性，即同步。

1. 同步的分类

（1）按同步的功用，同步分为如下几类。

①载波同步：相干解调接收端需要与发送端同频同相的载波，这是调制解调的基础，接收端需要与发送端同频率的载波才能完成解调。

②位同步（即码元同步）：接收端码元定时脉冲序列的重复频率和相位要与发送端保持一致。

③群同步（帧同步）：为了对由若干码元组成的字符加以区分而插入起止码。

④网同步：数字通信网有统一的时间节拍标准。

（2）按传输同步信息的方式，也就是把同步信息传送给接收端的方式，同步分为如下几类。

①使用统一时钟：双方在数据信道之外，还有一条提供时钟信号的信道，如统一使用GPS 时钟系统给出的时钟信号。

②利用独立的同步信号（外同步）：由发送端发送专门的同步信息，通过在发送的数据信号中插入同步时钟信号实现，在发送的数据中有同步时钟信号的，接收端能够提取时钟信号，并完成时钟同步。

③自同步：从接收信号中直接提取同步信息，发送端不专门发送时钟信号，但是接收端能直接提取同步的时钟信息。

2. 同步实现方式

1）位同步

在接收端产生与发送端同频率和同相位的定时脉冲序列的过程称为位同步，也称为码元同步，即产生相同的时钟同步信号。

数字通信中对位同步信号的要求是使接收端的位同步脉冲频率和发送端的码元速率相同（同频），使接收端在最佳判决时刻对接收码元做抽样判决（同相）。

位同步实现方法分为插入导频法和自同步法，自同步法又分分为非线性变换滤波法和锁相法。

自同步法中的非线性变换滤波法是通过微分整流来实现自同步时钟的。发送的信号经过放大限幅后，在编码为"1"的位置得到方波信号，然后对其微分整流后形成尖脉冲波（反应了突变部分），在此基础上通过窄带滤波和移相则可以完成发送端时钟脉冲的形成，最后输出时钟信号。

2）帧同步（群同步）

在 TDM 系统中，各路信号是以帧的方式传送的。在接收端为了把各路信号区分开来，需要有一个准确的时间标准，用以表示一帧的起始时刻，即让接收端知道每个数据帧是在什么时候开始的。

通常由若干个码元代表一个字母（符号、数字），而由若干个字母组成一个"字"，若干个字组成一个"句"。在传输数据时则把若干个码元组成一个个的码组，即一个个"字"或"句"，通常称之为群或帧。群同步又称为帧同步。对帧同步的要求是帧同步的引入时间要短、同步系统的工作要稳定可靠、同步码组的长度要小。

3）网同步

网同步要求网络中的各个设备都使用同一个时钟信号标准，这样各个设备之间就可以实现可靠的数据传送。网同步是主站提供高稳定度的主时钟源，各从站通过各自的锁相环与主站保持一致。网同步的特点是设备简单，但对主站的依赖性强。对此，可以通过等级主从同步方式进行改进。

4）异步通信的同步

数据通信中还经常涉及异步数据传输方式，在异步数据传输方式中，收、发两端各自有独立的位定时时钟，接收端也不会提取发送端的时钟信号。收、发两端虽然各自有独立的位定时时钟，但数据的传输速率是双方约定的。收、发双方利用数据本身进行同步时一般采用起止同步方式。

2.6.2 差错控制技术

在数据通信的二进制编码传输中，接收端根据发送端的规则在一个时钟周期内进行判断，如果是高电平就判定为编码"1"，如果是低电平就判定为编码"0"。噪声和信道本身的一些情况会造成接收端收到的信号与实际是不一样的，也就是产生了差错。

通信的可靠性要求通信系统的差错一定要小，但是由于噪声的存在和信道本身的状况，实际上出现差错的可能性很大，这就要求通信系统必须要有检错和纠错功能，这就要通过差错控制技术实现。

1. 产生差错的主要原因

在通信过程中出现的差错是由随机差错和突发差错共同构成的。产生差错的可能的原因包括：在数据通信中，物理信道上的线路本身的电气特性随机产生的信号幅度、频率、相位的畸形和衰减；电气信号在线路上产生反射噪声的回波效应；相邻线路之间的串线干扰；大气中的闪电、电源开关的跳火、自然界磁场的变化以及电源的波动等外界因素。

2. 差错控制思想

在数据通信中，信源发送的信息不具备抗干扰能力，引入冗余度后就可以使新的码组具有一定的抗干扰能力。例如，2个码元构成4种码组00、01、10、11，此时无法检错，而使用3个码元，有用码组为000、011、101和110，如果收到其他的码组就一定出现了差错。目前差错控制常采用冗余编码方案，以检测和纠正信息传输中产生的差错。

冗余编码的思想是：把要发送的有效数据在发送时按照所使用的某种差错编码规则加上控制码（冗余码），当信息到达接收端后，再按照相应的校验规则检验接收到的信息是否正确。

3. 差错控制方式

1）前向纠错方式（FEC）

发端发送能够纠正错误的码，接收端收到信息后自动地纠正传输中的错误。

实现过程：发送端的信道编码器将输入数据序列变换成能够纠正错误的码，接收端的译码器根据编码规律检验出错的位置并自动纠正。

优点：不需要反向信道，实时性好。

缺点：①所选择的纠错码必须与信道的错码特性密切配合，否则很难达到降低错码率的要求；②为了纠正较多的错码，译码设备复杂；③要求附加的监督码较多，传输效率较低。

2）检错重发方式（ARQ）

发端发送检错码，接收端收到信息后能够检查出错误，并要求发送端重发。

实现过程：发送端对数据序列进行分组编码，加入一定的码元使之具有一定的检错能力，成为能够发现错误的码组。接收端收到码组后，按一定规则对其进行有无错误的判决，并把判决结果（应答信号）通过反向信道送回发送端。如有错误，发送端把前面发出的信息重新传送一次，直到接收端认为已正确接收到信息为止。

优点：①编码效率较高；②译码设备较简单。

缺点：需反向信道，实时性差，需要等待时间。

3）混合纠错方式（HEC）

该方式是 FEC 方式和 ARQ 方式的结合。

实现过程：发送端发出同时具有检错和纠错能力的码，接收端收到信息后，检查错误情况，如果错误在纠错能力范围内，则自行纠正；如果干扰严重，错误很多，超出纠正能力的范围，但能检测出来，则经反向信道要求发送端重发。

优点：①在实时性和译码复杂性方面是 FEC 和 ARQ 方式的折中；②有一定的纠错能力，提高了发送效率。

缺点：在错误多时还是需要重发。

4. 差错控制编码

差错控制编码一般分为两类：一是检错编码，常见的有奇偶校验码、循环冗余校验码（CRC）；二是纠错编码，有汉明码、卷积码等。

采用奇偶校验码时，在每个字符的数据位传输之前，先检测并计算奇偶校验位，然后将其附加在后；根据采用的奇偶校验位是奇数还是偶数，推断出一个字符包含"1"的数目，接收端重新计算收到字符的奇偶校验位，并确定该字符是否出现传输差错。

若每个字符只采用一个奇偶校验位，则只能发现单个比特差错，如果有 2 个或 2 个以上比特出错，则奇偶校验位无效。

异步传输和面向字符的同步传输均采用奇偶校验码，其多用于计算机内部数据校验。

【思考与练习】

1. 现代通信的定义是什么？
2. 通信系统的一般模型包括哪几个部分？
3. 通信系统有哪几种？它们是如何划分的？
4. 数字通信系统由哪几部分组成？
5. 信息、信号、消息的关系是什么？
6. 模拟信号与数字信号是如何划分的？

项目三 计算机网络

【学习目标】

（1）了解计算机网络的概念及其组成、结构。
（2）了解计算机网络体系结构，熟悉计算机网络体系结构的层次功能。
（3）了解计算机网络的重要协议及其作用。
（4）了解以太网的分类及其特点。
（5）了解重要的网络互连设备。
（6）养成独立学习、自主解决问题的学习习惯。
（7）能按照学习要求完成学习任务，具有敬业精神。

在现代生活中，计算机网络已经由一种通信基础设施发展为一种重要的信息服务基础设施。计算机网络应用已经拓展到生活中的各个方面，对当代社会的发展产生了深远的影响。

3.1 计算机网络概述

3.1.1 计算机网络的定义

计算机网络是通信技术与计算机技术紧密结合的产物，它的发展是在通信技术和计算机技术发展的基础上发展而来的。计算机网络结合相应的网络协议，让各自独立且分散的计算机实现有效连接，是一种数字化的通信网络。

在计算机网络发展的不同阶段，人们对计算机网络给出了不同的定义，这些定义反映了当时计算机网络技术发展的水平。目前，比较有代表性的看法认为计算机网络就是互连的、自治的计算机集合。

互连是指计算机之间能够通过通信链路，用有线或无线的方式进行数据通信，实现互连互通。这些计算机称为主机，连接这些计算机的物理介质称为通信链路或者信道。

自治是指计算机拥有独立的硬件和软件，可以单独运行。

集合是指计算机网络需要两台及以上数量的计算机。

随着科学技术的发展，目前计算机网络所连接的硬件已经不限于一般的计算机，还包括智能手机、智慧家电等智能设备。现在的计算机网络不仅可以传送数据，还能够支持很多应用，包括今后可能出现的各种应用。

近年来随着"互联网＋"的发展，计算机网络技术的应用范围不断扩大，这使计算机网络技术与其他技术融合的步伐不断加快，推动着相关行业快速发展。

3.1.2　计算机网络的组成

一个完整的计算机网络包括计算机网络硬件系统和计算机网络软件系统，具体包括终端计算机、网络设备、传输介质、网络通信软件、网络设备软件（图3-1）。

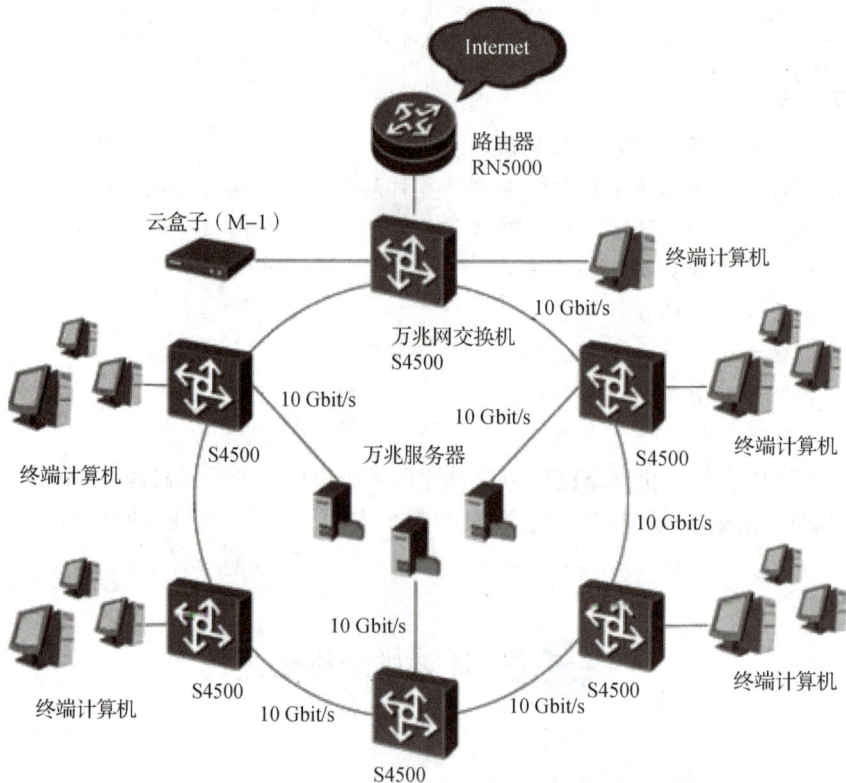

图3-1　计算机网络

1. 终端计算机

终端计算机也称为主机。它不仅是网络节点中存在的物理计算机，也可以是虚拟的主机终端。例如，用虚拟软件模拟的多台独立计算机系统组成一个虚拟的计算机网络，同样可以实现物理计算机网络所能实现的功能。

2. 网络设备

网络设备作为计算机网络中最核心的部分，是计算机网络的中继设备，如互连的路由器、交换机等。网络设备是计算机网络的骨架，是搭建计算机网络系统拓扑结构必须用到的设备。正是通过这些网络设备才能实现更大的网络互连，构成区域性乃至全球性的计算机网络。

3. 传输介质

主机要进行数据的传输就必须通过计算机网络的物理介质与计算机网络的其他部分连

接。用于连接和数据传输的物理介质就是传输介质，也可以称为通信链路、信道。物理介质既包括有线的物理介质，也包括无线的物理介质。

4. 网络通信软件

网络通信软件是安装在终端计算机中的软件。它可以是操作系统软件，如 Windows 系统、Linux 系统、UNIX 系统，也可以是网络应用软件，如通信软件、网络邮件、浏览器等。

5. 网络设备软件

网络设备要起到通信连接的作用，必须安装相应功能的网络设备软件，如路由器的配置程序、操作系统软件等。

3.1.3　网络传输介质

网络中常用的传输介质有很多种类型，包括双绞线、同轴电缆、光缆（光导纤维线缆）以及无线传输介质。

1. 双绞线

1）双绞线的结构

双绞线（Twisted - Pair，TP）是一种以铜制成的电线，是最常见的传输介质。为了减少导线之间的信号干扰，两根绝缘铜导线遵循相关国家标准，按螺旋形相互缠绕绞合在一起，形成一个线对。双绞线能传输数字信号与模拟信号。

通用网线是由 8 根不同花色的线两两绞合，形成 4 对双绞线线对，各线对根据标准按一定的密度逆时针绞合在一起，放在一个绝缘套管中。

4 线对双绞电缆（图 3 - 2）的每个线对都有规定的线对编号，每根导线都是用不同颜色进行标识的（白蓝、蓝、白橙、橙、白绿、绿、白棕、棕），见表 3 - 1。

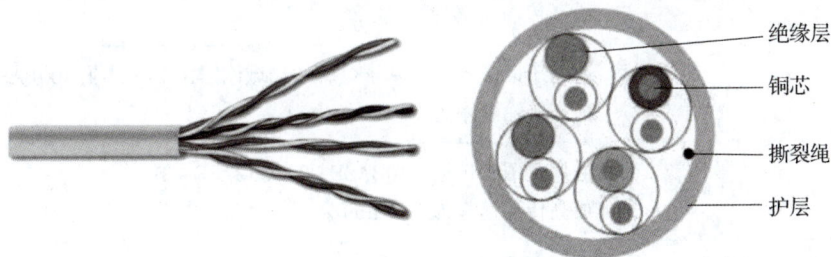

图 3 - 2　4 线对双绞线电缆

表 3 - 1　4 线对双绞线电缆颜色编码

线对	1	2	3	4
颜色编码	白/蓝，蓝	白/橙，橙	白/绿，绿	白/棕，棕
英文编码	W/BL，BL	W/O，O	W/G，G	W/BR，BR

多对双绞线封装在一起就构成了大对数电缆（图 3 - 3）。大对数电缆的线对同 4 线对双绞线电缆一样，每个线对也有编号，每根导线也是用不同颜色进行标识。电缆色谱由 10 种颜色组成，包括 5 种主色（白、红、黑、黄、紫）和 5 种次色（蓝、橙、绿、棕、

灰），5 种主色和 5 种次色又组成 25 种色谱。不管电缆对数多大，大对数电缆都是按 25 对色为一小把标识而成。

图 3 - 3　大对数电缆

2）双绞线的分类

双绞线有很多种类，不同种类的双绞线其用途也不同。

（1）按照性能指标分类

双绞线按照性能指标目前可以分为 9 类，见表 3 - 2。

表 3 - 2　双绞线的分类（按照性能指标）

分类	支持带宽	备注
1 类	750 kHz	只适用于语音传输
2 类	1 MHz	适用于语音传输 最高传输速率为 4 Mbit/s
3 类	16 MHz	适用于语音传输、10 Mbit/s 以太网和 4 Mbit/s 令牌环 最高传输速率为 10 Mbit/s
4 类	20 MHz	适用于语音传输、基于令牌的局域网、10BASE - T/100BASE - T 最高传输速率为 16 Mbit/s
5 类	100 MHz	适用于语音传输、10BASE - T/100BASE - T 最高传输速率为 100 Mbit/s
超 5 类	100 MHz	适用于千兆位以太网（1 000 Mbit/s）
6 类	250 MHz	传输速率高于 1 Gbit/s 的应用
6A 类	500 MHz	传输速率为 10 Gbit/s 时最大传输距离可达 100 m
7 类	600 MHz	传输速率为 10 Gbit/s

双绞线类型数字越大，版本越新，技术越先进，带宽越大，价格越高。

语音传输使用 3 类线缆，数据、视频传输主要使用超 5 类和 6 类线缆。

超 5 类线缆的最高带宽为 100 MHz，支持 100 Mbit/s 的数据传输，是目前网络应用中较好的解决方案（图 3 - 4）。

6 类线缆的最高带宽为 250 MHz，支持 1 000 Mbit/s 的数据传输。结构上 6 类线缆的绞距比5类线缆更密，并且多了一个绝缘的十字骨架，将网线的4对双绞线分别置于十字架的4个凹槽内，这样的结构能提高线缆的平衡特性，因此传输性能更好（图3-5）。

7类线缆在数据传输方面具有更明显的优势，但从商业应用上考虑，6类线缆是目前的最佳选择。

图3-4　超5类线缆　　　　　　　　　图3-5　6类线缆

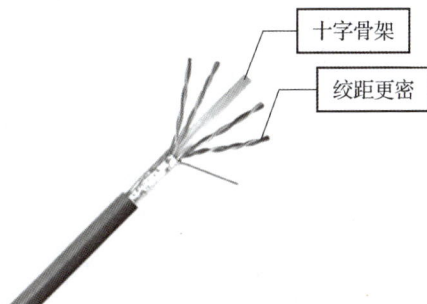

双绞线传送数据的速率与数字信号的编码方式有很大的关系。无论哪一种类型的双绞线，随着信号频率的升高其衰减都会增大。

（2）按照屏蔽层分类

按照屏蔽层，双绞线可以分为非屏蔽双绞线（Unshielded Twisted - Pair，UTP）和屏蔽双绞线（Shielded Twisted - Pair，STP）两类。

非屏蔽双绞线是一种数据传输线，由4对不同颜色的传输线组成，广泛用于以太网和电话线中（图3-6）。

非屏蔽双绞线优点突出：无屏蔽外套，直径小，节省所占用的空间，成本低；重量小，易弯曲，易安装；可将串扰减至最小或加以消除；具有阻燃性；具有独立性和灵活性，适用于结构化综合布线。因此，在综合布线系统中，非屏蔽双绞线得到广泛应用。

屏蔽双绞线在双绞线与外层绝缘封套之间有一个金属屏蔽层（图3-7）。屏蔽双绞线又分为独立屏蔽双绞线和铝箔屏蔽双绞线（Foil Twisted - Pair，FTP）。独立屏蔽双绞线的每条线都有各自的屏蔽层，而铝箔屏蔽双绞线只在整个电缆有屏蔽装置，并且两端都正确接地时才起作用。不管哪一种屏蔽双绞线，由于屏蔽层的加入它的质量更大，价格也相对高，但能有效避免电磁干扰的性能更好，安全性更高。

图3-6　非屏蔽双绞线　　　　　　　图3-7　屏蔽双绞线

3）双绞线专用连接器件

双绞线有多对线对，连接时不能随意连接，必须按照国家标准规定的线序进行连接。

连接双绞线时通常采用专用连接器件，这种专用连接器件包含两部分：水晶头和信息模块。

水晶头是一种标准化的电信网络接口，用于声音和数据传输。它能沿固定方向插入并具有防止松动、自锁等功能。

根据使用的场合以及实现功能的不同，水晶头也分为不同的型号。目前，比较常见的型号为 RJ－11、RJ－45 两种，两者结构的不同之处在于凹槽和触点的数量。

RJ－11 和 RJ－14、RJ－25 属于同一个系列，均为 6 针的连接器件，外观尺寸相同，宽度都是 9.5 mm，只是触点数量不同（图 3－8）。RJ－11 只有中间一对触点，可以连接一对线，表示为 6P2C；RJ－14 使用中间 4 个触点，可以连接 2 对线，表示为 6P4C；RJ－25 使用全部 6 个触点，可以连接 3 对线，表示为 6P6C。

（a）　　　　　（b）　　　　　（c）

图 3－8　RJ－11 系列水晶头

（a）RJ－11；（b）RJ－14；（c）RJ－25

RJ－45 接口宽度为 12 mm，有 8 个金属引脚，比 RJ－11 系列要宽一些（图 3－9）。RJ－45 用于连接计算机、路由器、交换机等各种网络设备，实现导线的电气连续性，传输网络信号，进行网络通信。使用时可以连接 4 线对双绞线，双绞线的两端必须都安装 RJ－45 信息模块。

图 3－9　RJ－45 水晶头

RJ－45 接线时有两种国际线序标准：T568A 和 T568B（图 3－10）。国际线序标准统一了 4 线对双绞线的接线规范。双绞线在与水晶头或信息模块端接时，要遵循该标准才能达到性能要求。目前大部分网线制作采用的是 T568B 方案。

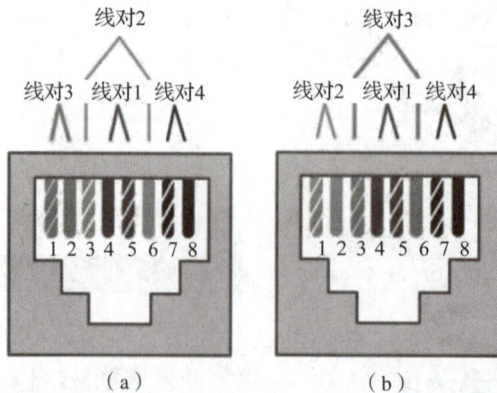

（a）　　　　　　　　　　（b）

图 3－10　线序 T568A 和 T568B

（a）T568A；（b）T568B

RJ－22 水晶头的宽度为 7.5 mm，尺寸比 RJ－11 系列小一些，用于连接电话机底座和手柄听筒，有 4 个触点（图 3－11）。

图 3－11　RJ－22 水晶头

RJ－11、RJ－22、RJ－45 的区别见表 3－3。

表 3－3　RJ－11、RJ－22、RJ－45 的区别

水晶头型号	尺寸/mm	金属触点个数	应用
RJ－45	12	8	用于 Ethernet 连接，常见的有计算机网卡、IP 电话
RJ－11（6P2C）	9.5	2	连接调制解调器，也会被用作 RS－232 或 RS－485 的接口
RJ－14（6P4C）		4	
RJ－25（6P6C）		6	
RJ－22	7.5	4	用于连接电话机座和听筒，还用于连接 Apple 的 Macintosh 的主机和键盘

信息模块又称为"信息插座"，是与水晶头连接的物理接口。常见的信息模块有屏蔽信息模块和非屏蔽信息模块两种。RJ－11 信息模块如图 3－12 所示，RJ－45 信息模块如图 3－13 所示。

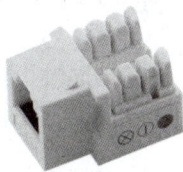

图 3－12　RJ－11 信息模块

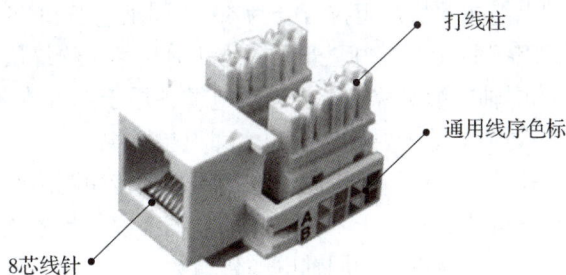

打线柱

通用线序色标

8芯线针

图 3－13　RJ－45 信息模块

2. 同轴电缆

1）同轴电缆的结构

同轴电缆由内导体铜芯线、外导体屏蔽层、绝缘层及塑料外部保护层组成（图 3－14）。同轴电缆的中心导线用于传输信号，金属屏蔽网起到两个作用：①作为信号的公共地线为信号提供电流回路；②作为信号的屏蔽网，抑制电磁噪声对信号的干扰。同轴电缆的绝缘层决定了同轴电缆的传输特性，而且有效保护了中间的导线。

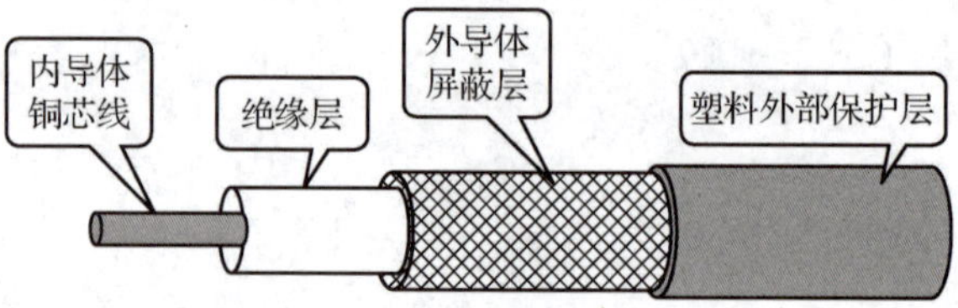

图 3 – 14　同轴电缆的结构

同轴电缆可用于模拟信号和数字信号的传输，被广泛应用在音视频或射频的传输中，已经成为视频的标准阻抗，在有线电视系统中非常常见。同轴电缆也是长途电话网的重要组成部分。

优质标准的同轴电缆具有可靠的物理特性，能够提供优良的音视频表现，因此一般比双绞线的价格高。

2）同轴电缆的分类

（1）按照带宽分类。

同轴电缆按带宽可分为基带同轴电缆和宽带同轴电缆。

①基带同轴电缆一般仅用于数据数字信号传输。目前基带同轴电缆一般用于传输数字数据信号，常用于局域网中，其屏蔽层是用铜丝做成的网状结构，如 RG – 8（粗缆）、RG – 58（细缆）等。RG – 8 适用于比较大型的局部网络，它的标准距离大，可靠性高。RG – 8 网络必须安装收发器和收发器电缆，安装难度大，因此总体造价高。RG – 58 比较简单，造价较低，但由于安装过程中要切断电缆，所以当接头较多时容易产生接触不良的隐患。

②宽带同轴电缆的屏蔽层通常是用铝冲压而成的。宽带同轴电缆通常用于传输模拟信号，常用型号为 RG – 59，是有线电视网中使用的标准传输线缆。宽带同轴电缆可以使用 FDM 方式，同时传输多路信号。

（2）按照特征阻抗分类。

同轴电缆按照特征阻抗可分为 50 Ω 同轴电缆和 75 Ω 同轴电缆。

特征阻抗的大小与内、外导体的几何尺寸，绝缘层介质常数有关。

50 Ω 同轴电缆又称为基带同轴电缆，用于基带数字信号传输，传输速率为 10 Mbit/s。

75 Ω 同轴电缆主要用于天线，即卫星电视。

从传输距离来讲，基带同轴电缆的最大传输距离在几千米范围内。宽带同轴电缆的最大传输距离可达到几十千米。对同轴电缆来说，频率越高传输性能越好。例如，卫星电视由于频率很高，所以使用同轴电缆传输数据。

3. 光纤与光缆

1）光纤

光纤（Optical Fiber，OF）是一种透明度很高，粗细像蜘蛛丝一样的玻璃纤维（直径为 50～100 μm）。光纤是目前应用最为广泛的一种通信介质。

典型的光纤自内向外由纤芯、包层和涂覆层组成（图 3 – 15）。

纤芯：折射率较高，用来传送光信号。

包层：折射率较低，与纤芯一起形成全反射条件。

涂覆层：强度高，能承受较大冲击，用于保护光纤。

纤芯和包层的直径在光纤的规格中扮演着重要角色。区分不同光纤的主要方法之一就是查看纤芯和包层的直径。

如图 3-16 所示，白色圆是纤芯，纤芯的直径是 62.5 μm，深色圆是包层，包层的直径是 125 μm，这就是 62.5/125 光纤。

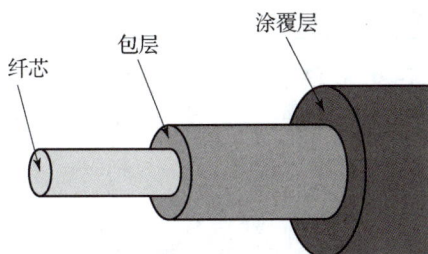

图 3-15　光纤的结构

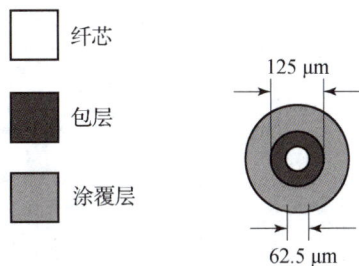

图 3-16　62.5/125 光纤

光信号的衰减很小，而且光信号的速度非常高，它可以高速地在 6~8 km 的距离内不使用中继器的进行传输。由于光纤传输的是光信号，它不受电磁和噪声的干扰，所以光纤能在长距离、高速率的传输中保持低误码率，非常适合长距离、大容量、高速率的场合。

2）光纤的分类

光纤的分类也有多种，可以按照制作材料分类，也可以按照传输模式分类，还可以按照折射率分布方式分类。

（1）按照制作材料分类。

按照制作材料，可以将光纤大致分为石英光纤和全塑光纤。

石英光纤的纤芯和包层是由高纯度的 SiO_2 掺入适当的杂质制成。其损耗小、强度和可靠性较高，目前应用最广泛。通信用光纤绝大多数是石英光纤。

全塑光纤的纤芯和包层都由塑料制成。全塑光纤具有损耗大、纤芯粗、数值孔径及制造成本较低等特点。全塑光纤适合于较短传输距离的应用，如室内计算机联网和船舶内的通信等。

（2）按照传输模式分类。

按照传输模式，光纤可分为单模光纤（Single Mode Fiber，SMF）与多模光纤（Multi Mode Fiber，MMF）两种（图 3-17）。

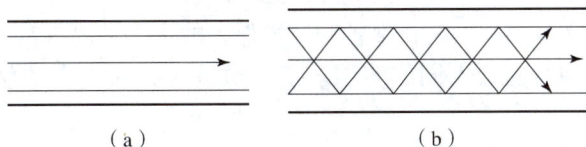

（a）　　　　　　　　　　　　　（b）

图 3-17　单模光纤与多模光纤的光传播轨迹
(a) 单模光纤；(b) 多模光纤

当纤芯直径较小时（小于 8~10 μm），只允许传输单一频率的光信号，这种光纤称为单模光纤。

当纤芯直径较大时（50~62.5 μm），可以传输多种频率的光信号，这种光纤称为多模光纤。

实际通信中应用的光纤绝大多数是单模光纤。

从传输的角度来说，单模光纤的传输速率比多模光纤高，传输距离也要大50倍以上。在所有的光纤种类中，单模光纤的信号衰减率最低，传输速率最高。因此，单模光纤通常用于建筑物之间或地域分散的场合。多模光纤一般用于建筑物内或地理位置相邻的场合。

单模光纤与多模光纤性能比较见表3-4。

表3-4　单模光纤与多模光纤性能比较

项目	单模光纤	多模光纤
传输速率	高	低
传输距离	大	小
成本	高	低
其他性能	窄芯线，需要激光源，聚光好，耗散极小，高效	宽芯线，耗散大，低效
使用范围	建筑物之间，地域分散	建筑物内，地理位置相邻

（3）按照折射率分布方式分类。

按照折射率，光纤一般可分为阶跃型光纤和渐变型光纤两种。

①阶跃型光纤：纤芯折射率沿半径方向保持一定，包层折射率沿半径方向也保持一定，而且纤芯和包层的折射率在边界处呈阶梯型变化的光纤，即纤芯到包层的折射率是突变的，也可称为均匀光纤。其成本低，模间色散高，适用于短距离低速通信。

②渐变型光纤：纤芯到包层的折射率逐渐降低，可使高模光信号按正弦形式传播，这能减少模间色散，增大光纤带宽，增加传输距离，但成本较高。

3）光缆

（1）光缆的结构。

光纤本身非常脆弱，容易产生接触伤痕甚至断裂，无法直接应用于布线系统。因此，在实际应用中光纤在使用前必须由几层保护结构包覆。这种由光纤、高分子材料、金属—塑料复合带以及金属加强件等共同构成的传输介质叫作光缆。

光缆的种类很多，但是不论它的具体结构如何，它都是由光纤芯线、护套和加强部件组成的。

①光纤芯线：通常把经过涂覆的光纤称为光纤芯线。

②护套：护套对光纤芯线有机械保护和环境保护的作用，要求具有良好的抗侧压力性能、密封防潮和耐腐蚀性能。不同的使用环境和敷设方式对护套的材料和结构有不同的要求。

③加强部件：加强部件主要是承受光缆的拉力，通常位于缆芯中心，有时会配置在护套中。

（2）光缆的种类。

光缆的种类很多，根据缆芯结构的特点，光缆可以分为4种基本形式：层绞式、骨架式、中心束管式、带状式。

①层绞式：把松套光纤绕在中心加强部件周围绞合（图3-18）。这种结构的缆芯制造设备简单，工艺相当成熟，得到广泛应用。

图 3 - 18　层绞式光缆剖面图

②骨架式：把紧套光纤或一次被覆光纤放入中心加强部件周围的螺旋形塑料骨架凹槽（图 3 - 19）。这种结构的缆芯抗侧压力性能好，有利于对光纤的保护。

图 3 - 19　骨架式光缆剖面图

③中心束管式：把一次被覆光纤或光纤放入大套管，加强部件配置在套管周围（图 3 - 20）。这种结构的加强部件同时起到护套的部分作用，有利于减小光缆的质量。

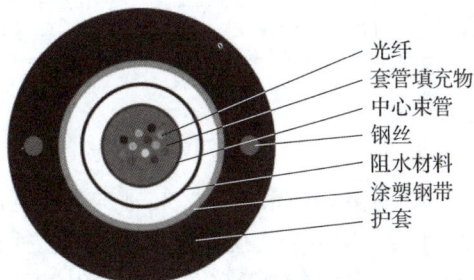

图 3 - 20　中心束管式光缆剖面图

④带状式：把带状光纤单元放入大套管，形成中心束管式结构；也可以把带状光纤单元放入骨架凹槽或松套管，形成骨架式或层绞式结构（图 3 - 21）。带状式结构有利于制造容纳几百根光纤的高密度光缆。

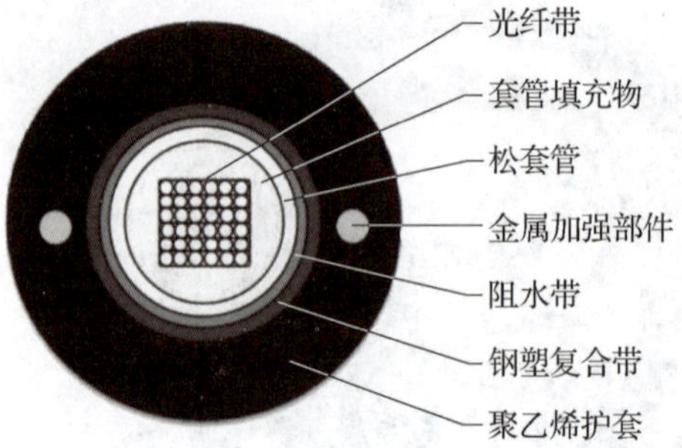

图 3 - 21　带状式光缆剖面图

4. 无线传输介质

无线传输是利用各种波段的电磁波作为传输介质，向四面八方传输信号。电磁波包含很多种类，按照频率从低到高的顺序排列为：无线电波、红外线、可见光、紫外线、X 射线及 γ 射线。无线传输介质主要有无线电波、微波、红外线、激光及其可见光。电磁波波长分布及其主要用途见表 3 - 5。

表 3 - 5　电磁波波长分布及其主要用途

波段		波长	频率	传播方式	主要用途
长波		30 000 ~ 3 000 m	10 ~ 100 kHz	地波	超远程无线电通信和导航
中波		3 000 ~ 200 m	100 ~ 1 500 kHz	地波和天波	调幅无线电广播、电报
中短波		200 ~ 50 m	1 500 ~ 6 000 kHz		
短波		50 ~ 10 m	6 ~ 30 MHz	天波	
微波	米波	10 ~ 1 m	30 ~ 300 MHz	近似直线传播	调频无线电广播、电报、导航
	分米波	10 ~ 1 dm	300 ~ 3 000 MHz	直线传播	移动通信、电视、雷达、导航
	厘米波	10 ~ 1 cm	3 000 ~ 30 000 MHz		
	毫米波	10 ~ 1 mm	30 000 ~ 300 000 MHz		

电磁波频谱如图 3 - 22 所示。

1）无线电波

无线电波是指在自由空间（包括空气和真空）传播的射频频段的电磁波。它有直线传播（即沿地面向四周传播）和大气层中电离层反射传播两种传播方式。无线电波的波长越小、频率越高，相同时间内传输的信息就越多。在不同波段内的无线电波具有不同的传播特性。

无线电波频率越低，传播损耗越小，覆盖距离越大，绕射能力也越强，但是低频段的频率资源紧张，系统容量有限，因此低频段的无线电波主要应用于广播、电视等系统。

高频段频率资源丰富，系统容量大，但是频率越高，传播损耗越大，覆盖距离越小，

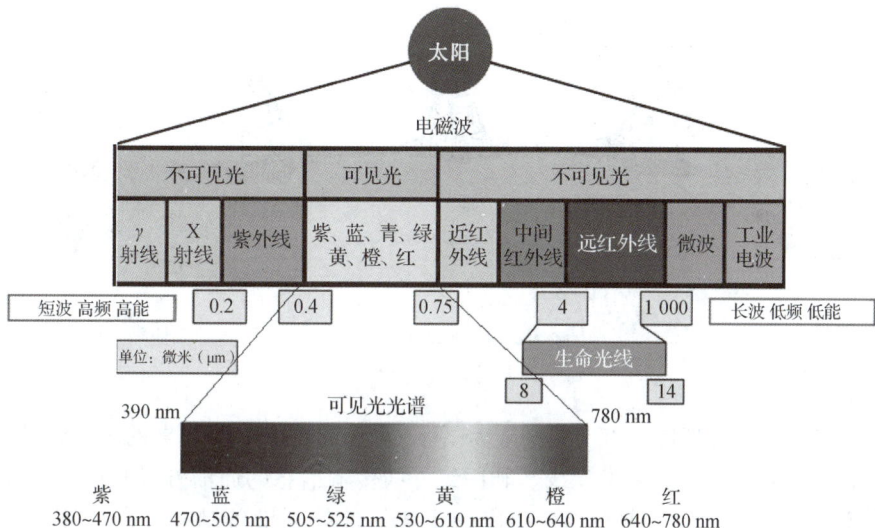

图 3 – 22　电磁波频谱

绕射能力越弱。另外，无线电波频率越高，技术难度也越大，系统的成本相应提高。在通信中，无线电波频率越高，传输速度越高，穿过障碍物的能力越差，传输距离越小。无线电波传播示意如图 3 – 23 所示。

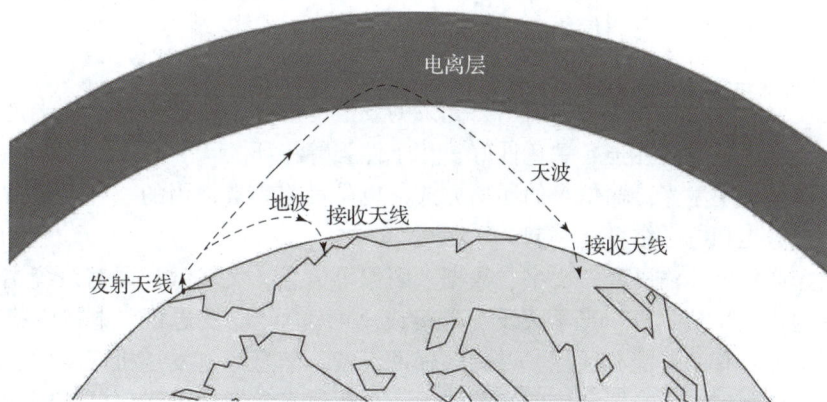

图 3 – 23　无线电波传播示意

2）微波

微波的频率比一般无线电波的频率高，微波通常也称为"超高频电磁波"。微波通信能够实现大容量通信，质量较高，通信过程稳定，维护便捷。相比光纤通信以及卫星通信，微波通信的通信网络更容易建立，即使在山区、农村等较为偏僻的地区也可以实现微波通信。目前，微波通信已成为目前应用极为广泛的通信方式。

由于微波的频率极高，波长又很小，在空中直线前进，遇到阻挡就被反射或被阻断，所以微波通信的主要方式是视距通信，超过视距以后需要中继转发。一般来说，由于地球曲面的影响以及空间传输的损耗，每隔 50 km 左右就需要设置中继站，将微波信号放大转发。这种通信方式也称为微波中继通信或微波接力通信。长距离微波通信干线可以经过几十次中继而传至数千千米仍可保持很高的通信质量。微波中继示意如图 3 – 24 所示。

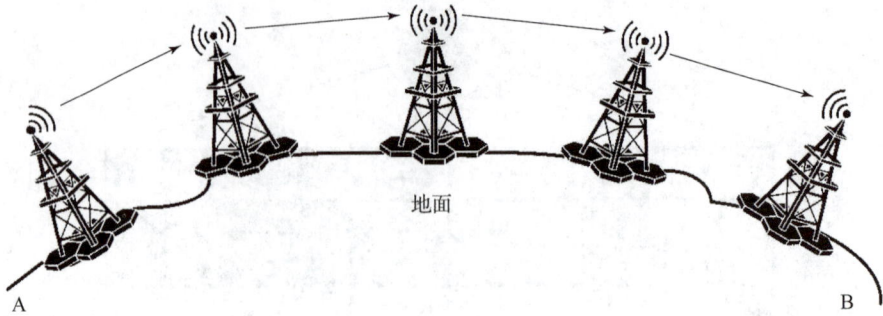

图 3－24　微波中继示意

3）红外线

在电磁波频谱中，把位于红光之外，频率比可见光低，比微波高的辐射叫作红外线。红外线肉眼看不见，属于不可见光线。利用红外线传输信息的通信方式叫作红外线通信。

红外线通信容量大，保密性强，抗电磁干扰性能好，设备结构简单，体积小，质量小、价格低。但是，大气中的水蒸气、二氧化碳和高层大气中的臭氧分子会吸收红外线辐射，这些大气分子的强烈吸收使大气对红外线辐射的大部分区域是不透明的，只有在某些特定的波长区，红外线辐射才能透过。同时，大气还会对红外线辐射产生散射，造成红外线传输过程中的衰减。因此，在大气信道中传输时，红外线易受气候影响。

红外线通信属于方向性极强的直线传播，发送端和接收端之间不能有障碍物阻挡。红外线通信被广泛用于短距离通信。

4）激光

激光器发射的激光朝一个方向射出，光束的发散度极小，接近平行。激光是一种新型光源，具有亮度高、方向性强、单色性好、相干性强等特征。

激光通信是利用激光传输信息的通信方式，也是目前非常常用的一种通信方式。激光通信很好地把激光和电子结合在一起。

大气激光通信可传输语音、文字、数据、图像等信息。大气激光通信系统主要由大气信道、光发送机、光接收机、光学天线（透镜或反射镜）、电发送机、电接收机、终端设备、电源等组成，有的还配有遥控、遥测等辅助设备。信息经电发送机变换成相应的电信号，用调制器调制到由激光器产生的光载波上，再通过光学发射天线将已调制的光信号发射到大气空间。光信号经大气信道传输，到达接收端。光学天线对接收到的光信号进行聚焦，再送到光检测器，经放大恢复成原来的电信号，送到电接收机解调成原信息。必要时，可在线路中使用中继器，以增大通信距离。

大气层外的激光通信称为空间激光通信。其优点是传输损耗小、传输距离大、通信质量高，主要用于卫星间通信。

3.2　计算机网络的分类

计算机网络最普遍的分类方式是按照计算机网络的覆盖范围分类，据此可分为广域网、城域网、局域网、个域网；还可以按照拓扑结构、传输介质、交换技术、网络的使用者进行分类。

3.2.1　按照覆盖范围分类

1. 广域网

广域网（Wide Area Network，WAN）的覆盖范围通常为几十千米到几千千米，是连接不同地区局域网或城域网计算机通信的远程网络，可以覆盖一个国家、地区，甚至横跨几个洲，形成国际性的远程网络，也称为远程网，又称为外网、公网。

2. 城域网

城域网（Metropolitan Area Network，MAN）的覆盖范围一般是一个城市，可跨越几个街区甚至整个城市，其作用距离为 5~50 km。城域网通常作为城市主干网，通过它将位于同一城市内不同地点的主机、数据库以及大量企业、机构和校园局域网等互相连接起来。城域网与广域网的作用有相似之处，但两者在实现方法与性能上有很大差别。

3. 局域网

局域网（Local Area Network，LAN）是局部地区形成的一个区域网络，其特点是分布地区范围有限，可以是一栋建筑与相邻建筑之间的连接，也可以是办公室之间的连接。其目的是共享资源、交换信息、共享上网等，如多人共享一台打印机等。局域网自身相对其他网络传输速度更高，性能更稳定，框架简易，并且具有封闭性。目前，局域网已经广泛应用于生产生活。

4. 个域网

个域网（Personal Area Network，PAN）是个人区域网络的简称，是指能在便携式消费电器与通信设备之间进行短距离通信的网络，其覆盖范围一般在 10 m 半径以内。它不是用来连接普通计算机的，而是把属于个人使用的电子设备，例如便携式计算机、打印机、鼠标、键盘、耳机等，用无线技术连接起来。因此，个域网也常称为无线个人区域网（Wireless Personal Area Network，WPAN）。

3.2.2　按照拓扑结构分类

当网络有了实体的节点后，就需要用可以进行网络传输的传输介质把这些节点连接起来。相同的节点可以采用不同的方式连接，不同的连接方式会在各个节点之间形成不同几何构型，这种几何构型就叫作拓扑结构。

网络拓扑结构是抛开网络物理连接来讨论网络系统的连接形式，它可以表示网络设备的网络配置和相互之间的连接情况，而不必考虑节点的所在地。

网络拓扑结构主要影响网络结构的类型、设备的能力、网络的扩展潜力和网络的管理模式。常见的网络拓扑结构有环形拓扑、星形拓扑、总线拓扑和树形拓扑。

1. 环形拓扑

环形拓扑是由各节点首尾连接形成的一个像环一样的闭合链路（图 3-25）。在环形拓扑中，所有通信共享一条物理通道，网络信息的传输沿着一个方向单向进行。环形拓扑消除了通信时端用户对中心系统的依赖性。

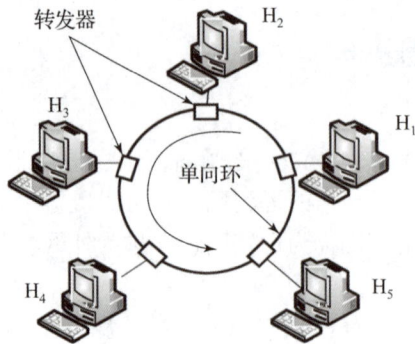

图 3 – 25　环形拓扑示意

在环形拓扑中，传输的任何报文都必须穿过所有节点。因此，环形拓扑中节点如果过多，则传输过程中需要穿过的节点就多，网络响应时间就会很长，传输效率就会降低。环形拓扑中的某个节点故障会导致整个网络不能通信。当故障发生时，只有逐个检查节点，才能够检查出故障。环形拓扑最典型的应用就是令牌环局域网。

环形拓扑的特点如下。

（1）不需要进行路径选择，控制比较简单。

（2）传输信息的延迟时间固定，有利于分布控制。

（3）每个节点均有机会获得网络控制权。

（4）结构封闭，系统扩容相对困难。

（5）可靠性差，某一节点故障会导致整个网络瘫痪，且故障诊断困难。

（6）只能单向传输。

2. 星形拓扑

星形拓扑是出现比较早的一种结构。在星形拓扑中，各节点通过点到点的方式直接连接到中心节点上（图 3 – 26）。星形拓扑结构的网络属于集中控制型网络，整个网络由中心节点执行集中式控制管理，各节点间的通信都要通过中心节点控制，每一个要发送数据的节点都将要发送的数据发送到中心节点，再由中心节点负责将数据转发到目地节点。

星形拓扑的特点如下。

（1）结构简单，便于网络的集中控制和管理。

（2）控制简单，建网容易，通信功能简单。

（3）网络延迟时间短，传输误差较低。

（4）中心节点负担重，是系统可靠工作的关键。

（5）中心节点对故障敏感，故障的诊断和隔离都比较容易。

（6）共享能力比较差，一旦中心节点出现问题，会导致全网瘫痪。

3. 总线拓扑

总线拓扑是用一条传输线作为共用的传输介质，将网络中的所有节点通过相应的硬件接口和电缆直接连接到共用的传输介质上（图 3 – 27）。这条共用的传输线称为总线。

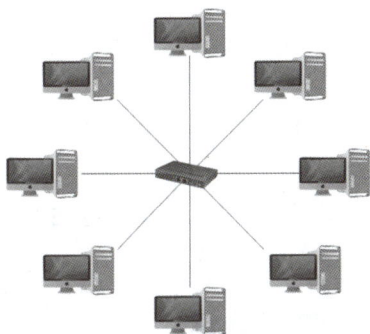

图 3－26　星形拓扑示意　　　　　图 3－27　总线拓扑示意

　　总线拓扑的数据传输可以采用广播式传输结构，数据从发送信息的节点开始向两端扩散，发送给网络中的所有计算机。只有计算机地址与信号中的目的地址匹配的计算机才能接收到信号。接收信号的节点可以是单个也可以是多个。

　　总线拓扑是工业控制网络中应用最广泛的网络拓扑结构。它易于安装，比其他拓扑结构更节约电缆。其他拓扑结构在增加节点的时候，网络改变比较大，而总线拓扑可以在不改变原有网络的基础上增加节点。

　　总线拓扑的特点如下。

　　（1）建网容易，扩充性好，网络节点增删容易，节省线路。

　　（2）不需要中央控制器，有利于分布控制，可靠性高。

　　（3）多台设备共用一条总线，信道利用率高。

　　（4）总线只有一条，容易出现总线竞争问题。

　　（5）当负载较多时，通信效率不高。

4. 树形拓扑

　　树形拓扑是总线拓扑和星形拓扑的混合体，其形状像一棵倒置的树，顶端是树根，称为根节点，根节点以下带分支，每个分支还可再带子分支（图 3－28）。根节点接收各站点发送的数据，然后再广播发送到全网。树形拓扑在现实生活中是最常见的。

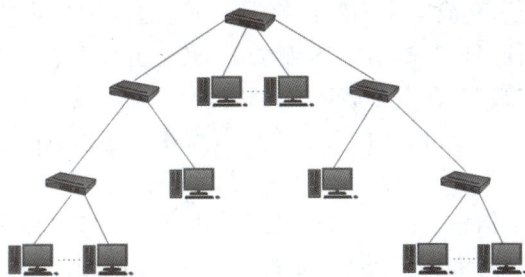

图 3－28　树形拓扑示意

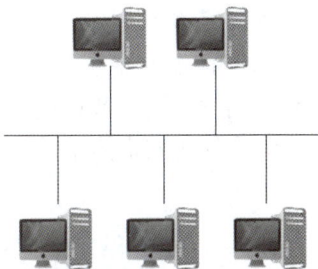

　　一般情况下，树形拓扑任意两个连接的节点之间只存在一条链接，这两个节点之间存在着相互关系，它们的传输介质是不封闭的分支电缆。树形拓扑中各节点都是按层次进行连接的，信息交换主要在上、下层进行。树形拓扑非常适用于分主次、分等级的层次型管理系统。由于多个总线拓扑或星形拓扑连接在一起就可以构成树形拓扑，所以树形拓扑是非常容易拓展的。

　　树形拓扑多用于广域网。其优点是可靠性高，如果某个节点发生故障，只需要将故障节点从网络中隔离，就不影响其他部分的正常运行。其缺点是控制复杂，子节点对父节点的依赖性比较强，线路成本高。

　　以上4种基本的拓扑结构还可以互连成为更复杂的结构。在进行计算机网络拓扑结构设计的过程中，通过对网络节点进行有效控制，对节点与线路的连接形式进行有效选取，可以在很大程度上优化网络体系的运行效果，从根本上改善技术性能的可靠性、安全性。

3.3　介质访问与串行总线接口

3.3.1　介质访问

　　在多个节点共享同一传输介质的网络拓扑结构中，由于所有节点都只能通过同一传输介质传输信息，而传输介质在同一时刻只允许一个节点使用，所以当有几个设备同时需要发送信息，都想要使用传输介质时，就出现了总线竞争的问题。信息在总线上一旦产生冲突，传输就会出问题。因此，需要采用某种介质访问的控制方式来协调各个节点访问、控制传输介质的秩序，这就是介质访问控制技术。介质访问控制技术是通过介质访问控制协议解决局域网中多用户共享传输资源产生竞争时分配信道使用权的问题，从而使系统容量达到最大，使传输资源利用率达到最高。

　　在通信过程中，各节点对介质的访问可以是随机的，即某个节点可以在任一时刻访问介质；也可以是受控制的，即按照一定的算法调整各节点访问介质的顺序和时间。在网络中，最常用的介质访问控制技术是载波侦听多路访问/冲突检测。

1. 载波侦听多路访问/冲突检测

　　载波侦听多路访问/冲突检测（CSMA/CD）是一种争用型的介质访问控制技术，也称为随机型介质访问机制。当网络采用CSMA/CD作为介质访问控制方式时，网络中的节点都没有固定的通信时间，所有节点均随机向介质传输信息。

　　CSMA/CD的控制过程包含4个内容：侦听、发送、检测、冲突处理。

　　当多个节点在没有任何控制的情况下同时访问传输介质时，这些信息将在传输介质上相遇，由于不同信号在叠加时会互相破坏，所以这种现象称为"冲突"。

　　为了避免冲突的发生，CSMA/CD要求每个节点在发送信息时要先侦听介质，确定介质上是否存在其他节点发送的信息。若介质空闲，就发送信息。若介质上已经有其他节点在传输信息，就不能发送信息，需要等待一定时间间隔后重试。在发送的过程中要持续侦听介质，如果在发送信息的过程中侦听到了冲突，就立刻停止发送信息，并通知通信的目的节点快速终止接收被破坏的信息。在等待一段随机的时间后，重新开始尝试发送数据。CSMA/CD工作流程如图3-29所示。

　　CSMA/CD有3种退避算法。

　　1）非坚持CSMA

　　非坚持CSMA是当一个节点要发送信息时，首先侦听介质，如果介质空闲，就发送信息，如果介质忙，就停止侦听，等待一段随机的时间后再侦听介质。

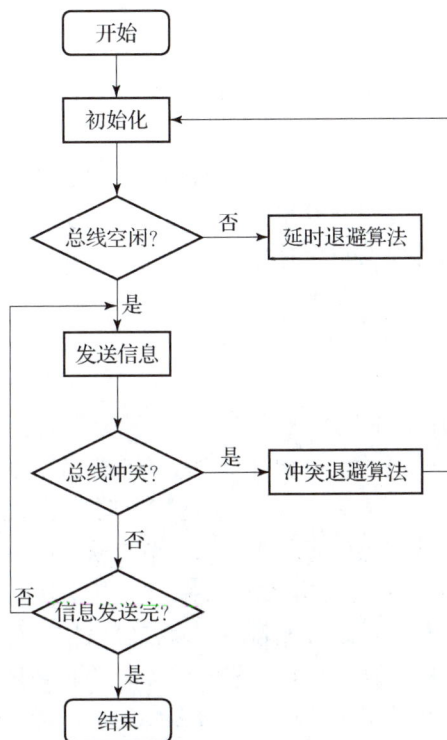

图 3−29　CSMA/CD 工作流程

非坚持 CSMA 可以减少冲突，但介质利用率低。

2）1 坚持 CSMA

1 坚持 CSMA 是当一个节点要发送信息时，首先侦听介质，如果介质空闲，就发送信息，如果介质忙，就一直侦听，直到侦听到介质空闲，就立即发送信息。

1 坚持 CSMA 提高了介质的利用率，但也提高了冲突的概率。一般针对非常重要的信息，才采用 1 坚持 CSMA。

3）P 坚持 CSMA

由于介质本身存在一定的传输延迟，所以可能出现多个节点同时侦听介质，并发现介质空闲，都向介质发送信息的情况。介质上同时出现多个节点的信息会导致冲突。为了降低冲突发生的概率，可以采用 P 坚持 CSMA。

P 坚持 CSMA 是当一个节点要发送信息时，首先侦听介质——如果介质空闲，就以 P 的概率，或者以 $1-P$ 的概率延迟一个时间单位后再次侦听；如果介质忙就一直侦听下去，直到总线空闲，然后以一定的概率发送信息。目前退避算法中使用较多的就是 P 坚持 CSMA。

冲突检测是在节点向介质发出信息后，保持侦听介质，观察是否有其他节点和本节点同时进行信息传输，如果有，就马上中止当前信息的发送，并向介质发出故障信号，通知介质上的各节点冲突已经发生，使已损坏的信息不再被传送。

CSMA/CD 在局域网中应用得非常多，是目前非常常见的一种介质访问控制技术。它的控制原则就是：先听后发，边发边听，遇冲突立停，按算法重发。

CSMA/CD 原理简单，技术实现容易，网络中各节点处于平等地位，不需要集中控制，不提供优先级控制，但当网络负载增大时，其发送时间延长，发送效率将急剧下降。

2. 令牌访问

为了避免冲突，可以控制节点发送信息的顺序。介质访问控制技术中的令牌访问就是通过控制节点发送信息的顺序来避免冲突。

在令牌访问中，令牌是节点发起通信权利的标志。令牌按一定的顺序要求，在网络中各个节点上传递。任何一个节点只有获得令牌，才有权利访问介质，没有令牌不可以访问介质。令牌访问方式是通过控制节点发送信息的功能，避免多个节点同时向介质发起通信而产生冲突。令牌是一个二进制的字节，它有"空闲"与"忙"两种编码标态。

令牌访问有两种方式：令牌环和令牌总线。

1）令牌环

令牌环（Token – Ring）是环形局域网采用的一种介质访问控制方式。在环形拓扑结构网络中，当无信息在环上传送时，令牌处于"空闲"状态，它会沿着闭环从一个节点到下一个节点不停地进行传递。当某一节点需发送信息时，若令牌未在该节点，就必须等待，直到检测并捕获到经过该节点的令牌为止。该节点获得令牌后，会将令牌的控制标志从"空闲"状态改变为"忙"状态，并发送出一帧信息。其他节点随时检测经过本站的帧，当发送的帧的目的地址与本站地址相符时，就接收该帧，待复制完毕后再转发此帧并加入肯定应答信息，直到该帧沿环一周返回发送节点，并收到接收节点指向发送节点的肯定应答信息时，才将发送的帧信息清除，并更改令牌的控制标志为"空闲"状态，继续插入环中，使令牌流转。令牌环工作流程如图 3 – 30 所示。

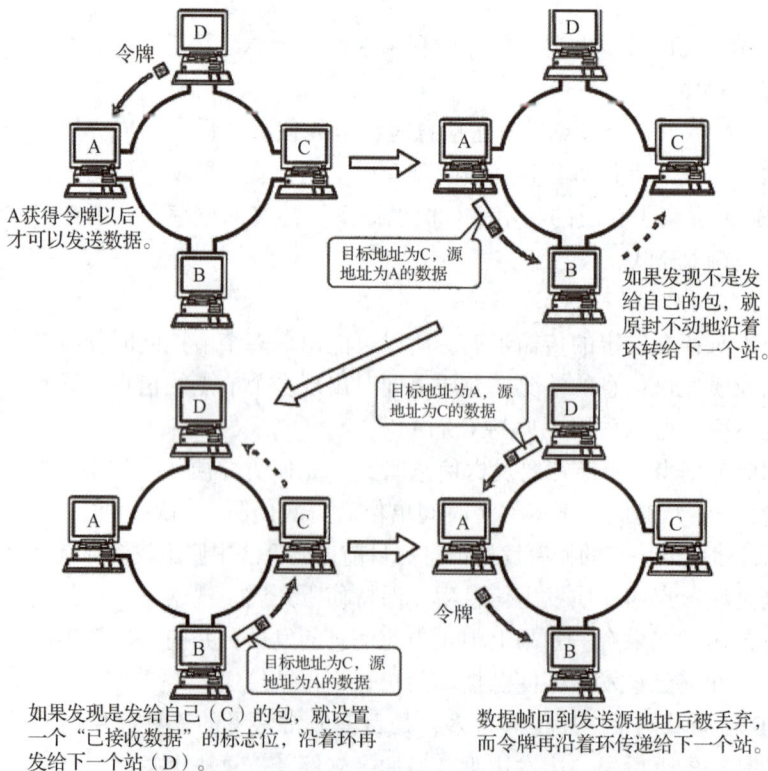

图 3 – 30 令牌环工作流程

令牌环的优点是能提供优先权服务,有很强的实时性。在重负载环路中,令牌以循环方式工作,效率较高。其缺点是控制电路较复杂,令牌容易丢失。

2)令牌总线

令牌总线(Token – Passing Bus)主要用于总线拓扑或树形拓扑结构网络。它的介质访问控制方式类似令牌环,是把网络中的各个节点按预定顺序形成一个逻辑环。在令牌总线中,各个节点不是物理上的前后关系,而是逻辑上约定形成的闭环关系。从物理的角度来说它还属于总线的方式,节点的逻辑关系与它们在总线上所处的位置关系不大。在令牌总线中,依然只有令牌持有者才能控制总线,即才有发送信息的权力。令牌总线工作流程如图3 – 31所示。

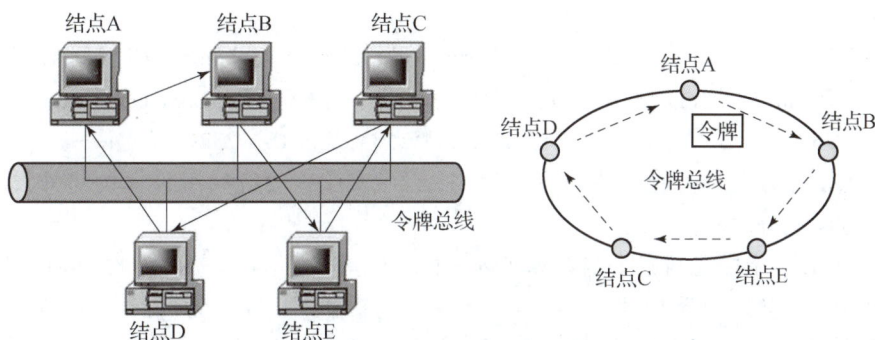

图3 – 31 令牌总线工作流程

令牌总线的优点是各节点对介质的共享权力是均等的,有较好的吞吐能力,吞吐量随数据传输速率的增高而增大,连网距离较 CSMA/CD 长。其缺点是控制电路较复杂、成本高,轻负载时线路传输效率低。

3. 轮询

轮询(Polling)是由一个主机作为主节点周期性地轮流查询各从节点,在每个通信周期各从节点至少被查询一次。各从节点的信息不允许主动发给主节点,只能在主节点查询时才能根据主节点的需要发送,即在轮询机制中有主从关系。Modbus 就是一种轮询机制的总线。

在轮询中,主节点的负荷很大,一旦主节点出现故障,整个系统就会瘫痪。因此,轮询机制一般支持双备份,也就是有一个对主节点进行监测的节点。当监测节点在规定的时间里没有接收到主节点的查询,监测节点就会判断主节点有可能出现故障。此时,先使监测节点屏蔽主节点,然后将监测节点设置为主节点继续运行轮询机制。

4. 集总帧

集总帧(summation – frame)也被称为传递数据寄存器,是现在很常用的一种介质访问控制方式,在 INTERBUS 和 EtherCAT 等工业控制网络中均有应用。集总帧多用于工业机器人里,特别是多关节的机器人手臂。

集总帧通信网络是主从式环形拓扑结构。在每个通信周期,主节点会发送一个大的数据帧,其中包含给所有从节点的数据,这个数据帧称为集总帧。集总帧沿着环路传输,经过一个从节点时,从节点对集总帧进行扫描,将其中寻址到本节点的数据接收到接收寄存器中,并同时将发送寄存器中的反馈数据写入集总帧,并继续传输经过处理的集总帧。

集总帧是一种高效率的数据通信方式，可以一次性把所有数据传输到总线，避免了冲突的出现。

3.3.2　串行总线接口

串行通信是最常用的一种通信技术。串行通信的硬件成本低，广泛用于分布式控制系统、远距离数据传输。使用串行通信时，要求收、发双方都采用同一个标准的硬件接口，以便不同的设备连接在一起。常用的串行总线接口标准有 RS－232C、RS－422 和 RS－485，这些物理接口标准定义了连接电缆和机械、电气特性、信号功能及传送过程，确保了设备之间的可靠通信。

1. RS－232C

RS－232C 是美国电子工业协会（Electronic Industry Association，EIA）制定的串行数据通信的接口标准，是常用的串行通信接口标准之一。RS（Recommended Standard）代表推荐标准，232 是标识号，C 代表 RS－232 的修改版本。RS－232C 只允许一对一的通信，采用全双工工作方式，不能实现联网功能。RS－232C 一般应用于计算机与外设的直连，如鼠标、打印机等。

RS－232C 规定的逻辑电平与计算机内部的 TTL 电平不同，它采用的是 EIA 电平。在 RS－232C 中，逻辑"1"电平为 －3 ～ －15 V，逻辑"0"电平为 ＋3 ～ ＋15 V。在 －3 ～ ＋3 V 范围内的电压无意义，低于 －15 V 或高于 ＋15 V 的电压也认为是无意义的。为了能够同计算机接口或终端的 TTL 器件连接，必须在 RS－232C 与 TTL 电路之间进行电平和逻辑关系的变换。

RS－232C 标准规定的数据传输速率为 50 波特、75 波特、100 波特、150 波特、300 波特、600 波特、1 200 波特、2 400 波特、4 800 波特、9 600 波特、19 200 波特、38 400 波特。

RS－232C 在使用过程中较为明显的缺点如下。

（1）接口的信号电平值较高，易损坏接口电路的芯片。

（2）传输速率较低，不超过 20 Kbit/s。

（3）抗噪声干扰能力差。

（4）传输距离有限，最大传输距离为 15 m，适用于本地设备之间的数据传输。

2. RS－422

为了弥补 RS－232C 只支持一对一的通信、标准通信距离小、传输速率低的缺点，出现了新的接口标准——RS－422。RS－422 的全称是"平衡电压数字接口电路的电气特性"。RS－422 定义了一种平衡通信接口，将传输速率提高到了 10 Mbit/s，将传输距离增大到了 1 200 m。RS－422 平衡双绞线的长度与传输速率成反比，如在 100 Kbit/s 速率以下才可能达到最大传输距离。一般 100 m 长的双绞线所能获得的最大传输速率仅为 1 Mbit/s。

RS－422 有 4 根信号线，其中发送信号线和接收信号线各 2 根，实现了收发分离。因此，RS－422 可以实现一对多的全双工通信，即有一个主节点，其余为从节点，从节点之间不能通信。RS－422 允许在相同的传输线上连接 10 个接收节点。

RS－422、RS－485 与 RS－232C 最显著的区别在于，RS－422 与 RS－485 采用的是差分信号传输方式，是由两根信号线的电位差来表示逻辑"1"和逻辑"0"。差分信号传输方式使 RS－422 和 RS－485 在抗干扰性方面得到了明显的改善。

3. RS – 485

RS – 485 和 RS – 422 一样，也采用差分信号传输方式，RS – 485 也称为平衡传输。RS – 485 和 RS – 422 的不同在于 RS – 485 只有 2 根信号线，由发送节点与接收节点共用。因此，RS – 485 的发送与接收不可同时进行，需进行状态切换。RS – 485 允许在相同的传输线上连接的节点数为 32、64、128、256 等，具体个数与选用的 RS – 485 总线收发器有关。RS – 485 采用半双工通信，适用于多机通信，可组网构成分布式系统，是现场总线中使用最多的接口标准。

常用的 RS – 485 总线收发器芯片有美信（Maxim）推出的 MAX3485。MAX3485 的接口电路如图 3 – 32 所示。

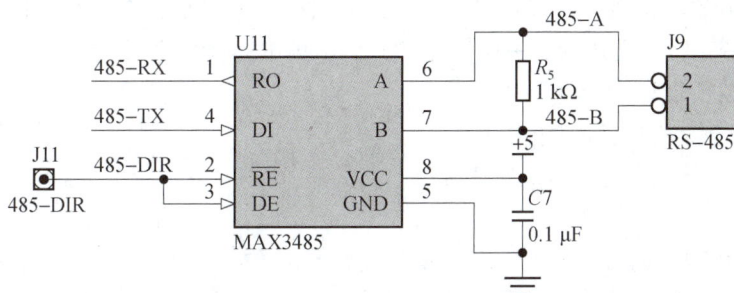

图 3 – 32　MAX3485 的接口电路

MAX3485 引脚功能见表 3 – 6。

表 3 – 6　MAX3485 引脚功能

编号	名称	功能描述
1	RO	数据接收。通常与 MCU UART 控制器的 RX 引脚连接，用于接收对端数据
2	RE	数据接收使能。RE 对 RO 起控制作用，RE 为低电平时，RO 可接收数据，RE 为高电平时，RO 不接收数据
3	DE	数据发送使能。DE 对 DI 起控制作用，DE 为高电平时，DI 可输出数据，DE 为低电平时，DI 不输出数据
4	DI	数据发送。通常与 MCU UART 控制器的 TX 引脚连接，用于发送数据到对端
5	GND	接地端。串口通信时，要注意保证所有设备都共地
6	A	信号线 A。A 线要与对端的 A 线连接，A 线输出为正电压
7	B	信号线 B。B 线要与对端的 B 线连接，B 线输出为负电压
8	VCC	电源端。为 MAX3485 芯片提供工作电源

2 号引脚和 3 号引脚是收发方向选择引脚，这两个引脚连在一起。不发送数据时，保持这两个引脚是低电平，让 MAX3485 处于接收状态，当需要发送数据时，把这两个引脚的电平拉高，发送数据，发送完毕后再拉低这两个引脚的电平。为了提高 RS – 485 的抗干扰能力，需要在靠近 MAX3485 的 6 号和 7 号引脚之间并接一个电阻，这个电阻值范围为

100 Ω~1 kΩ。

RS – 485 的逻辑 "1" 和 "0" 由 A、B 引脚之间的电压差表示。这里的正、负电压只是 A、B 两根传输线相对彼此的电压。

对于发送端以两线之间的电压差 $V_A - V_B = + (2~6)$ V 表示逻辑 "1"；以两线之间的电压差 $V_A - V_B = - (2~6)$ V 表示逻辑 "0"。

对于接收端以两线之间的电压差 $V_A - V_B > 0.2$ V 表示逻辑 "1"；以两线之间的电压差 $V_A - V_B < 0.2$ V 表示逻辑 "0"。

当 RS – 485 总线空闲时，应保证 $V_A - V_B$ 是一个确定的电压差，且这个电压差应大于 0.2 V。因为 RS – 485 属于串口异步通信，串口异步通信通过识别接口高低电平变化来识别一帧数据的开始和结束，所以接口在空闲的时候处于高电平状态，当接口检测到电平从 "1" 到 "0" 变化时，则认为是一帧数据的开始，即 RS – 485 总线上的电压差转换到接口芯片输入引脚时要保证为高电平。

RS – 485 的优点主要有以下几方面。

(1) 接口信号电平低，不易损坏接口电路的芯片。

(2) 在总线上最多可连接 128 个节点。

(3) 总线传输距离可达 1 200 m，传输速率可达 10 Mbit/s。

(4) 采用差分信号传输，抗共模干扰能力提高，即抗干扰能力强。

RS – 485 是在 RS – 422 的基础上发展而来，除共模输出电压与 RS – 422 不同，RS – 485 的许多规定与 RS – 422 相似。因此，RS – 485 的驱动器可以在 RS – 422 网络中应用。RS – 485 适合在工业环境中使用，如过程自动化、工业自动化等。

3.4　计算机网络体系结构与 TCP/IP 协议簇

计算机网络是一个异常复杂的庞大系统。在这个系统中，还存在基于不同硬件和软件实现的各种网络，不同的网络之间不能兼容，无法直接连通并实现通信。如何使网络通信有条不紊地进行呢？计算机网络体系结构与网络协议就是实现异种计算机网络相互通信的关键。

计算机网络体系结构是指计算机网络通信系统的整体设计，它包含网络硬件、软件、网络协议、存取控制等内容的标准。目前，被广泛采用的计算机网络体系结构是国际标准化组织（ISO）在 1979 年提出的开放系统互连（OSI – Open System Interconnection，OSI）参考模型。

网络协议是指计算机网络中互相通信的对等实体之间交换信息时，事先约定的必须遵守的规则集合。网络协议的组成要素包括：语法、语义、时序。

3.4.1　OSI 参考模型

1. OSI 参考模型的层次划分

为了实现不同厂家生产设备之间的互连操作与数据交换，国际标准化组织在 1978 年建立了一个 "开放系统互连" 分技术委员会，起草了一个开放系统互连参考模型的建议草案，也就是 ISO/OSI 七层参考模型。1986 年，该技术委员会对这个标准进行了完善和统一，形成了现在的七层参考模型——OSI 参考模型。它为不同类型的计算机网络提供了共同的基础和标准框架，解决了异种网络互连的一致性和兼容性问题。

OSI 参考模型提供了一个概念性和功能性的结构。它根据开放系统的通信功能划分为 7 个层次（图 3 – 33）。这 7 层由下向上分别是：物理层（Physical Layer）、数据链路层（Data Link Layer）、网络层（Network Layer）、传输层（Transport Layer）、会话层（Session Layer）、表示层（Presentation Layer）、应用层（Application Layer）。

OSI 参考模型每一层的功能都是独立的，每一层的通信协议由本层独立定义。每一层仅对其相邻的上、下层定义接口，相邻的两层才能有关联。下层只为上层提供服务，上层只采用下层提供的服务。

第7层	应用层
第6层	表示层
第5层	会话层
第4层	传输层
第3层	网络层
第2层	数据链路层
第1层	物理层

图 3 – 33　OSI 参考模型

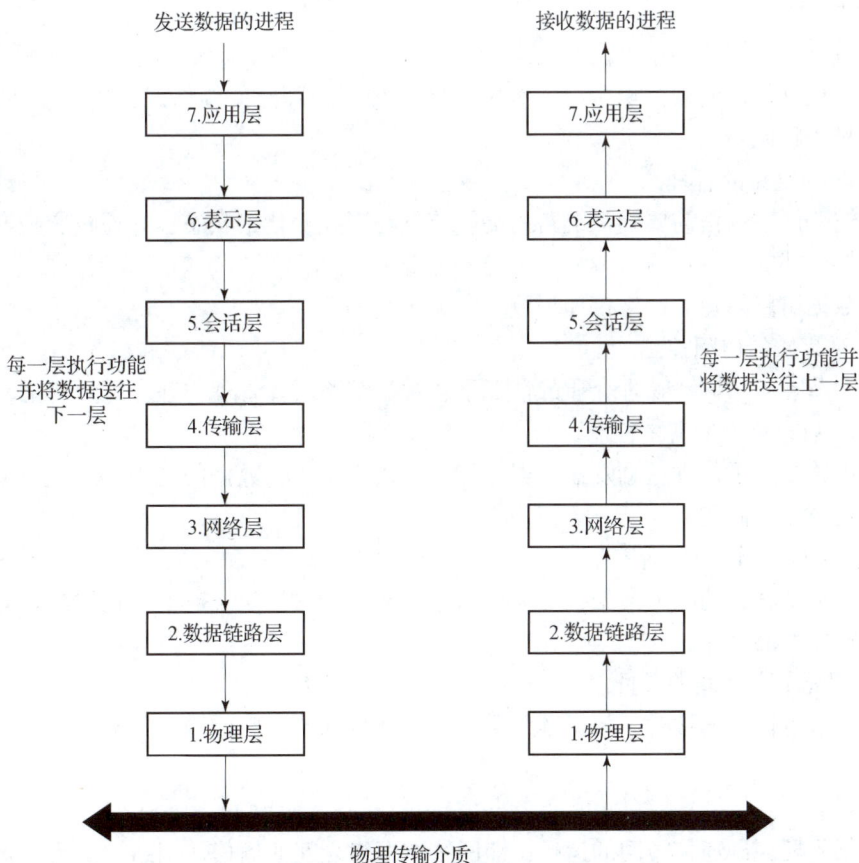

项目三　计算机网络

数据的发送和数据的接收刚好是相反的进程。如图 3 – 34 所示，左边是发送端，右边是接收端。数据从发送端的应用层发出，按照应用层→表示层→会话层→传输层→网络层→数据链路层→物理层的顺序依次传输，在通过每一层时附加相应的信息，最后通过物理传输介质传输到接收端。接收端接收到数据之后，从物理层开始反方向传输，直到传输到接收端的应用层，通信完成。

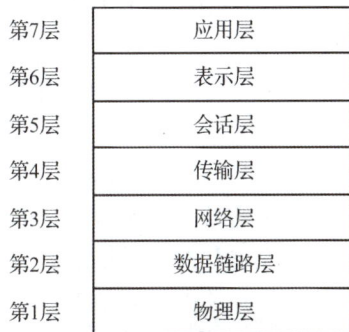

图 3 – 34　OSI 参考模型数据收发流程

2．OSI 参考模型各层功能

1）物理层

物理层是 OSI 参考模型的最底层，与传输介质相连。数据位流通过它从一个节点传送到另一个节点。物理层提供用于建立、保持和断开物理连接的机械、电气、功能和规程特性，即控制节点和信道的连接，维持节点设备与物理通道间的同步，实现比特数据的传输。传送信息所利用的物理传输介质，如双绞线、同轴电缆、光纤等并不属于物理层，而是在物理层之下。

物理层不涉及所传输信息的格式和含义，也不关心具体的物理设备和传输介质，它是对节点之间通信接口的描述和规定。

物理层的主要功能如下。

（1）为一条链路上的相邻节点建立一个电气连接。

（2）通过物理接口规程实现彼此内部状态的控制和比特数据的传输、变换。

2）数据链路层

数据链路层的作用是在不可靠的物理线路的基础上建立数据传输格式和传输控制功能的节点与节点之间的逻辑连接。数据链路层的任务是在相邻节点之间完成可靠的以帧为单位的数据传输服务，向上层提供无差错、高可靠性的传输线路。

数据链路层的主要功能如下。

（1）帧同步。

帧是数据链路层的传输单位。发送端数据链路层在成帧时标识出帧头和帧尾，接收端数据链路层根据特定的帧标识，将连续的比特流分解成固定的帧格式，以实现收发一致，这个过程称为帧同步。

（2）数据链路的管理。

数据链路层在通信前要确认链路两端的节点是否处于就绪状态，并通过交换必要的信息完成连接的建立。在通信过程中，要维持该连接正常可用。通信完成后，要释放连接。该过程即数据链路的建立、维持和释放。

（3）对介质的访问控制。

在多个节点共享同一物理介质的情况下，数据链路层要管理物理介质的使用。

（4）对数据传输的流量控制。

数据链路层要平衡发送端发送数据的能力与接收端接收数据的能力，避免收发双方流量不匹配造成传输问题。

（5）对数据传输的差错控制。

物理信道中存在的噪声会干扰传输的信号，造成传输错误。数据链路层通过差错控制机制实现帧的可靠传输。

（6）相邻节点之间的寻址。

在多个节点同时连接时，数据链路层除了保证数据的正确传输，还要保证相邻节点传输位置的准确。

3）网络层

网络层主要控制通信子网的运行，即网络与网络之间的通信。网络层实现了数据分组从源端到目的端的通信。

计算机网络是一个复杂的系统，数据分组从源端到目的端的过程中可能会经过多种不同类型的网络，不同网络的寻址方法、分组长度、网络协议都不同。网络层需要通过路由算法选择合适的传输路径，使数据分组在异构网络中传输到目的端。

网络层的主要功能如下。

（1）网络节点的标识。

在 Internet 中 IP 为互联网上的每一台网络设备分配了一个唯一的逻辑地址——IP 地址，保证用户在进行网络通信时能够高效且方便地从网络中选出所需的对象。

（2）路由。

数据分组在网络中需要经过多次转发才能从源端到达目的端。网络层通过网络拓扑结构等网络状态，选择选送数据分组的最佳路径。

（3）异构网络互连。

网络层可以解决不同网络之间的差异问题，使数据分组能够在不同的网络上进行正常传输。

4）传输层

传输层的主要功能是为上一层进行通信的两个进程之间提供一个可靠的端到端的服务。网络终端大多运行多个应用程序，提供或请求多个网络服务，源端与目的端之间的通信并不是网络通信的终点，应用程序进程之间的通信才是网络通信的目的，即端到端的通信。

主要的网络传输协议是传输控制协议（Transmission Control Protocol，TCP）、用户数据报协议（User Datagram Protocol，UDP）。

传输层的主要功能如下。

（1）传输连接的管理。

传输层建立了两个应用程序进程之间报文传输的跨越网络的逻辑通路。当传输完成时，这条逻辑通路会被释放。

（2）可靠传输。

传输层可以解决传输过程中出现的数据丢失、延时重复等问题，确保所有数据都能够被正确地传输和接收。

（3）数据分段与重新组装。

传输层将上一层的数据进行分段，每个数据段都有一个序号，以便接收端按照序号进行重组。数据分段的主要目的是将数据分割成可传输的小块，以便在网络中传输。

5）会话层

会话层定义了两个地址间的信道连接与挂断。会话指的是两个应用程序进程之间为交换面向应用程序进程的信息而按一定规则建立的一个暂时联系。会话层允许不同设备上的用户建立会话关系，向用户提供信息交互的控制和管理手段，使用户能够控制信息交互的过程。

会话层的主要功能包括建立连接、维持会话、终结会话。

6）表示层

表示层决定数据以何种表现形式发出，保证一个系统的应用层发出的信息能被另一个系统的应用层正确理解。如果收、发双方的数据表现形式不一致，表示层将使用一种通用的数据表现形式，使多种数据表现形式可以相互转换。

表示层的主要功能是数据的加密与解密、压缩与恢复。

7）应用层

应用层是 OSI 参考模型的最高层，是用户应用程序与网络的接口，它直接面向用户，为用户提供服务。不同的应用程序进程采用不同的应用层协议，例如，邮件传输、数据库访问、FTP 文件服务器访问都有不同的应用层协议。应用层的主要功能是规定应用程序进程在通信时所遵循的协议。

OSI 参考模型采用了分层的思路，把计算机网络的复杂功能分为一个个模块，模块之间的调用与被调用的关系仅存在于相邻的两个模块之间。在 OSI 参考模型中，上一层需要为下一层提供接口，下一层需要为上一层提供服务。当某一层发生改变时，只需要改变这一层，其他层可以不发生变化。

OSI 参考模型并不是计算机网络体系结构的全部内容，它并未确切地描述用于各层的协议和实现方法，只是规范了每一层应该完成的功能。

3.4.2　TCP/IP 参考模型

1. TCP/IP 参考模型的层次划分

TCP/IP 早期是针对阿帕网（ARPAnet）设计的，是一种开放的标准协议，对所有用户免费，是当前使用最普遍的网络互连标准协议。

TCP/IP 参考模型也是一种层次体系结构。TCP/IP 参考模型共有 4 层，从下往上分别是：网络接口层、网络层、传输层、应用层。在 TCP/IP 参考模型中，网络接口层并没有定义相关协议，它只要能够支持网络层分组的传输即可。传输层定义了两个协议：TCP 和 UDP。应用层上的大部分的网络应用都基于 TCP 或 UDP。

OSI 参考模型与 TCP/IP 参考模型对比如图 3-35 所示。

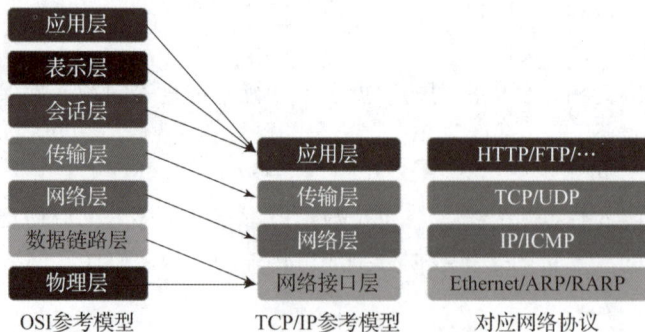

图 3-35　OSI 参考模型与 TCP/IP 参考模型对比

Internet 网络体系结构以 TCP/IP 为核心。TCP/IP 以其两个重要协议，传输控制协议（Transmission Control Protocol，TCP）和网络互连协议（Internet Protocol，IP）得名。TCP 和 IP 是确保数据完整传输的两个协议。

TCP 是 TCP/IP 参考模型中传输层的协议，它为应用程序提供端到端的通信和控制功能。IP 是 TCP/IP 参考模型中网络层的协议，它为各种不同的通信子网或局域网提供一个统一的互连平台。TCP/IP 其实是一组协议集合，包括多个具有不同功能且相互关联的协议，因此也被称为 TCP/IP 协议簇。

2. TCP/IP 参考模型各层功能

1）网络接口层

网络接口层位于 TCP/IP 参考模型的最底层，对应 OSI 参考模型的物理层和数据链路层。网络接口层所使用的协议大多是各通信子网固有的协议，例如以太网 802.3 协议、令牌环网 802.5 协议等。

发送端的网络接口层接收网络层的数据，封装成数据帧，通过网络设备和传输介质进行传输。接收端的网络接口层接收从物理网络传输的数据帧，拆分出数据分组后转交给网络层。

网络接口层没有定义具体的协议，支持所有标准的数据链路层和物理层协议，具有很好的兼容性，能适应各种网络类型。

2）网络层

网络层位于网络接口层与传输层之间，对应 OSI 参考模型的网络层，是 TCP/IP 参考模型的关键部分，负责将数据分组从源主机发送到目的主机。

网络层协议主要有国际互连协议（Internet Protocol，IP）、Internet 控制报文协议（Internet Control Message Protocol，ICMP）、地址解析协议（Address Resolution Protocol，ARP）、反向地址转换协议（Reverse Address Resolution Protocol，RARP）以及 Internet 组管理协议（Internet Group Management Protocol，IGMP）。其中 IP 是 TCP/IP 的重要协议，它提供的是一种不可靠、无连接的数据传输服务。

3）传输层

传输层位于网络层与应用层之间，对应于 OSI 参考模型的传输层。传输层负责处理有关服务质量的事项，为两台主机的应用程序进程提供端到端的通信，进行数据完整性校验、差错重传、数据重新排序。

传输层定义了以下两种不同服务质量的端到端协议。

（1）TCP 提供面向连接的、可靠的、基于字节流的传输层通信。

（2）UDP 提供无连接的、面向事务的、简单的、不可靠的传输层通信。

4）应用层

应用层是 TCP/IP 参考模型的最高层，对应 OSI 参考模型的会话层、表示层、应用层，负责处理特定的应用程序细节。

应用层包含了所有的高层协议，为用户提供各种应用服务，例如：文件传输协议（File Transfer Protocol，FTP）提供文件上传和下载功能；简单邮件传输协议（Simple Mail Transfer Protocol，SMTP）用于实现电子邮件收发；超文本传输协议（Hyper Text Transfer Protocol，HTTP）是从 WWW 服务器传输超文本到本地浏览器的传送协议；远程登录协议（Telnet）允许异地登录计算机进行工作；域名系统（Domain Name System，DNS）用于域名与 IP 地址的相互转换，以及控制 Internet 的电子邮件的发送。

应用层协议一般可分为 3 类。

（1）依赖面向连接的 TCP，如 FTP、SMTP。

（2）依赖无连接的 UDP，如简单网络管理协议（Simple Network Management Protocol，SNMP）。

（3）既依赖 TCP 又依赖 UDP，如 DNS 协议。

3.4.3　TCP/IP 协议簇

计算机网络由许多相互连接的主机和通信设备组成。为了实现资源共享，节点之间要不断地进行数据交换，也就是进行通信。为了使通信井然有序地进行，通信双方对如何进行通信要进行一些约定。网络协议就是为了进行网络中正确的数据交换而建立的规则、标准或约定。为了降低网络设计的复杂性，网络协议是针对参考模型中每一层的功能进行设计的。

1. IP

IP 是 TCP/IP 体系中的核心协议。IP 地址的定义和管理是 IP 最主要的内容。IP 定义了用于实现无连接服务的网络层分组格式，包括 IP 寻址方式。不同网络技术的差别体现在数据链路层和物理层，而 IP 则能将不同的网络技术在网络层中进行统一，以统一的 IP 分组传输实现异构网络的互连。

IP 是一个不可靠的、面向无连接的协议，不能确保数据报的正确传递。IP 只是尽力传输数据到目的地，但不提供任何保证。IP 在处理数据报时一旦发生错误，就会简单地将其丢弃，并给源主机返回 ICMP 错误报文。

1）IP 分组格式

由于 IP 实现的是无连接的数据报服务，所以 IP 分组被称为 IP 数据报。图 3－36 所示为 IP 数据报格式。一个 IP 数据报由 IP 报头和数据两部分组成。IP 报头又分为固定部分和可变部分。前一部分是固定长度的部分，共 20 个字节。IP 报头固定部分的后面是可选字段，其长度是可变的。下面介绍 IP 报头各字段的含义。

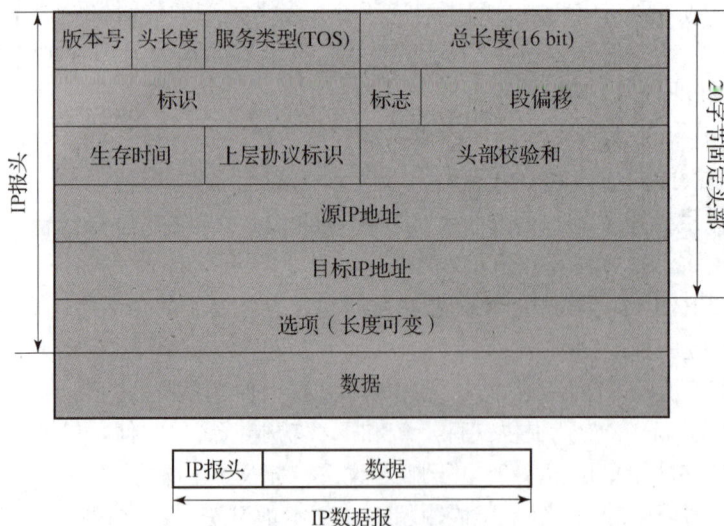

图 3－36　IP 数据报格式

（1）版本号：4 bit，指 IP 的版本。通信双方使用的 IP 版本必须一致。目前广泛使用的 IP 为版本 4（IPv4）和版本 6（IPv6）。IPv4 版本号为 0100，IPv6 版本号为 0110。

（2）头长度：4 bit，定义 IP 报头的长度，范围为十进制 0～15，单位为 4 字节。

（3）服务类型：8 bit，指主机要求通信子网提供的服务类型。它包括一个 3 bit 长度的优先级，4 个标志位——D（延迟）、T（吞吐量）、R（可靠性）和 C（代价），另外

1 bit 未使用。

（4）总长度：16 bit，定义了 2 字节的 IP 数据报总长度。IP 数据报的最大长度为 2^{16} − 1 = 65 536（字节），即 64 KB。

不同种类网络的数据链路层都有自己的帧格式，其中帧格式中数据字段的最大长度称为最大传输单元（Maximum Transfer Unit，MTU）。当一个 IP 数据报封装成数据链路层的数据帧时，此 IP 数据报的总长度不能超过数据链路层对 MTU 的限制。

（5）标识：16 bit，标识 IP 数据报，用于分段。当 IP 数据报长度超出网络 MTU 时，必须进行分段，并且需要为分段提供标识。所有属于同一 IP 数据报的分段被赋予相同的标识值。

（6）标志：3 bit，用于处理分段的标识，表明该 IP 数据报是否可被分段。目前只有前两位有意义。标志字段中的最低位记为 MF（More Fragment）。MF 为"1"即表示后面还有分段的 IP 数据报片段。MF 为"0"表示这已是若干 IP 数据报片段中的最后一个。标志字段中间的一位记为 DF（Don't Fragment），表示不能分段，只有当 DF 为"0"时才允许分段。

（7）段偏移：13 bit。段偏移是一个指针，在有分段时用来标识该分段在原始 IP 数据报中的相对位置，也就是相对于用户数据字段的起点，表示该分段从何处开始。段偏移以 8 字节为偏移单位，即每个分段的长度一定是 8 字节（64 bit）的整数倍。

（8）生存时间：8 bit，记为 TTL（Time To Live），即 IP 数据报在网络中的寿命，可以用秒来计算，建议值是 2 s，最长为 2^8 − 1 = 255（s）。另外，生存时间还可以用跳数来计算，生命期每经过一个路由节点都要减 1，当减至零时，该 IP 数据报将被丢弃。设置生存时间是为了确保 IP 数据报不会永远在网络中循环。

（9）上层协议标识：8 bit。该字段仅在一个 IP 数据报到达其最终目的地时才会用到，该字段值指明了 IP 数据报的数据部分要交给哪一个传输层协议，如 TCP、UDP 或 ICMP 等。其中 ICMP 为 1 号，TCP 为 6 号。

（10）头部校验和：16 bit。该字段只检验 IP 报头，不包括数据部分。它对到达 IP 数据报的 IP 报头采用累加求补再取其结果补码的校验方法。若 IP 数据报正确到达，则校验和应为零。

（11）源 IP 地址、目标 IP 地址：32 bit 的源 IP 地址和 32 bit 目标 IP 地址分别指明 IP 数据报的源节点和目标节点的网络地址。

（12）选项：IP 数据报支持各种选项，用于提供扩展。不同的选项由长度可变的不同代码组成，占 32 bit，每行 4 字节，可以为 0 ~ 15 行（40 字节），用来支持纠错、测量以及安全等措施。若不够 32 bit，可在后面添加 0，以补齐 32 bit，确保 IP 数据报的 IP 报头长度是 32 bit 的倍数。

2）IP 地址

IP 地址由 32 位的二进制数构成，在 IP 中用来标记每台网络设备的协议地址。IP 地址会随着网络设备所处网络位置的不同而变化，当网络设备从一个网络转移到另一个网络时，其 IP 地址也会相应地发生改变。

标准的 IP 地址由网络号和主机号两部分组成（图 3 − 37）。网络号表示主机所属的网络的编号，主机号表示该主机在本网络中的位置编号。

两级IP地址	网络号	主机号

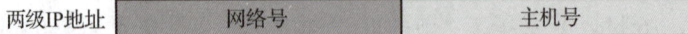

图 3 – 37　IP 地址结构

IP 地址有两种表示形式：二进制和点分十进制。由于二进制 IP 地址在描述和阅读方面不方便，所以通常使用点分十进制表示 IP 地址。如一个 32 位的二进制 IP 地址 11000000 10101000 00000001 00000110 可分成 4 个字节并将每个字节换算成对应的十进制数，以小数点作为分隔符号，就得到了点分十进制的 IP 地址：192.168.1.6。

（1）IP 地址分类。

按照不同的网络规模，IP 地址可以分为 A、B、C、D、E 五类，其中 A、B、C 类是 3 种主要的 IP 地址类型，D 类 IP 地址用于提供网络组播服务或用于网络测试，E 类 IP 地址用于扩展备用。IP 地址的分类见表 3 – 7。

表 3 – 7　IP 地址的分类

类别	IP 地址范围	主机数
A 类	1.0.0.0 ~ 127.255.255.255	$2^{24} - 2 = 16\ 777\ 214$（台）
B 类	128.0.0.0 ~ 191.255.255.255	$2^{16} - 2 = 65\ 534$（台）
C 类	192.0.0.0 ~ 223.255.255.255	$2^{8} - 2 = 254$（台）
D 类	244.0.0.0 ~ 239.255.255.255	用于多点广播
E 类	240.0.0.0 ~ 255.255.255.255	Internet 保留使用

①A 类 IP 地址。

A 类 IP 地址适用于大型网络，由 1 个字节的网络号和 3 个字节的主机号组成，网络号的最高位必须是"0"。使用 A 类 IP 地址时，设置的网络号的不能是 0 和 127，这两个网络号被保留为特殊用途。A 类 IP 地址范围为 1.0.0.1 ~ 126.255.255.254，可用的 A 类网络号有 126 个，在每个子网中能够容纳约 1 亿多台主机。

②B 类 IP 地址。

B 类 IP 地址由 2 个字节的网络号和 2 个字节的主机号组成，并且网络号的最高两位必须是"10"。B 类 IP 地址范围为 128.0.0.0 ~ 191.255.255.255，可用的 B 类网络号有 16 382 个，每个子网中能够容纳约 6 万多台主机。B 类 IP 地址适用于中型网络。

③C 类 IP 地址。

C 类 IP 地址由 3 个字节的网络号和 1 个字节的主机号组成，其网络号的最高三位必须是"110"。C 类 IP 地址范围为 192.0.0.0 ~ 223.255.255.255。C 类网络号约有 209 万多个。在每个子网中能容纳的主机数量是 254 台。C 类 IP 地址适用于小型网络。

④D 类 IP 地址。

D 类地址的第一个字节以"1110"开始，它是一个专门保留的 IP 地址。它并不指向特定的网络，目前 D 类 IP 地址被用在组播环境中，用于寻址一组网络设备。

⑤E 类 IP 地址。

E 类 IP 地址是保留地址，以"11110"开始，保留为研究用途或将来的应用。

5 类 IP 地址的结构如图 3 – 38 所示。

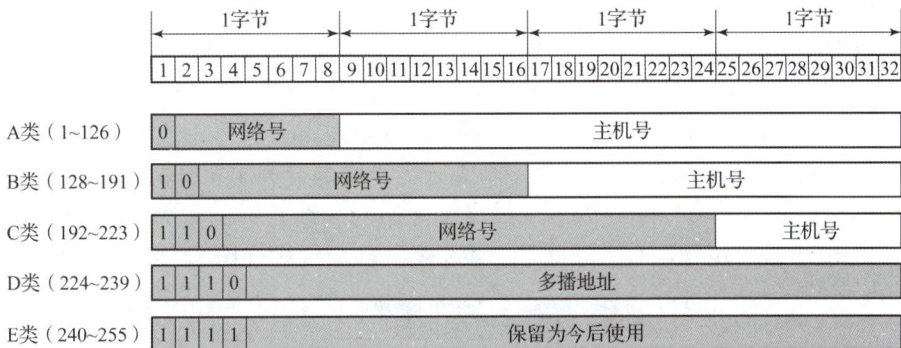

图 3 – 38　5 类 IP 地址的结构

（2）保留 IP 地址。

在 IP 地址分配中，不仅有类别上的要求，而且除了分类中保留的 IP 地址以外，在可用的 IP 地址分类区间也有些 IP 地址被保留为特殊用途。

①网络地址。

网络地址用于标识网络。网络地址由实际的网络号与全部为"0"的主机号两部分构成，代表一个特定的网络。例如：51.0.0.0 表示一个 A 类网络，该网络的网络 ID 为 51；128.2.0.0 表示了一个 B 类网络，该网络的网络 ID 为 128.2。

②直接广播地址。

直接广播地址用于向网络中的所有设备广播分组。直接广播地址由常规的网络号和全部为"1"的主机号两部分构成，表示一个在指定网络中的广播。例如：128.205.255.255 表示在一个 B 类网络中的直接广播地址。当向这个地址发送信息时，网络 ID 为 128.205 的网络内的所有设备都能收到该信息的一个副本。

③有限广播地址。

有限广播地址用于一个本地物理网络的广播。当前子网的广播地址用全"1"的 IP 地址表示，即 255.255.255.255。有线广播将广播限制在最小的范围内。

④当前主机。

全零地址表示当前主机，即 0.0.0.0。

由于子网通过 IP 相互连接，所以 IP 地址的选用是极为关键的，用重复 IP 地址在网络中传递分组会危及 Internet 的性能。公共的 IP 地址由 Internet 地址分配中心统一管理，以确保不会发生公共 IP 地址重复使用的问题。公共 IP 地址是唯一的，也是全局的、标准的，没有任何两台连到公共网络的网络设备会拥有相同的 IP 地址，所有连接到 Internet 的主机都遵循此规则。

考虑到 IP 地址资源的有限以及用户使用的便利性，在 IP 地址资源中还保留了部分称为私有地址的 IP 地址资源，供用户在内部实现 IP 网络时使用。被允许的私有地址是一个 A 类 IP 地址段（10.0.0.0 ~ 10.255.255.255）、16 个 B 类 IP 地址段（172.17.0.0 ~ 172.31.255.255）、256 个 C 类 IP 地址段（192.168.0.0 ~ 192.168.255.255）。按照规定，所有以私有地址为目的 IP 地址的 IP 数据报都不能被送至公共网络，如果这些以私有地址作为逻辑标识的主机需要访问 Internet，则必须采用网络地址转换（Network Address Translation，NAT）或应用代理（Proxy）的方式。

3）子网与子网掩码

（1）子网（subnet）。

随着局域网数量和网络中主机数量的增加，需要 IP 地址的网络设备越来越多，造成了 IP 地址资源紧张问题，子网划分是解决该问题的一种方法。

子网 IP 地址将 IP 地址的主机号进一步划分为子网部分和主机部分。根据实际需要的子网个数，从原来的主机号部分借出从最高位开始的连续若干位作为子网号，即子网 IP 地址是三级 IP 地址，由网络号、子网号、主机号三部分构成（图 3 – 39）。

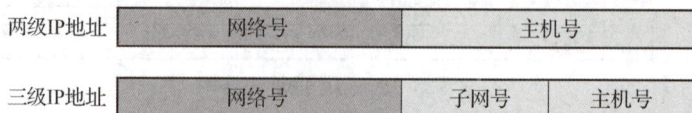

两级IP地址	网络号	主机号	
三级IP地址	网络号	子网号	主机号

图 3 – 39　子网 IP 地址结构

划分子网的原则是把一个拥有许多物理网络的单位所属的物理网络划分为若干个子网。划分子网纯属一个单位内部的事情。本单位以外的网络看不见这个网络由多少个子网组成，因为这个单位对外仍然表现为一个网络。

划分子网的方法是从网络的主机号借用若干位作为子网号（subnet – id），当然主机号也就相应减少了同样的位数，于是两级 IP 地址在本单位内部就变成了三级 IP 地址。

凡是从其他网络发送给本单位的某个主机的 IP 数据报，仍然根据 IP 数据报的目的 IP 地址找到连接在本单位网络上的路由器，但此路由器在收到 IP 数据报后，需按目的网络号和子网号找到目的子网，把 IP 数据报交给目的主机。

（2）子网掩码。

IP 地址本身以及 IP 数据报的 IP 报头都没有包含关于子网划分的信息，也就是说只用 IP 地址标识一台主机将无法区分它的网络号。因此，IP 地址通常与子网掩码（Subnet Mask）成对出现，通过子网掩码分辨 IP 地址的哪一部分代表网络号，哪一部分代表子网号和主机号。子网掩码使用与 IP 地址相同的格式，即用 32 位长度的二进制或用点分十进制表示。在子网掩码中，与 IP 地址的网络号、子网号对应的位取值为"1"，与 IP 地址主机号部分对应的位取值为"0"。这样主机在需要获得网络号时，通过将子网掩码与相应的 IP 地址进行逻辑与操作，就可得到给定的 IP 地址所属的网络号与子网号。网络号相同的主机属于同一网络。

如图 3 – 40 所示，IP 地址与子网掩码按位与之后，所得结果就是它所在的网络地址：192. 168. 1. 0。

	网络位			主机位
IP 地址	192	168	1	1
	11000000	10101000	00000001	00000001
子网掩码	255	255	255	0
	11111111	11111111	11111111	00000000

图 3 – 40　IP 地址和子网掩码

有时为了表达得清楚、方便，在书写时可以采用简写的方式表示 IP 地址与子网掩码。如图 3 - 40 中的 IP 地址是 192. 168. 1. 1，子网掩码是 255. 255. 255. 0，简写时可表示为 192. 168. 1. 1/24。这里的"/"是分隔符号，它后面的数字代表掩码中"1"的个数，即 IP 地址中网络号的位数。

例如，136. 20. 3. 9/24 所表示的主机地址，单从 IP 地址所属的类别来看，是一个 B 类 IP 地址，网络地址应该是 136. 20. 0. 0。B 类 IP 地址的标准子网掩码应该是 16 位，但现在的子网掩码是 24 位，说明有 24 - 16 = 8（位）用于子网划分，即子网数有 $2^8 = 256$ 个。其主机号有 16 - 8 = 8（位），主机数有 $2^8 - 2 = 254$（个）。真实的子网 IP 地址应该是运算后得到的 136. 20. 3. 0。在使用子网掩码标识一个网络的情况下，简单地以 IP 地址的分类范围决定一台主机的网络地址是不可取的。在实际应用中一定要严格按照设置的子网掩码分析 IP 网络。

2. ICMP

ICMP 是 TCP/IP 体系网络层的一个协议，用于在 IP 主机、路由器之间传递控制信息。这些控制信息虽然并不包含用户数据，但对于用户数据的正常传递起着重要作用。在网络中经常会用到 ICMP，例如经常用到的检查网络连通情况的 Ping（Packet Internet Groper）命令，实际上就是利用 ICMP 工作的。

1）ICMP 的作用和规范

网络本身是不可靠的，在数据传输过程中，可能发生许多突发事件并导致数据传输失败。网络层的 IP 是一个无连接的协议，它不处理网络层传输中的差错，自身也无法提供差错的报告机制。ICMP 正是为弥补 IP 的缺陷而设计的。ICMP 报文装在 IP 数据报中，作为其中的数据部分，使用 IP 进行信息传递，向 IP 数据报中的源节点提供发生在网络层的错误信息反馈。

ICMP 主要是为了减少 IP 数据报的丢失，获取差错信息并进行处理，但 ICMP 并不严格规定对出现的差错采取什么处理方式。ICMP 为遇到差错的路由器提供了向源节点报告差错的办法，源节点在收到 ICMP 的差错报告后，需要将差错交给一个应用程序或采取其他措施来纠正差错。ICMP 的差错报告都采用路由器到源节点的模式，也就是所有差错信息都需要向源节点报告。它是一种差错和控制报文协议，不仅用于传输差错报文，还用于传输控制报文。

ICMP 报文封装在 IP 数据报内部，前 4 个字节都是相同的，其他字节互不相同，如图 3 - 41 所示。

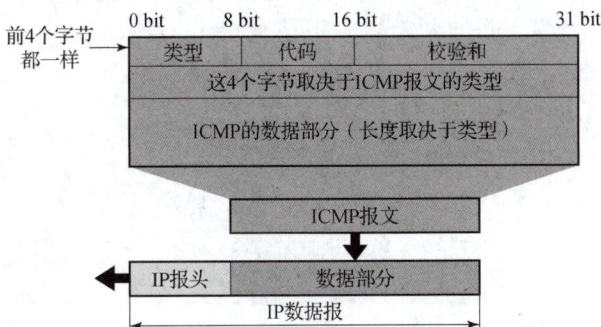

图 3 - 41 ICMP 报文格式

ICMP 报文各部分的定义如下。

（1）类型：用于标识生成的错误报文。

（2）代码：用于标注产生错误的原因。

（3）校验和：存储了 ICMP 报文所使用的校验和值。

（4）数据：包含了所有接收到的 IP 数据报的 IP 报头，还包含 IP 数据报中前 8 个字节的数据。

ICMP 以多种类型的信息为源节点提供网络层的故障信息反馈，ICMP 报文类型可以归纳为以下五大类：诊断报文（类型 8，代码 0；类型 0，代码 0）、目的不可达报文（类型 3，代码 0~15）、重定向报文（类型 5，代码 0~4）、超时报文（类型 11，代码 0~1）、信息报文（类型 12~18）。

ICMP 通告的常见网络错误包括接收端不可达、超时和参数错误等。

2）ICMP 的运用

（1）Ping 命令。

Ping 是网络中常用的服务命令，主要用来检测和分析网络连接的状况，即检测目标主机是否可连通。Ping 命令是互联网时代 DOS 系统中使用频率最高的命令之一。

Ping 命令实际就是发送一个 ICMP 回应请求报文给接收端，等待回应的 ICMP 应答，并显示回应的报文。Ping 命令得到的结果包括字节数、反应时间以及生存时间。Ping 命令通过在 ICMP 报文中存放发送请求的时间来计算返回时间。当 ICMP 应答返回时，根据现在时间减去 ICMP 报文中存放的发送时间就能得到反应时间。

图 3 - 42、图 3 - 43 所示是 Ping IP 地址 127. 0. 0. 1 可连通与 Ping IP 地址 192. 168. 0. 1 不可连通的情况。

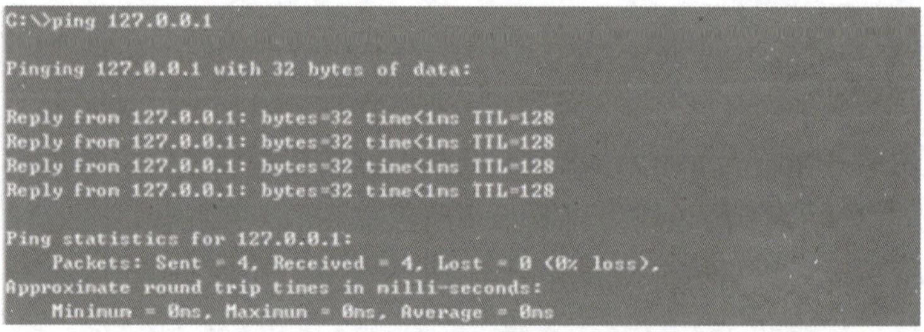

图 3 - 42　IP 地址 127. 0. 0. 1 可连通

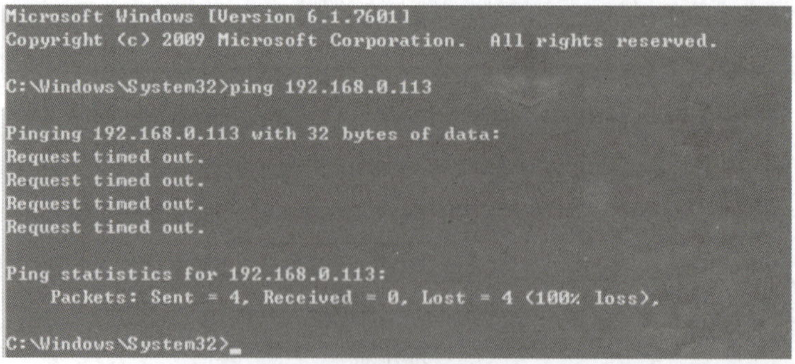

图 3 - 43　IP 地址 192. 168. 0. 113 不可连通情况

Ping 不通一个 IP 地址，不一定代表这个 IP 地址不存在或没有连接到网络，可能是因为对方主机做了限制，比如安装了防火墙。因此 Ping 不通 IP 地址不表示不能使用 FTP 或者 Telnet 连接。

（2）Tracert 命令。

Tracert 是一个追踪路径的命令。信息在互联网中的传输需要经过多段传输介质和网络设备，才能从源主机到达目的主机。网络中的所有网络设备都有自己的 IP 地址。Tracert 命令可以显示信息到达目的主机所经过的路径，并显示信息到达每个节点的时间。

Tracert 命令利用了 ICMP 报文和 IP 数据报中的 TTL 值。TTL 是一个 IP 数据报的生存时间，IP 数据报经过路由器的时候会把 TTL 值减去 1 或者减去在路由器中停留的时间，但大多数 IP 数据报在路由器中停留的时间都小于 1s，因此实际上就是 TTL 值减去 1。这样 TTL 值就相当于一个测量所经路由器个数的计数器。当路由器接收到一个 TTL 为 0 的 IP 数据报时，路由器将不再转发这个 IP 数据报，而是直接丢弃，并且发送一个 ICMP "超时" 信息给发送端。Tracert 命令的关键就是通过构造这样的数据包来间接检查信息到达目的主机所经过的路由。

当开始执行 Tracert 命令时，首先会发送一个 TTL 值为 1 的数据包，这样到达第一个路由器时就已经超时了，第一个路由器会返回超时信息，源节点就可以记录下所经过的第一个路由器的 IP 地址；然后发送一个 TTL 值为 2 的数据包，使数据包能到达第二个路由器，超时并返回超时信息；依此类推，逐次增加 TTL 值，直到这个数据包到达接收端。为了判断数据包是否到达接收端，Tracert 命令还同时发送一个 UDP 信息给接收端，并选择一个很大的值作为 UDP 端口，使目的主机的任何应用程序都不会使用该端口。当到达接收端时，UDP 会产生一个 "端口不可到达" 的错误。于是，发送端如果收到 "超时" 错误，表示刚刚到达的是路由器，如果收到 "端口不可达" 错误，则刚刚到达的就是接收端。路由跟踪结果示例如图 3-44 所示。

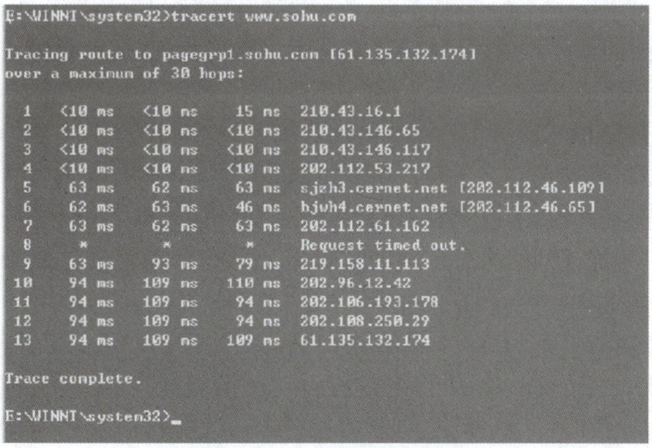

图 3-44 路由跟踪结果示例

3. TCP

传输层是 TCP/IP 体系中关键层次之一，负责源主机与目的主机进程之间端到端的数据传输。TCP 是传输层的重要协议。TCP 是一个面向连接的协议，提供有序、可靠、全双工虚电路传输服务，它保证了 IP 环境下数据的可靠传输。TCP 通过采用认证、重传机制等方式确保数据的可靠传输，为应用程序提供完整的传输层服务。TCP 可向上层提供面向连接的服务，确保所发送的数据被可靠完整地接收。一旦数据遭到破坏或丢失，通常由 TCP 负责将其重新传输。

TCP 在传送数据之前必须先建立连接，数据传送结束后要释放连接。TCP 不提供广播或多播服务。由于 TCP 要提供可靠的、面向连接的传输服务，所以不可避免地增加了许多的开销，如确认、流量控制、计时器以及连接管理等，这不仅使 TCP 报文的首部增大很多，而且还要占用许多处理机资源。

1）TCP 提供的服务

TCP 提供的服务有以下 7 种。

（1）面向连接。

TCP 提供的是面向连接的服务。一个应用程序在通信前需要通过 TCP 先请求一个到目的节点的连接，然后使用这个连接传输数据。

（2）点对点通信。

每个 TCP 连接是两个端点间的点到点的通信。

（3）传输可靠性。

TCP 能确保一个连接传输数据后，不会发生数据的丢失和乱序。

（4）全双工通信。

一个 TCP 连接允许数据以全双工的方式进行通信，并允许一个应用程序在任意时刻发送数据。

（5）流接口。

TCP 提供了一个流接口，一个应用程序可以利用它发送一个连续的字节流。

（6）可靠的连接建立。

TCP 要求当两个应用程序创建一个连接时，两端必须使用这个新的连接。

（7）连接终止。

一个应用程序打开一个连接，传输完数据就请求终止连接。TCP 确保在终止连接前传输的所有数据的可靠性。

2）TCP 用户数据报

（1）TCP 的分段和重组。

在 TCP/IP 中，应用层创建的数据单元称为报文；TCP 或 UDP 创建的数据单元称为段（Segment）或用户数据报；网络层创建的数据单元称为数据报。在 Internet 中传输数据报是 TCP/IP 的主要职责。

TCP 是面向连接的服务，负责包含在报文中的完整的比特流的可靠传输。报文由源主机的应用程序生成，在传输被确认已完成或丢弃虚电路之前，所有的段必须被接收并得到确认。TCP 在进行通信时，源主机的 TCP 将长的传输数据划分为更小的数据单元，同时将每个数据单元重新组装成段。每个段都包括一个用来在接收后排序的序列号、确认 ID 号以及用于滑动窗口 ARQ 的窗口大小字段。分段后的每个段都封装在 IP 数据报中。在目的主机，TCP 收集每个到来的 IP 数据报，并根据序列号进行重组。

（2）TCP 用户数据报格式。

TCP 用户数据报格式如图 3-45 所示。TCP 用户数据报通过牺牲速度（需要进行连接建立、等待确认和连接释放）来提高可靠性，因此其格式比 UDP 用户数据报复杂得多。

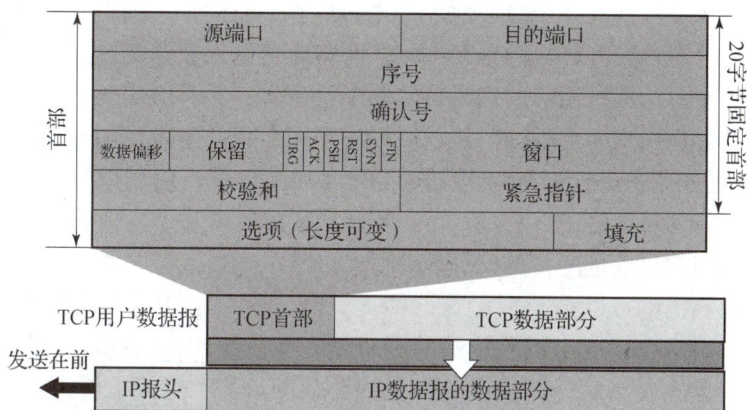

图 3-45　TCP 用户数据报格式

TCP 用户数据包中首部各字段的含义如下。

①源端口：标识源主机上应用程序的端口号。

②目的端口：标识目的主机上应用程序的端口号。

③序号：指明当前 TCP 用户数据报在原始数据流（报文）中的位置，也可用在两个 TCP 软件之间提供初始发送序号。

④确认号：用来确认接收来自其他通信设备的数据。这个确认号只有在控制字段中设置了 ACK 位后才有效，这时它定义了下一个期望到来的字节序列号。

⑤数据偏移：4 bit，也称为首部长度。它指出 TCP 报文段的数据起始处距离 TCP 报文段的起始处有多远，实际上就是 TCP 报文段首部的长度。

⑥保留：6 bit，备用字段，6 个位必须都设置为"0"。

⑦控制字段：6 bit，是说明本报文段性质的控制位，它们分别如下。

a. 紧急标志（URG），如果 URG = 1，表明紧急指针字段有效，该数据报是一个紧急的数据报，接收方应优先处理。

b. 确认标志（ACK），如果 ACK = 1，表明确认号有效。

c. 推送标志（PSH），如果 PSH = 1，表明发送方调用了推送操作，应立即将接收到的数据报交给接收应用程序进程，无须等待缓冲区满之后才交付。

d. 重置标志（RST），如果 RST = 1，表明需要重新建立连接。

e. 同步标志（SYN），如果 SYN = 1，表明需要建立连接时的同步序号。

f. 终止标志（FIN），如果 FIN = 1，表明发送方不再发送数据。用于 3 种连接终止——终止请求、终止验证（ACK 位被设置）和终止验证的确认。

⑧窗口：定义了滑动窗口的大小，即指明目的主机可接收的数据报个数。

⑨校验和：用于差错控制。校验和覆盖了整个 TCP 报文段。

⑩紧急指针：只有在设置 URG = 1 时这个字段才有效，它是源主机通知目的主机中紧急数据的位置。

⑪选项和填充：选项用于给目的主机传输附加信息；填充用来确保首部充满到 32 位的倍数。

3）端口号

计算机的外部设备都有一个端口地址，例如打印机、键盘、声卡、网卡等都有自己的端口地址，并统一编址到计算机的内存中。在网络通信中也存在端口，这些端口作为网络通信的最终地址。由于网络通信的最终目的地不是主机，而是应用程序进程，即网络通信中的端口描述的是应用程序进程访问传输服务的访问点，处于应用层与传输层接口处。对于 TCP 或 UDP 的应用程序，都有标识该应用程序的端口号，即端口号用于区分各种网络应用程序。端口号的长度是 16 位，所以可提供 $2^{16} = 65\ 536$（个）不同的端口号。TCP 用户数据报首部的源端口地址所指的就是端口号。

虽然每个计算机都可以独立分配自己的端口号，这个端口号对本机而言是本地唯一的，但不一定和网络中其他主机所使用的端口号一致。因此，Internet 分配号管理局公布了一个常用的端口号表，将端口号 1～255 作为公共端口号，是保留号，并将它公布于众，这样常用的应用程序进程对应哪个端口号就统一了。例如，HTTP 的端口号为 80，FTP 的端口号为 21，Telnet 的端口号为 23，SMTP 的端口号为 25，DNS 的端口号为 53 等。端口号 256～1 024 用于 UNIX 服务。除了保留的端口号外，另一种方法称为本地分配，一般使用 1 024～65 536 的端口号。当应用程序进程需要访问传输服务时，先向本机提出申请，操作系统返回一个可用的端口号。本地分配方式不受网络规模的限制，但通信双方互相之间需要预先知道，如可将 HTTP 的端口号分配为 8080。

TCP 和 UDP 都具有端口号，而且同一端口号可以同时为 TCP 和 UDP 提供服务。

4）套接字

TCP 是面向连接的服务，要获得 TCP 服务，必须建立一条逻辑通路。这条逻辑通路的每一段必须创建被称为套接字的端点。一个 IP 地址加上一个 TCP 端口号就构成了套接字地址。由于 IP 地址具有唯一性，而端口号对每个主机来说也是唯一的，所以套接字地址也是唯一的。端口号是抽象的，不指定某一特定的端口，而套接字却是具体的，是指向某一特定的端口的（确定的应用程序的地址），通信时可根据套接字让一个应用程序进程和另一个应用程序进程进行对话。

5）TCP 工作流程

在 TCP 中，通信双方是以段为单位交换数据的。TCP 段由 20 字节的首部、一个选项、填充部分以及数据部分组成。一个 TCP 段的长度一方面受 IP 包的长度（65 535 字节）的限制，同时也受所在网络的 MTU 的限制。需要传输的报文由上层应用程序生成，并从上层传输到 TCP。传输层的 TCP 接收字节并把它们组合为 TCP 段，同时加上 TCP 段的首部信息。

传输开始前，需要在源主机和目的主机之间建立连接。首先，TCP 的应用程序进程向目的主机发出建立连接的请求报文，在这个请求报文中有一个套接字。目的主机的 TCP 软件指定本地唯一的套接字，并将它发回源主机。在信息传输期间，这两个套接字定义了两台计算机之间的连接。

连接建立以后，TCP 将数据段传输到 IP，IP 将其作为数据报通过网络发送。IP 可以对数据段做任意改变，例如对数据段进行分段和重组，然而这些过程对 TCP 是完全透明的。经过网络上的复杂传输过程后，目的主机的 IP 将接收到的数据段传输到目的主机的 TCP，TCP 对此数据段处理后，按协议将它传给对应的应用程序进程。当报文包含多个

TCP 段时，目的主机会根据每个 TCP 段首部中的序号将报文重组。如果数据段丢失或损坏，TCP 将该段传输错误的报文发送给源主机，源主机重新发送。

（1）建立连接。

在建立连接时，需要指定一些直到连接释放前都有效的特性，如优先权值、安全性值等。这些特性在建立连接的过程中通信双方都是同意的。TCP 在建立连接的过程中使用 3 次握手的方式，握手的目的是传递消息（图 3 – 46）。

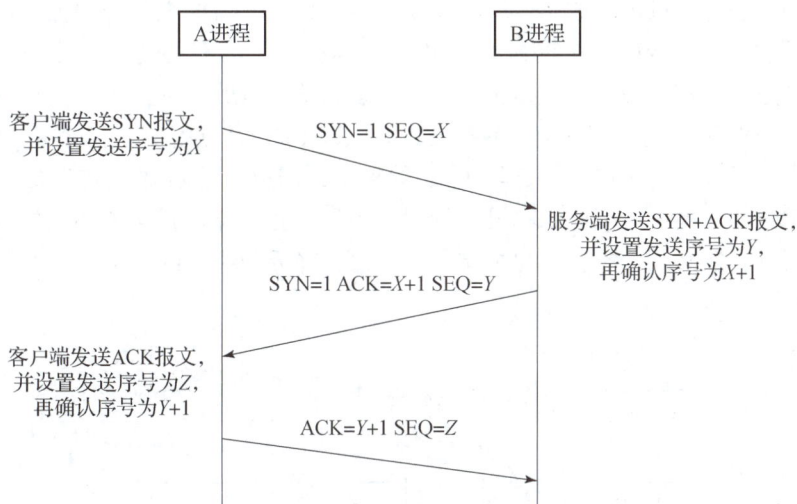

图 3 – 46　TCP 连接建立过程

第一次握手是 A 进程向 B 进程发出连接请求，发出了同步需求设置 SYN = 1，同时也包含 A 进程的初始序号 X，设置 SEQ = X，并告知 B 进程实现同步。

第二次握手是 B 进程收到连接请求后，如果同意就发回确认报文，包含将 SYN 设置为 1，确认号 ACK = $X + 1$，以及 B 进程的初始序号 SEQ = Y 和 A 进程的初始序号 X 的确认。

第三次握手是 A 进程收到 B 进程的确认报文后，对 B 进程进行确认。向 B 进程发送 Z 号数据，包括设置确认号 ACK = $Y + 1$，序号 SEQ = Z。

（2）传输数据。

传输数据时，A 进程的 TCP 从它的上层协议接收数据后，以递增序号的方式将数据分段封装并发送到 B 进程。B 进程通过将序号加 1 的方式来确认该报文。

（3）释放连接。

释放连接的过程和建立连接的过程类似，同样使用 3 次握手的方式进行。当一方发出释放请求后并不立即断开连接，而是等待对方确认，对方收到释放请求后，发回确认报文并释放连接，发送方收到确认报文后才拆除连接。

面向连接是保证数据传输可靠性的重要前提。除此以外，TCP 为了保证可靠性，还有确认重传机制和拥塞控制等。面向连接的通信通常只能在两个主机之间进行，若要实现多个主机之间的一对多或多对多的数据传输，即广播或多播，就需要使用 UDP。

4. UDP

UDP 和 TCP 都是传输层的协议，二者都使用 IP 作为网络层协议。TCP 和 UDP 的数据都通过网络层在网络中传输。不同的是 TCP 提供的是可靠的、面向连接的服务，而 UDP 提供的是不可靠的、无连接的服务。基于 UDP 的应用程序必须自己解决诸如报文丢失、报文重复、报文失序和流量控制等问题。这些问题可由高层或低层解决，UDP 只充当数据报的发送者或接收者。由于 UDP 没有建立连接、释放连接的过程和确认机制，因此数据传输速率较高，具有更高的优越性，对于简单的请求 – 应答查询以及快速递交比精准递交更为重要的场合，UDP 是一种最有效的工作方式，如 IP 电话、网络会议、可视电话、现场直播、视频点播等传输语音或影像等多媒体信息的场合。UDP 在传送数据之前不需要先建立连接。目的主机的传输层在收到 UDP 用户数据报后，不需要进行任何确认。UDP 发出的每个用户数据报都是独立的数据报，都携带了完整的目的地址，每个用户数据报可以独立地路由。UDP 保留应用程序定义的报文边界，即 UDP 对应用层递交的报文既不合并，也不拆分。也就是说，对于应用层交给 UDP 的报文，UDP 都会在添加首部信息后直接发出去，一次发送一个报文。因此，在设计网络应用程序时，开发者除了必须指定使用传输层的哪一种协议，还必须选择合适的报文大小，以免降低网络层的效率。UDP 数据封装传递过程如图 3 – 47 所示。

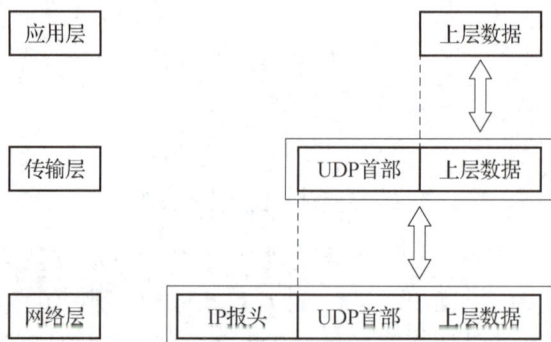

图 3 – 47　UDP 数据封装传递过程

1）UDP 用户数据报

UDP 分组所产生的数据报称为 UDP 用户数据报。它的首部比 TCP 用户数据报的首部简单得多。

UDP 用户数据报格式如图 3 – 48 所示。

图 3 – 48　UDP 用户数据报格式

（1）伪首部。

伪首部并不是 UDP 用户数据报真正的首部，只是临时添加在 UDP 用户数据报前面，其作用是计算校验和。伪首部无须向上递交，也不向下传送。

（2）首部。

UDP 用户数据报格式中首部各字段的含义如下。

①源端口地址：源主机创建报文的应用程序的端口号。

②目的端口地址：目的主机接收报文的应用程序的端口号。

③长度：定义了 UDP 用户数据报的总长度，单位是字节。

④校验和：用于控制差错。

UDP 用户数据报建立在 IP 数据报之上，因此 UDP 用户数据报是封装在 IP 数据报中进行传输的。所谓封装，是 IP 在 UDP 用户数据报前加上一个 IP 报头。

IP 和 UDP 采用数据报的方式，把属于一次传输的多个数据项看成完全独立的单元，每个数据报之间是没有联系的。在接收端，每个数据报的到达都是一个独立的事件，而且是无序的，接收端也无法预知某个数据报什么时候到达。

2）UDP 的工作流程

通信时，源主机的 UDP 先构造一个用户数据报，然后将它交给 IP，UDP 便完成了工作。它不需要建立连接的 3 次握手过程。目的主机的 UDP 先判断所收到的用户数据报的目的端口号是否与当前使用的端口号匹配。如果匹配，则将用户数据报放入相应的接收队列；否则，抛弃该用户数据报，并向源主机发送"端口不可到达"的报文。在端口号匹配的情况下，如果相应端口的缓冲区已满，UDP 也会抛弃该用户数据报。

5. 万维网

万维网（World Wide Web，WWW）又称为 Web 或 3W，它是基于客户端/服务器方式的信息发现技术和超文本技术的集合，是一个分布式超媒体系统。Web 服务器通过超文本标记语言（HTML）把信息组织成为图文并茂的超文本，利用链接从一个站点跳到另一个站点。万维网是 Internet 上集文本、声音、图像、视频等多媒体信息于一身的全球信息资源网络系统，是互联网的重要组成部分。浏览器（browser）是用户通向万维网的桥梁和获取万维网信息的窗口。通过浏览器，用户可以在互联网上搜索和浏览自己感兴趣的所有信息。

万维网技术主要包含：超文本（hypertext）和超链接（hyperlink）、HTML、HTTP、浏览器、Web 服务器、主页、统一资源定位符（URL）、动态网页。

1）超文本和超链接

超文本是一种信息管理技术。超文本是利用超链接技术，将各种不同空间的文字信息组织在一起的、可以交叉索引的网状文本，是一种全局性的信息结构。超文本利用网页中的文字或图片连接到其他网页上，通过单击相关内容，用户可以随时在不同的网页间跳跃式地阅读，大大提高了阅读效率，缩短了查找信息的时间。超文本中不仅有文本信息，还可以有图形、声音、图像、视频等多媒体信息。一个超文本文件可以包含多个超链接。

超链接是万维网的一种连接技术，它可以内嵌在文本或图像中。通过单击选择已定义好的关键字和图形，就可以自动连接对应的文件。超链接是 Web 页面区别于其他媒体的重要特征之一，网页浏览者只要单击网页中的超链接就可以自动跳转到超链接的目标对象，且超链接的数量是不受限制的。

2）HTML

万维网的网页文件用 HTML 编写，并在 HTTP 的支持下运行。HTML 并不是一种一般意义上的程序设计语言，它是由 HTML 命令组成的描述性文本。它将专用的标记嵌入文档，对一段文本的语义进行描述，通过标记符号来标记要显示的网页中的各个部分。使用 HTML 的文件需要通过浏览器的解释才能显示出效果。HTML 是 Web 文档发布和浏览的基本格式，它独立于平台，可以在不同终端显示，也可以和其他格式的文档相互转换以及搜索文本数据库。

3）HTTP

HTTP 是一个简单的请求 – 响应协议，也是应用层最重要的协议之一。它提供了访问超文本信息的功能，是客户端浏览器或其他程序与 Web 服务器之间的应用层通信协议。

Web 服务器上存放的都是超文本信息，当浏览器与 Web 服务器交互时，都要遵循 HTTP。HTTP 是一个无状态协议，它允许用户通过浏览器向 Web 服务器发出访问请求，Web 服务器通过 HTTP 给用户返回其请求访问的超文本文件。但浏览器和 Web 服务器之间的连接只维持一小段时间，一旦请求内容传输完毕，连接就被关闭。HTTP 可以使浏览器更加高效，减少网络传输。

4）浏览器

浏览器是一个客户端程序，其主要功能是使用户获取互联网上的各种资源，让用户与这些资源产生交互。浏览器比 Web 服务器的结构更为复杂，它包含几个大型的软件组件，它们通力合作，为用户提供服务。常用的浏览器有微软公司的 Internet Explorer（IE）、360 浏览器等。

浏览器最基本的功能是将由 HTML 描述的网页源文件翻译成用户便于接收的页面，供用户浏览。现在，浏览器的功能被极大地扩充，不仅可以浏览网页，还可以收发邮件、下载文件等，几乎无所不能。浏览器还可以支持一些客户端脚本程序的运行，从而增强客户端的功能，这使浏览器具有动态效果，可以为联机用户提供实时交互功能。

5）Web 服务器

Web 服务器是安装了专门的 Web 服务器软件的计算机。目前，使用最多的 Web 服务器软件有两个：微软公司的 IIS 和自由软件 Apache。

Web 服务器可以解析 HTTP。当 Web 服务器接收到一个 HTTP 请求时，会返回一个 HTTP 响应。如果用户请求的是静态页面，Web 服务器就返回用户所请求的页面文件；如果用户请求的是动态页面，Web 服务器就将访问请求委托给一些其他程序，如 CGI 脚本、JSP 脚本、ASP 脚本等服务器端脚本程序。通过这些程序访问后台数据库服务器，然后临时产生一个 HTML 的页面文件送给用户，用户通过浏览器来浏览页面。

6）主页

主页是一个网站的起始页，网站的信息资源都以网页的形式存储在 Web 服务器中。主页可以反映网站所包含的主要栏目，也包含到达各个子页面的超链接。用户通过主页可以方便地浏览网站内容。

主页还是访问一个网站的默认页。用户通过浏览器向 Web 服务器发出请求，指定要访问的页面文件。Web 服务器根据用户请求的内容，将保存在 Web 服务器中的页面文件发送给用户。如果用户访问某个 Web 网站，而没有指定访问哪个页面，那么 Web 服务器就将网站的主页文件发送给用户。

7）URL

在万维网上，任何一个信息资源都有统一的并且唯一的地址，这个地址就叫作 URL。URL 被称为统一资源定位符，也被称为网页地址，是互联网上标准的资源地址。URL 提供了 Web 网页地址的寻找方法，它给资源的位置提供一种抽象的识别方法，并用这种方法给资源定位。在万维网上访问网络资源有一种统一格式，这个统一格式如下。

通信协议：//服务器域名或 IP 地址/路径/文件名。

通信协议可以是应用层协议中的任何一种，最常用的通信协议是 HTTP、FTP。

URL 格式表达的是在互联网上使用何种协议，到哪个资源的地点或指定的主机，通过哪条路径去访问哪个具体资源。

6. SMTP

电子邮件是互联网提供的一项重要服务。SMTP 仅规定了在两个相互通信的 SMTP 进程之间应如何交换信息。它对邮件内部的格式、邮件的存储方法、发送速率都未做规定。SMTP 小巧、简洁，是可适用于各种网络系统的应用协议。

电子邮件系统由用户代理、邮件服务器以及邮件发送协议三部分组成。用户代理是用户与电子邮件系统的接口，它是运行在主机中的应用程序，因此用户代理又被称为客户端软件，如 Outlook Express、QQ 邮箱等。使用电子邮件必须要有一个电子邮箱，电子邮箱被放置在邮件服务器上。邮件服务器就是用来发送和接收邮件的设备，同时还要向发件人报告邮件的传输结果。SMTP 就是邮件服务器所使用的一种协议。

用户代理可以协助用户编辑邮件内容，然后将邮件转交给邮件传输代理（Mail Transfer Agent，MTA）发出。两个 MTA 之间以 SMTP 作为沟通的语言，顺利完成邮件的传输与接收工作。收件人可以通过用户代理阅读接收到的邮件，并进一步回复或转发接收到的邮件。在实际应用中，用户代理和 MTA 已经被整合在一起。现在用来收发邮件的软件，既能协助用户编辑邮件内容，实现用户代理的作用，在邮件编辑完成后又可以把邮件发出，实现 MTA 的作用，非常便捷。

邮件的传输分为 3 个阶段：建立连接、传输邮件和释放连接。发件人的邮件送到发送方邮件服务器的邮件缓存后，邮件服务器判断此邮件是否为本地邮件。若是，则直接投送到用户的邮箱。否则，仍放在邮件缓存中。邮件服务器每隔一定时间对邮件缓存扫描一次，对邮件缓存中的邮件，会使用 SMTP 的端口号（25）与接收方的邮件服务器建立 TCP 连接。在 TCP 连接建立后，两个邮件服务器间就基于 SMTP 可靠地进行邮件传输的请求和应答，并可靠地传输邮件。邮件发送完毕后，客户与邮件服务器就释放 TCP 连接。在邮件传输的过程中，邮件服务器需要同时充当客户端和服务器。

SMTP 不使用中间的邮件服务器，不管发送方和接收方的邮件服务器相隔多远，不管在邮件传输的过程中要经过多少个路由器，TCP 连接总是在发送方和接收方这两个邮件服务器之间直接建立。当接收方邮件服务器出现故障而不能工作时，发送方邮件服务器只能等待一段时间后再尝试与接收方邮件服务器建立 TCP 连接，而不能先找一个中间的邮件服务器建立 TCP 连接。

SMTP 提供了可靠且有效的电子邮件传输服务，但它不能保证不丢失邮件，因为 SMTP

只负责可靠地将邮件传送到接收方邮件服务器。接收方邮件服务器接收邮件后若出现故障，使接收到的邮件全部丢失（在用户读取邮件之前），SMTP 是无法处理的。

7. SNMP

在大型网络中，网络管理员无法逐台收集被管理设备的情况，而 SNMP 可以帮助网络管理员及时收集全部被管理设备的运行情况。SNMP 是目前 TCP/IP 网络中应用最为广泛的网络管理协议，是面向无连接的应用层协议。它是利用 TCP/IP 管理网络设备的一个框架，它为监控和维护网络提供了一组基本操作，使网络设备间能方便地交换管理信息，帮助网络管理员有效地管理网络的性能，发现和解决网络问题以及进行网络发展规划。

1）SNMP 管理站和 SNMP 代理

SNMP 主要由两部分构成：SNMP 管理站、SNMP 代理。

SNMP 管理站又称为 SNMP 管理者，一般是运行 SNMP 客户程序的独立设备。现在的 SNMP 体系结构采用的是分布式模型。在这种模型中，顶层的 SNMP 管理站可以有多个。SNMP 管理站是一个中心节点，负责收集和维护各个 SNMP 代理的信息，并对这些信息进行处理，最后反馈给网络管理员。它是网络管理员进行网络管理的用户接口，网络管理员可以通过 SNMP 用户程序提供的人机界面监控网络活动，进行配置管理、故障管理、性能管理和计费管理等。

SNMP 代理是在被管理设备上运行的 SNMP 服务器程序，用于实现被管理设备的自身管理，检测被管理设备周围的局部网络工作状况，与 SNMP 管理站交互，接收并执行 SNMP 管理站的命令。每一个被管理设备都存放一个管理信息数据库，它由 SNMP 代理负责维护。SNMP 代理上的 SNMP 服务器程序可以检查环境，当发现异常时，SNMP 代理也可以主动向 SNMP 管理站发送消息，通告当前的异常状况。

SNMP 管理站和 SNMP 代理之间的通信是通过 UDP 完成的。一般情况下，当网络管理员选定需要查看的特定信息时，SNMP 管理站会通过 UDP 向 SNMP 代理发送各种命令，当 SNMP 代理收到命令后，返回 SNMP 管理站需要的参数。因此，SNMP 本质上是一种专用的请求－响应协议。

SNMP 有以下 3 种管理方式。

（1）Get：SNMP 管理站通过请求收集 SNMP 代理的信息，检查 SNMP 代理的情况。

（2）Set：SNMP 管理站可通过在 SNMP 代理的数据库中重新置值来强制 SNMP 代理执行某项任务。

（3）Trap：SNMP 代理可通过 SNMP 管理端向网络管理员发送被管理设备的状况。

2）网络管理组件

SNMP 的网络管理体系还需要另外两个组件协作完成：管理信息库（Management Information Base，MIB）和管理信息结构（Structure of Management Information，SMI）。

MIB 是一个虚拟的信息存储库，存储了能够被管理进程查询的设备的信息，是网络管理员可以管理的所有对象网络信息的集合。每个 SNMP 代理都有自己的 MIB，只有在 MIB 中的对象才能被 SNMP 管理。

SMI 是一种语言，用于存储在 MIB 中的管理信息的语法和语义。它可以给对象命名，可以定义存储在对象中的数据类型，并指明在网络上传输数据的编码规则。

通过 MIB 和 SMI，网络管理员能管理不同厂家的网络软/硬件设备。

3.5 以太网

3.5.1 以太网概述

以太网是最早的局域网，其雏形是 1975 年研制的实验网络 Ethernet，也是一种允许工作站、办公设备互连的技术。第一个以太网标准发布于 1980 年，即著名的以太网蓝皮书。这个标准定义了在一个 10 Mbit/s 的共享传输介质上，距离不超过 2 500 m 的范围内把最多不超过 1 024 个节点进行连接的传输系统。1995 年发布了 100 Mbit/s 快速以太网，速度是标准以太网的 10 倍。继 100 Mbit/s 快速以太网之后，1999 年人们又开发了使用双绞线的千兆以太网。自动支持 10 Mbit/s、100 Mbit/s、1 000 Mbit/s 双绞线介质系统运行的网络接口广泛普及，使高质量的网络很容易实现。

以太网是总线结构的局域网，网络中各节点全部通过相应的硬件接口直接连到一条公共的传输介质上，实现了网络上多个节点发送信息的想法，每个节点都装有一个网卡，并带有收发器。由于所有节点共用一条总线，所以为了防止信息传输产生冲突，采用 CSMA/CD 总线技术。采用这种标准的局域网的节点数目和传输距离都受到限制，但使用不同的网络介质时其限制有所不同。以太网的每个节点都有全球唯一的 48 位地址，也就是制造商分配给网卡的 MAC 地址，以保证以太网的所有节点能互相鉴别。由于以太网十分普及，所以目前以太网卡基本都已直接集成到计算机主板上。

以太网产品大多发展成熟、实现了标准化、价格适中。以太网具有传输速率高、网络软件丰富、系统功能强、安装维护简单等优点。目前以太网已成为现实中使用最普遍的一种计算机局域网。

3.5.2 以太网的分类

以太网有两类：第一类是标准以太网；第二类是交换式以太网。标准以太网是以太网的原始形式，运行速度为 3~10 Mbit/s。交换式以太网是现在广泛应用的以太网，可运行于 100 Mbit/s、1 000 Mbit/s 和 10 000 Mbit/s 的高速率，分别以快速以太网、千兆以太网和万兆以太网的形式呈现。以太网的标准拓扑结构为总线拓扑，但快速以太网为了减少冲突，将传输速率和使用效率最大化，使用交换机进行网络连接和组织。因此，以太网的拓扑结构就成了星形。但在逻辑上，以太网仍然使用总线拓扑和 CSMA/CD 技术。

1. 标准以太网

最初的以太网是总线以太网（Ethernet），其核心技术是 CSMA/CD，即在以太网中，任何节点都不能预约发送时间，发送都是随机的；网络中也没有集中控制的节点，网络中所有节点平等地争用发送时间。以太网组网非常灵活，既可以使用粗、细同轴电缆组成总线网络，也可以使用双绞线组成星形网络，还可以将同轴电缆的总线网络和双绞线的星形网络混合连接起来。CSMA/CD 有效地解决了总线以太网中的冲突问题，成为 IEEE802.3 标准。

IEEE802.3 标准包含了多种以太网的标准，如 10 Base-5 Ethernet、10 Base-T Ethernet。

标准开头的数字表示该种标准以太网的传输速率，其单位是 Mbit/s；Base 表示传输方法采用基带传输；5 表示单段网线长度，一般以 100 m 为基准单位；T 表示拓扑结构为星形。

以下是 3 种标准以太网的组网方法。

1）粗缆以太网

粗缆以太网（10 Base-5 Ethernet）使用 50 Ω 粗同轴电缆，单段最长为 500 m。当用户节点间距超过 500 m 时，可通过中继器将几个网段连接在一起，但中继器的数量最多为 4 个，网段的数量最多为 5 段，因此网络的最大长度可达 2 500 m。单段电缆最多支持 100 个节点。

2）细缆以太网

细缆以太网（10 Base-2 Ethernet）使用 50 Ω 细同轴电缆，单段最长不能超过 185 m。如果实际需要的长度超过 185 m，则需使用支持 BNC 头的中继器。在细缆以太网中，中继器的数量最多为 4 个，网段的数量最多为 5 段，因此网络的最大长度为 925 m。两个相邻的 BNC T 型连接器之间的距离应为 0.5 的整数倍，且最小距离为 0.5 m。单段电缆最多支持 30 个节点。

与粗缆以太网相比，细缆以太网具有造价低、安装方便等优点，但是细缆以太网的故障率普遍较高，整个网络系统的可靠性也因此受到了影响。因此，细缆以太网多用于小规模网络环境。

3）双绞线以太网

双绞线以太网（10 Base-T Ethernet）采用非屏蔽双绞线，组网的关键设备是集线器。由于非屏蔽双绞线传输质量较差，所以在使用非屏蔽双绞线进行网络连接时，最大的电缆长度为 100 m，即集线器到各节点的距离或集线器与集线器间的距离不超过 100 m。

2. 交换式以太网

1）交换式以太网的产生

近年来，随着电视会议、远程教育、远程诊断等多媒体应用的不断发展，人们对网络带宽的要求越来越高，标准以太网已不能满足多媒体应用对网络带宽的要求。标准以太网是共享式以太网，其网络建立在共享介质的基础上，网络中的所有节点都需要竞争和共享网络带宽。随着用户数的增多，每个用户分到的网络带宽必然减小，并且每个节点只有占领了整个网络传输通道后才能与其他站点进行通信，当一个节点占用传输通道时，其他节点只能等待。这种运行方式增加了网络延时，影响了网络效率，降低了网络带宽利用率。虽然使用网关、网桥、路由器等网络互连设备对网络进行分割，可以达到隔离网络、减小流量、降低网络冲突和增大网络带宽的目的。但是，过多的网段微化会带来设备投资和管理难度的增加，而且也不能从根本上解决网络带宽问题。为了克服网络规模和网络性能之间的矛盾，人们提出了交换式以太网的概念。

交换式以太网允许多对节点同时通信，每个节点可以独占传输通道和带宽。交换式以太网利用"分段"的方法，将一个大型的以太网分割成两个或多个小型的以太网。每个段使用 CSMA/CD 维持段内用户的通信。段与段之间通过以太网交换机将接收到的信息经过简单的处理转发给另一段。

由于以太网交换技术是基于标准以太网的，保留了现有以太网的基础设施，所以不必把还能工作的设备淘汰，从而有效地保护了现有投资，节省了资金。不仅如此，交换式以太网与标准以太网完全兼容，能够实现无缝连接。

2）交换式以太网的结构和特点

交换式以太网的核心设备是以太网交换机，它工作在数据链路层，其外形与集线器相似。以太网交换机有多个端口，每个端口可以单独与一个节点连接，并且每个端口都能为与之相连的节点提供专用的带宽，这样每个节点就可以独占传输通道，独享带宽。

交换式以太网主要有以下特点。

（1）每个节点独占传输通道，独享带宽。

（2）多对节点间可以同时进行数据通信。

（3）可以灵活配置端口速度。

（4）便于管理和调整网络负载的分布。

（5）能保护用户的现有投资，可以与现有网络兼容。

3）交换式以太网的分类

（1）快速以太网。

快速以太网又称为 100 Base – T。100 Base – T 是由 10 Base – T 发展而来的，采用星形拓扑结构，支持双绞线和光纤作为传输介质。快速以太网的速度是通过提高时钟频率和使用不同的编码方式获得的。其传输方案主要有 100 Base – T，100 Base – T 包括 100 Base – T4、100 Base – TX 和 100 Base – FX。

100 Base – T4 是一种 3 类双绞线方案，不支持全双工通信。100 Base – TX 的传输介质采用 5 类以上的双绞线，网段长度最大为 100 m。使用最广泛的是采用一对多模光纤或者单模光纤的 100 Base – FX。采用单模光纤时，其网段长度可达 10 km；采用多模光纤时，网段长度最大为 1 km。100 Base – FX 支持全双工通信，总带宽可达到 200 Mbit/s。

全双工快速以太网仅在使用光纤或某些双绞线介质的点对点链路中有效。快速以太网有自动协商的功能，能够自动适应电缆两端最高可用的通信速率，能方便地与十兆以太网通信。

（2）千兆以太网。

1996 年，IEEE 宣布快速以太网的数据传输速率提高了 10 倍，达到了 1 000 Mbit/s，被称为千兆以太网或吉比特以太网。千兆以太网完全与标准以太网和快速以太网兼容，并利用了原以太网标准所规定的全部技术规范。千兆以太网遵循两个标准——IEEE 802. ab 和 IEEE 802.3z，定义了 4 种以太网标准：1 000 Base – T、1 000 Base – SX、1 000 Base – LX、1 000 Base – CX。

IEEE 802.3ab 标准专门定义基于 5 类及以上双绞线的千兆以太网规范。1 000 Base – T 采用 5 类及以上的非屏蔽双绞线，网段长度最大为 100 m，采用全双工通信方式。因此，在建筑之间可以使用 5 类及以上非屏蔽双绞线进行布线，大大降低了成本。

IEEE 802.3z 标准定义了光纤和同轴电缆的千兆以太网规范。1 000 Base – SX 采用多模光纤，网段长度为 260 ~ 550 m。1 000 Base – LX 采用多模光纤，网段长度为 550 m；若采用单模光纤，网段长度为 5 000 m。1 000 Base – CX 采用 150 Ω 屏蔽双绞线，网段长度为 25 m。

千兆以太网有自动协商的功能，但仅限于协商半双工或全双工流量控制，确定是否支持控制帧，不能与低速以太网协商速率。千兆以太网主要用于交换机到服务器连接的升级、交换机到交换机连接的升级、快速以太网主干部分的升级以及高性能工作站的升级，消除网络通信的瓶颈。千兆以太网已经发展为主流局域网技术。

（3）万兆以太网。

万兆以太网又称为10GbE，是可实现 10 Gbit/s 带宽的以太网技术。万兆以太网与标准以太网、快速以太网和千兆以太网技术保持高度的兼容，它们的帧格式完全相同。万兆以太网还保留了标准规定的以太网最小和最大帧长。万兆以太网的技术标准有 IEEE 802.3ae 和 IEEE 802.3ak，定义了 3 种万兆以太网标准：10G Base – X、10G Base – R、10G Base – W。

万兆以太网只工作在全双工通信方式下，其传输距离因不再受碰撞检测限制而大大增加。由于数据传输速率很高，所以万兆以太网只使用光纤作为传输介质。它使用长距离的光收发器与单模光纤接口，传输距离超过 40 km，以便能够工作在广域网和城域网的范围内。万兆以太网也可以使用价格较为低廉的多模光纤，但传输距离缩短为 65～300 m。

3.6　网络互连设备

随着计算机应用技术和通信技术的飞速发展，计算机网络得到了更为广泛的应用。网络互连技术将分布在不同位置的单个网络连接在一起，使之成为一个更大规模的互连网络系统。网络互连的目的是使处于不同网络的用户能相互通信和交流，以实现更大范围的数据通信和资源共享。但不同的网络使用的通信协议往往不同，通信协议不同的网络不能直接互连通信。因此，网络间需要进行协议转换，这种转换可以通过软件实现，也可以通过硬件实现。在实际使用中，由于硬件设备完成转换的速度比软件完成转换的速度高，所以一般都采用硬件设备完成不同协议间的转换，这种硬件设备称为网络互连设备。

3.6.1　中继器

中继器（Repeater）是最简单的网络互连设备。随着传输过程中的损耗，传输信号的功率逐渐降低，降低到一定程度就会造成信号失真，从而导致接收错误。中继器的作用就是把接收到的信号复制、整形并放大，然后发送到另一个网段。通过这样的方式增大传输距离。

中继器属于物理层的设备，主要完成物理层的功能。因此，中继器只能互连同种局域网，而且使用中继器扩展的网络的所有联网设备都具有相同的工作带宽。中继器支持数据链路层及其以上各层的任何协议。对数据链路层及其以上各层的协议来说，用中继器互连的若干段电缆与单根电缆并无区别。由于中继器的作用是整理、重发信号，所以中继器两端可以连接相同的物理介质，也可以连接不同的物理介质。

从理论上讲中继器的使用是无限的，网络也因此可以无限延长。实际使用时，这种情况是不可能的，因为中继器本身存在延时，而网络标准中对信号的延迟范围做了具体的规定，中继器只能在规定范围内进行有效的工作，否则会引起网络故障。以太网络标准中就约定了一个以太网中只允许出现 5 个网段，最多使用 4 个中继器，而且其中只有 3 个网段可以挂接计算机终端。

中继器联网示意如图 3 – 49 所示。

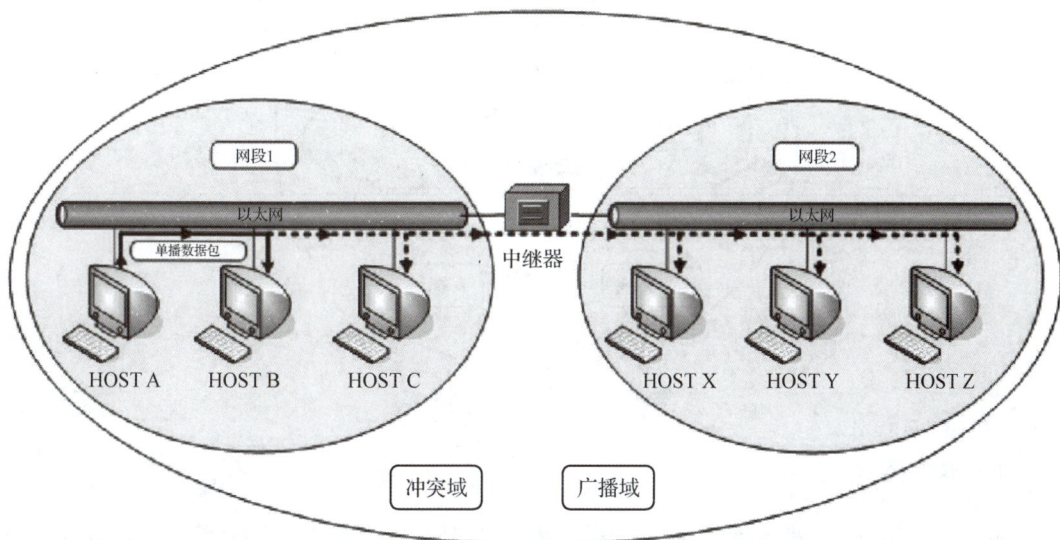

图 3 – 49　中继器联网示意

中继器有直接放大式和信号再生式两种。

直接放大式中继器只是一个简单的信号放大器。经过网络传递的信号，除了信号功率会衰减，同时叠加的各种噪声会使信号波形变差。直接放大式中继器会直接放大该信号，然后传递给下一个网段。

信号再生式中继器会对接收到的衰减变形信号进行放大和整形，将处理后得到的规则波形信号传递给下一个网段。

3.6.2　集线器

集线器（Hub）是将网络中的节点集中连接在一起的网络互连设备。集线器有信号再生和放大功能，因此其本质上是一种中继器，但集线器的端口比中继器多，故也被称为多端口中继器。不过，并不是所有集线器都有加强信号的功能，有的集线器只是单纯地集中线路，并没有加强信号的功能。集线器的接口一般使用 RJ – 45 信息模块，端口之间通过双绞线电缆进行连接。

使用集线器的以太网虽然物理拓扑是星形的，但在逻辑上仍然是总线拓扑。在多节点结构中，总线上的各节点共享总线资源，采用 CSMA/CD 争用介质访问权。集线器是位于物理层的设备，本身不能识别源地址和目的地址，集线器在转发信息时，为了使数据能够到达目的节点，会采用广播方式，向除了接收端口外的所有端口广播数据。

集线器一般都有一定的容错能力和网络管理功能。如果网络中某个站点的网卡出现了故障而不停地发送帧，集线器可以检测到这个问题，并在内部断开与出故障网卡的连接，使整个以太网保持正常工作。

集线器联网示意如图 3 – 50 所示。

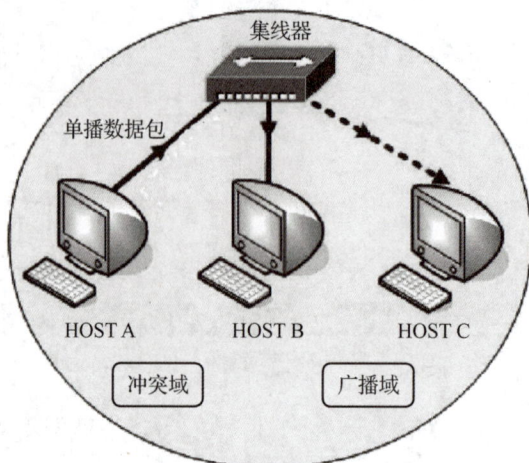

图 3 - 50　集线器联网示意

3.6.3　网桥

网桥（Bridge）又叫作桥接器，是一个具有存储转发功能的网络设备，它工作在数据链路层。当单一的局域网不适合需求时，可以采用网桥连接多个独立的、仅在低两层实现上有差异的局域网，使数据包在局域网间转发。网桥可提供数据流量控制和差错控制服务，把多个物理网络连接成一个逻辑网络，并使这个逻辑网络的行为就像一个单独的物理网络。这样既把通信量限制在每一个局域网内，也增大了网络距离，便于网络扩展。

1. 网桥的作用

网桥具有过滤和存储转发的功能。网桥的工作过程包括接收数据包、检查数据包和转发数据包 3 个部分。

1）转发监控

网桥能够对被转发的数据包进行差错校验，不会把有差错的数据包转发到其他子网。

2）地址过滤

网桥能够接收它所连接局域网中的所有数据包，可以识别互连网络的物理地址（MAC 地址）格式。当一个数据包通过网桥时，网桥要检查数据包的源 MAC 地址和目的 MAC 地址，并根据数据包的地址，有选择地让部分数据包穿越网桥。网桥允许用户进行设置，滤去不希望被转发的数据包，减小了数据流量。例如，可以单向地禁止对某个子网的访问，以确保该子网的安全性。

3）帧限制

网桥不对数据包进行分段，只根据转发子网的不同进行必要的帧格式转换。若数据包的长度超过目的站点所在子网的帧长限制，则该数据包将被网桥丢弃。

4）存储转发

网桥具有一定的存储转发能力，这可以解决穿越网桥的信息量临时超载的问题。同时，网桥可以解决数据传输不匹配的子网之间的互连问题。

网桥里有一个转发表，它是网桥转发数据包的依据，表中记录的是网桥所"知道"的网络中各主机的 MAC 地址与网桥各接口的对应关系。网桥收到数据包后，会在自己的转发表中查找数据包的目的 MAC 地址，根据查找结果来转发或丢弃数据包。

5）扩大局域网范围

当同一个局域网内的设备非常分散，使用同一个局域网实现互连比较困难时，可以进行局域网分段。在各段之间通过网桥连接的方式将分散的设备集合到一起。通过网桥的连接可以增大节点之间的物理距离，扩展局域网的有效范围，增加局域网的跨度。

网桥联网示意如图 3 − 51 所示。

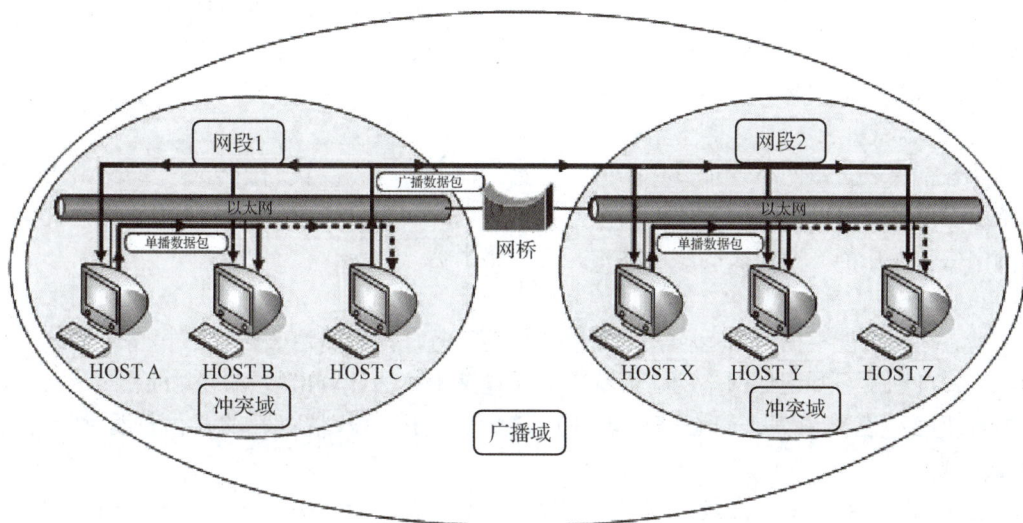

图 3 − 51　网桥联网示意

2. 网桥的标准

网桥的标准有两个，是由 IEEE 802.1 委员会和 IEEE 802.5 委员会分别制定的。它们的区别在于路由选择策略不同。基于这两种标准的网桥分别是透明网桥与源路由网桥。

透明网桥由各网桥自己决定路由选择，而在局域网中的各个网络工作站都不需要设置路由选择功能。

源路由网桥的核心思想是发送方知道目的站点的位置，并将路径中所经过的网桥地址包含在数据包中一并发出。途径网桥依照数据包中下一站网桥地址将数据包一一转发，直到将数据包送达目的地。

3.6.4　路由器

互联网是成千上万个 IP 子网通过路由器（Router）互连起来的国际性网络，路由器不仅负责转发 IP 分组，还要与别的路由器进行联络，共同确定网络的路由选择和维护路由表。

1. 路由器的作用

路由器是网络层的互连设备，它所互连的网络都是独立的子网，它所互连网络的地址可能不同，使用的协议也有可能不同。路由器可以在多个网络之间提供网间服务，具有相应的协议转换功能，并根据 IP 地址将数据包重新包装转发到目的节点。

路由器的作用与网桥类似，不同在于网桥工作在数据链路层，根据物理地址划分网段，而路由器工作在网络层，根据网络号划分网段。当路由器接收到数据包时，需要检查数据包里 IP 地址中的目的网络号，根据路由表中的信息，利用复杂的路由算法，为数据包选择合适的路由，并转发该数据包，直到数据包到达目的网络，路由器才完成工作。数据包进入目的网络后，再根据主机地址和物理地址到达目的主机。

2. 路由表

路由器的作用主要是选择路由。在选择路由时，路由器根据路由表进行操作。路由表是路由协议根据路由算法生成的。路由表中存放着所连接子网的状态信息，如网络中路由器的数目、邻居路由器的名字、路由器的网络地址和相邻路由器之间的距离等信息。当某一路由发生故障或拥挤时，路由器会自动选择别的路由。

路由表有以下两种类型。

1）静态路由表

静态路由表是由网络管理员根据网络设置的情况，事先设置的固定不变的路由表。静态路由表不会随着网络结构变化而发生变化。静态路由表只适用于网络结构不变，规模较小的网络。使用静态路由表的路由器称为静态路由器。

2）动态路由表

动态路由表能根据网络运行状态的改变自动调整。动态路由表可以根据路由协议提供的功能，自动学习和记忆网络的运行状态，通过路由算法计算出数据传输的最佳路径。目前通常使用动态路由表，静态路由表使用较少。使用动态路由表的路由器称为动态路由器。

近几年来，我国的路由技术越来越成熟，同时结合了当代的智能化技术，使人们在使用路由技术的过程中能够体会到更加快捷的效果，从而推动、促进互联网和计算机网络技术的发展。

【思考与练习】

1. 计算机网络是什么？计算机网络如何分类？
2. 介质访问控制技术有哪几种？它们分别是如何进行工作的？
3. 什么是 OSI 参考模型？它与 TCP/IP 模型有哪些不同？
4. OSI 参考模型分几层？每一层的作用是什么？
5. IP 的作用是什么？
6. 以太网有哪些种类？

下篇

实践篇

项目四 串行通信应用

4.1 自由口通信

【任务引入】

工业网络设备支持使用自由口协议的点对点（Point – to – Point，PtP）串行通信。点对点串行通信具有很大的自由度和灵活性。西门子 S7 – 1200/1500 PLC 能将信息发送给外部设备，也可以接收外部设备的信息，同时支持 PLC 之间通过自由口的串行通信。本任务是实现两台 S7 – 1200 PLC 之间的自由口通信，从一台 S7 – 1200 PLC 的数据存储区发送数据到另外一台 S7 – 1200 PLC 的数据存储区。

【任务目标】

（1）了解自由口通信的概念和应用。

（2）熟悉西门子 S7 – 1200 PLC 串行通信模块的类型和特点。

（3）具备西门子 S7 – 1200 PLC 自由口通信的硬件组态和程序编写的能力。

（4）养成独立自主完成任务的职业习惯。

（5）树立认真、敬业的职业态度。

【任务准备】

1. 认识串行通信模块

工业控制设备通常通过串行通信接口组建串行通信网络来实现数据传输。常使用的串行通信接口有 RS – 232、RS – 422、RS – 485 等。西门子 S7 – 1200 PLC 通常使用 CM1241 串行通信模块和 CB1241 通信板，其参数见表 4 – 1。

表 4 – 1　CM1241 串行通信模块和 CB1241 通信板参数

名称	CM1241 RS232	CM1241 RS422/485	CB1241 RS485
订货号	6ES7241 – 1AH32 – 0XB0	6ES7241 – 1CH32 – 0XB0	6ES7241 – 1CH30 – 1XB0
通信口类型	RS – 232	RS – 422/RS – 485	RS – 485
波特率 /(bit · s^{-1})	300；600；1.2 K；2.4 K；4.8 K；9.6 K；19.2 K；38.4 K；57.6 K；76.8 K；115.2 K		

续表

校验方式 /kB	None（无校验） Even（偶校验） Odd（奇校验） Mark（校验位始终为"1"） Space（校验位始终为"0"）		
流控	硬件流控；软件流控	RS – 422 支持软件流控	不支持
接收缓冲区/kB	1		
通信距离 （屏蔽电缆）/m	10	1 000	1 000
电源消耗 （5 V DC）/mA	200	220	50
电源消耗 （24 V DC）/mA	—	—	80

CM1241 通信模块和 CB1241 通信板主要有如下特点。

（1）由 CPU 供电，不必连接外部电源。

（2）端口经过隔离，最大距离为 1 000 m。

（3）有诊断 LED 及显示传送和接收活动的 LED。

（4）支持点对点协议。

（5）通过扩展指令、库功能等进行组态和编程。

2. 认识自由口

自由口通信，指的是没有标准通信协议，用户自己定义、规定协议的通信方式。西门子 S7 – 1200/1500 PLC 支持使用自由口协议的点对点串行通信，即基于 RS – 485/RS – 232C 通信接口，与支持 RS – 485/RS – 232C 接口的其他设备实现串行通信，如条形码阅读器，RFID 标签读取器等。

PLC 自由口通信

3. 软/硬件准备

软件：TIA Portal V16（博途软件）。

硬件：2 台西门子 S7 – 1200 PLC（CPU 1214DC/DC/DC）、1 台工业网络交换机、2 根 RJ – 45 接口双绞线、一根 RS – 485 接口串口线、2 个 CM1241 RS – 422/485 通信模块。

【任务实施】

1. 硬件组态

1）新建项目

打开博途软件，创建新项目，命名为"1200 – PtP"，单击"项目视图"按钮，切换到"项目视图"界面。

2）硬件配置

进入"项目视图"界面后，在项目树下单击"添加新设备"按钮，选择控制器 CPU

1214C DC/DC/DC、订货号 6ES7 214 - 1AG40 - 0XB0；增加完 PLC_1 后，用同样的方法增加 PLC_2，如图 4 - 1 所示。

（a）

（b）

图 4 - 1　添加 PLC
（a）选择 PLC；（b）添加后的设备

3）添加通信模块

打开项目树中的"PLC_1"，双击"设备组态"选项，进入"设备视图"界面，在右边的硬件目录中选择"通信模块"→"点到点"→"CM 1241（RS422/485）"→"6ES7 241 - 1CH32 - 0XB0"模块，放置在 101 槽位；用同样的方法在 PLC_2 中添加通信模块，如图 4 - 2 所示。

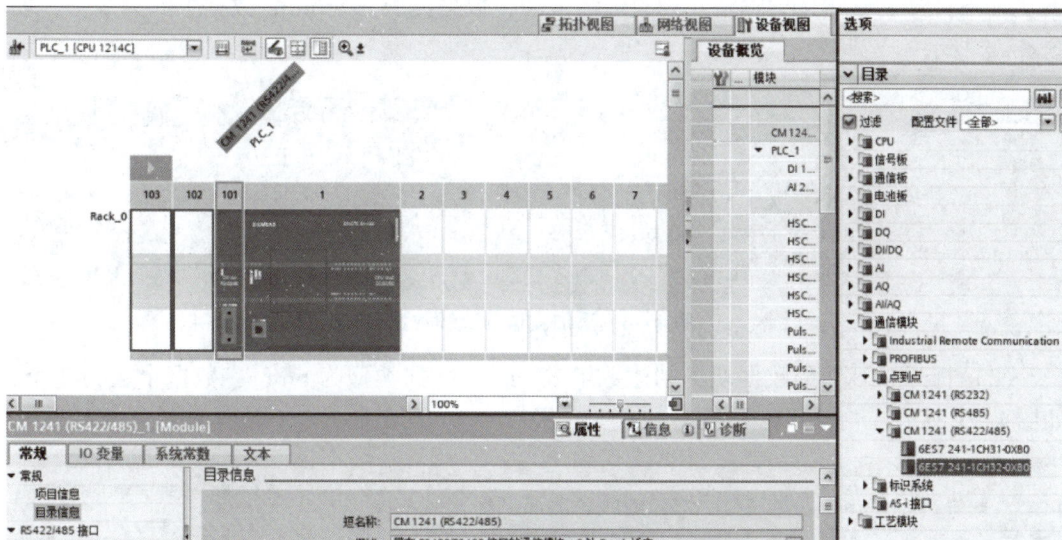

图 4 - 2　添加通信模块

4）启用系统和时钟存储器位

打开项目树中的"PLC_1"，双击"设备组态"选项，在"属性"→"常规"选项卡中找到"系统和时钟存储器"选项，勾选"启用系统存储器字节"和"启用时钟存储器字节"复选框；用同样的方法完成 PLC_2 的设置，如图 4 - 3 所示。

图 4-3 启用系统时钟和存储器位

5）添加数据块

打开项目树中的"PLC_1"，展开程序块，单击"添加新块"按钮，弹出"添加块"界面，选择"数据块"选项，单击"确定"按钮后添加数据块完成；用同样的方法完成PLC_2 的数据块的添加。

6）创建数组

（1）打开 PLC_1 的数据块，创建数组 send，数据类型为 String，数据个数为 2 个，如图 4-4 所示。

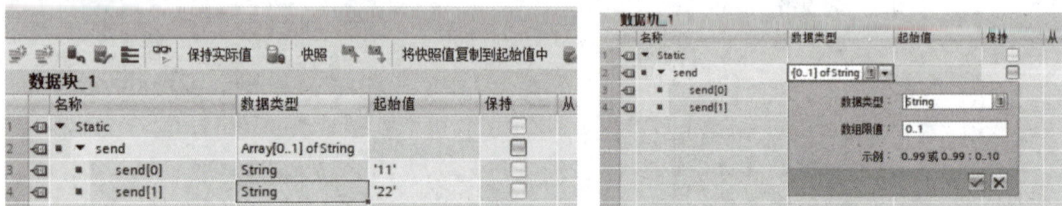

图 4-4　添加发送数组和数据

（2）打开 PLC_2 的数据块，创建数组 receive，数据类型为 String，数据个数为 2 个，如图 4-5 所示。

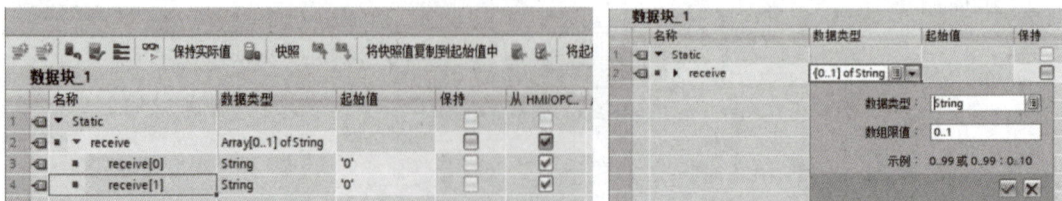

图 4-5　添加接收数组和数据

2. 程序设计

本任务中自由口通信需要用到 SEND_PTP 自由口发送、RCV_PTP 自由口接收指令。

打开项目树 PLC 的程序块，双击"Main"选项，在指令目录中选择"通信"→"通信处理器"→"点到点"选项，可找到 SEND_PTP 等指令。

1）配置 SEND_PTP 指令

打开 PLC_1 的程序 Main，添加 SEND_PTP 指令。REQ 为发送请求，选择 1 Hz 的时钟脉冲为发送请求信号；PORT 为使用的通信模块，打开后选择"Local~CM_1241…"；BUFFER 为发送缓冲区的起始地址；LENGTH 为发送包含的字节数；其他参考指令的帮助进行设置，如图 4-6 所示。

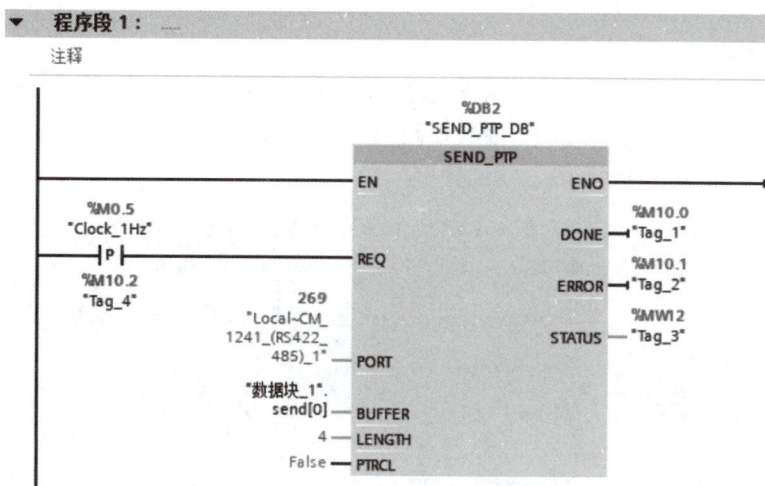

图 4-6 配置 SEND_PTP 指令

2）配置 RCV_PTP 指令

打开 PLC_2 的程序 Main，添加 RCV_PTP 指令。REQ 为发送请求，选择 1 Hz 的时钟脉冲为发送请求信号；PORT 为使用的通信模块，打开后选择"Local~CM_1241…"；BUFFER 为接收缓冲区的起始地址；LENGTH 为发送包含的字节数；其他参考指令的帮助进行设置，如图 4-7 所示。

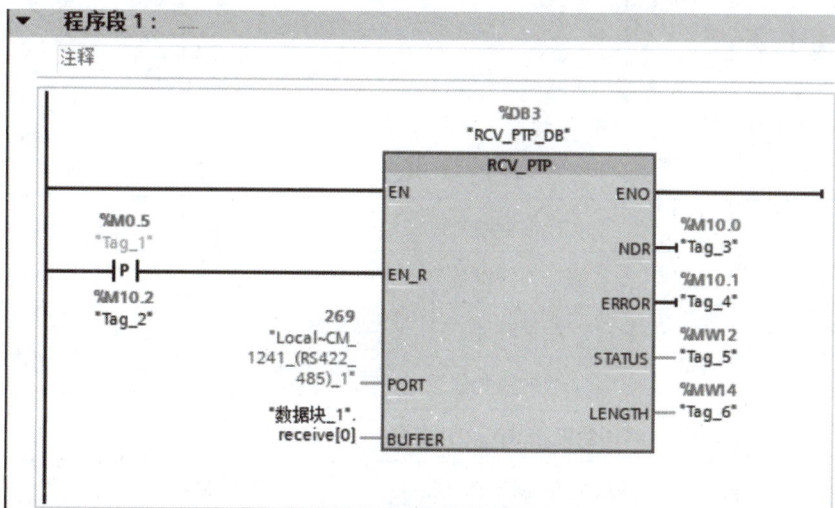

图 4-7 配置 RCV_PTP 指令

3. 调试验证

1）硬件连接

在设备下电的情况下，打开两个 PLC 的 CB1241 通信板的盖子，然后连接串行通信接口线，注意紧固接口的螺丝。

2）编译下载

单击博途软件工具栏中的"编译"按钮，确认编译是否有错误，如果有错误则根据提示信息检查并修改。单击"下载"按钮，在下载界面中 PG/PC 接口选择连接网线的以太网卡，连接成功后转至在线。

3）监控测试

打开 PLC_1 的数据块_1，将 send 数组的两个数据分别修改为起始值，然后进行监控，监视值与起始值一致；打开 PLC_2 的数据块_1，打开 receive 数组，接收数据的监视值与PLC_1 中一致，如图 4 - 8 所示。

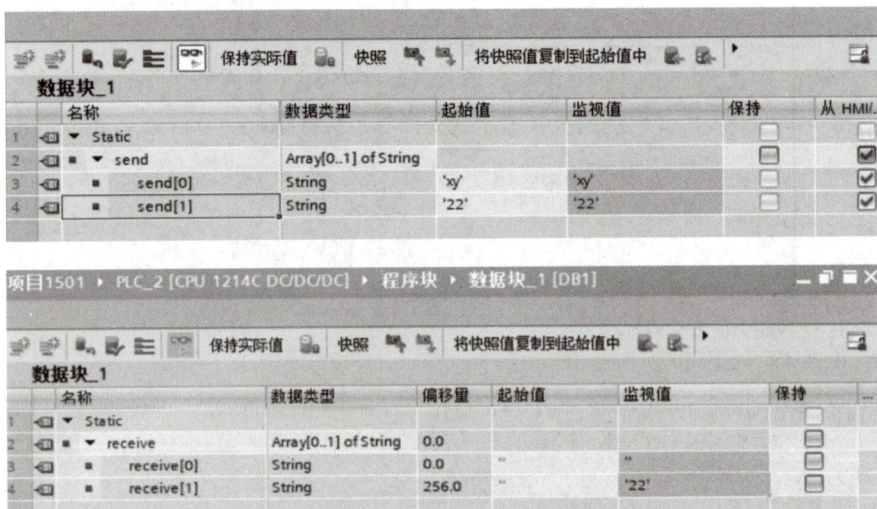

图 4 - 8 发送与接收比对

【任务评价】

任务评价见表 4 - 2。

表 4 - 2 任务评价

评价内容	评价细则	占比/%	完成情况
硬件组态	添加硬件设备	10	
	配置时钟	5	
	添加数据块和数组	10	
程序设计、编写	调用配置 SEND_PTP 指令	25	
	调用配置 RCV_PTP 指令	20	

续表

评价内容	评价细则	占比/%	完成情况
调试验证	硬件连接	10	
	编译下载	10	
	监控测试	10	

4.2 Modbus RTU 通信

4.2.1 两台 S7 –1200 PLC 之间的 Modbus RTU 通信

【任务引入】

Modbus 是 MODICON 公司于 1979 年开发的一种通信协议，是一种工业现场总线协议标准。Modbus 具有两种串行传输模式，分别为 ASCII 和 RTU。本任务是实现两台 S7 – 1200 PLC 之间的 Modbus RTU 通信，从一台 S7 – 1200 PLC 的数据存储区发送数据到另外一台 S7 – 1200 PLC 的数据存储区。

【任务目标】

（1）了解 Modbus 协议的概念、类型。
（2）熟悉 Modbus 协议的组网模式和要求。
（3）具备使用西门子 S7 – 1200 PLC 实现 Modbus RTU 组网的能力。
（4）养成独立完成任务的职业习惯。
（5）树立认真、敬业的职业态度。

【任务准备】

1. 认识 Modbus 协议

Modbus 是 MODICON 公司于 1979 年开发的一种通信协议，是一种工业现场总线协议。1996 年，施耐德公司推出了基于以太网 TCP/IP 的 Modbus 协议—Modbus TCP。Modbus 在 2004 年成为我国国家标准。

Modbus 具有两种串行传输模式，分别为 ASCII 和 RTU。Modbus 协议本身没有定义物理层，只是定义了控制器能够认识和使用的消息结构，而不管它们经过何种网络进行通信。

标准的 Modbus 协议的物理接口有 RS – 232、RS – 422、RS – 485 和以太网接口。

Modbus 协议采用单主站的主从通信模式，Modbus 网络中只能有一个主站存在，主站在 Modbus 网络中没有地址，每个从站必须有唯一的地址，从站的地址范围为 0 ~ 247，其中 0 为广播地址，从站的实际地址范围为 1 ~ 247。

　　Modbus RTU 通信以主从的方式进行数据传输，在传输的过程中 Modbus RTU 主站是主动方，即主站发送数据请求报文到从站，Modbus RTU 从站返回响应报文。

　　Modbus 协议通过功能码读取或者写入数据，从而实现数据的传输，常见的功能码见表 4 - 3。表中的 DATA_ADDR 称为寄存器线圈地址，采用 5 位十进制，最高位为寄存器类型，后面 4 位为地址编号，如 00001 ~ 09999，最高位的 0 表示线圈，地址编号为十进制 0001 ~ 9999。表中的 MODE 为读写模式，0 表示读，1 表示写。

表 4 - 3　Modbus 功能码及地址

MODE	DATA_ADDR	Modbus 功能	功能和数据类型	具体操作
0	00001 ~ 09999	01	读取线圈状态	取得一组逻辑线圈的当前状态（ON/OFF）
0	10001 ~ 19999	02	读取输入状态	取得一组开关输入的当前状态（ON/OFF）
0	40001 ~ 49999	03	读取保持寄存器	在一个或多个保持寄存器中取得当前的二进制值
0	30001 ~ 39999	04	读取输入寄存器	在一个或多个输入寄存器中取得当前的二进制值
1	10001 ~ 19999	05	强置单线圈	强置一个逻辑线圈的通断状态
1	40001 ~ 49999	06	预置单寄存器	把具体二进制值装入一个保持寄存器
1	10001 ~ 19999	15	强置多线圈	强置一串连续逻辑线圈的通断
1	40001 ~ 49999	16	预置多寄存器	把具体的二进制值装入一串连续的保持寄存器
2	10001 ~ 19999	15	强置多线圈	强置一串连续逻辑线圈的通断
2	40001 ~ 49999	16	预置多寄存器	把具体的二进制值装入一串连续的保持寄存器

2. 认识博途软件组建 Modbus RTU 通信所用的指令

　　Modbus RTU 通信需要用到 Modbus_Comm_Load 指令（参数见表 4 - 4）组态 Modbus 的端口，Modbus_Master 作为 Modbus 主站通信指令，Modbus_Slave 作为 Modbus 从站通信指令。

4

表 4 – 4　Modbus_Comm_Load 指令参数

引脚	说明
EN	使能端
REQ	在上升沿执行该指令
PORT	通信端口的硬件标识符
BAUD	波特率数值选择：3 600，6 000，12 000，2 400，4 800，9 600，19 200，38 400，57 600，76 800，115 200（注意：所有其他数值均无效）
PARITY	奇偶检验选择：0——无；1——奇校验；2——偶校验
FLOW_CTRL	流控制选择：0——（默认值）无流控制
RTS_ON_DLY	RTS 延时选择：0——（默认值）
RTS_OFF_DLY	RTS 关断延时选择：0——（默认值）
RESP_TO	响应超时：默认值 = 1 000 ms。MB_MASTER 允许用于从站响应的时间（以 ms 为单位）。
MB_DB	Modbus_Master 或 Modbus_Slave 指令所使用的背景数据块
DONE	完成位：若指令执行完成且未出错则置"1"
ERROR	错误位：0——未检测到错误；1——检测到错误。在参数 STATUS 中输出错误代码
STATUS	端口组态错误代码

3. 认识西门子 S7 – 1200 PLC 组建 Modbus RTU 网络的要求

西门子 S7 – 1200 PLC 使用通信模块 CM 1241 RS232 作为 Modbus RTU 主站时，只能与一个从站通信；使用通信模块 CM 1241 RS485 作为 Modbus RTU 主站时，则允许建立最多与 32 个从站的通信；使用通信板 CB 1241 RS485 时，CPU 固件必须为 V2.0 或更高版本，且使用软件必须为 STEP 7 Basic V11 或 STEP 7 Professional V11 及以上版本。

4. 软/硬件准备

软件：TIA Portal V16（博途软件）。

硬件：2 台西门子 S7 – 1200 PLC（CPU 1214DC/DC/DC）、1 台工业网络交换机、2 根 RJ – 45 接口双绞线、一根 RS – 485 接口串口线、2 个 CM1241 RS422/485 通信模块。

【任务实施】

1. 硬件组态

1）新建项目

打开博途软件，创建新项目，命名为"1200 – ModbusRTU"，单击"项目视图"按钮，切换到"项目视图"界面。

2）硬件配置

进入"项目视图"界面后，在项目树下，单击"添加新设备"按钮，然后选择控制器 CPU 1214C DC/DC/DC、订货号 6ES7 214 – 1AG40 – 0XB0；增加完 PLC_1 后，用同样的方法增加 PLC_2。

3）添加通信模块

打开项目树中的"PLC_1"，双击"设备组态"选项，在硬件目录中选择"通信模块"→"点到点"→"CM 1241（RS 422/485）"→"6ES7 241 - 1CH32 - 0XB0"模块；用同样的方法在 PLC_2 中添加通信模块。

4）启用系统和时钟存储器位

打开项目树中的"PLC_1"，双击"设备组态"选项，在"属性"→"常规"选项卡中找到"系统和时钟存储器"选项，勾选"启用系统存储器字节"和"启用时钟存储器字节"复选框；用同样的方法完成 PLC_2 的设置。

5）添加数据块

打开项目树中的"PLC_1"，展开程序块，单击"添加新块"按钮，弹出"添加块"界面，选择"数据块"选项，单击"确定"按钮后添加数据块完成；修改数据块的属性，去掉优化块的访问；用同样的方法完成 PLC_2 的数据块的添加。

6）创建数组

（1）打开 PLC_1 的数据块，创建数组 send，数据类型为 Word，数据个数为 2 个，如图 4 - 9 所示。

图 4 - 9　添加发送数组和数据

（2）打开 PLC_2 的数据块，创建数组 receive，数据类型为 Word，数据个数为 2 个，如图 4 - 10 所示。

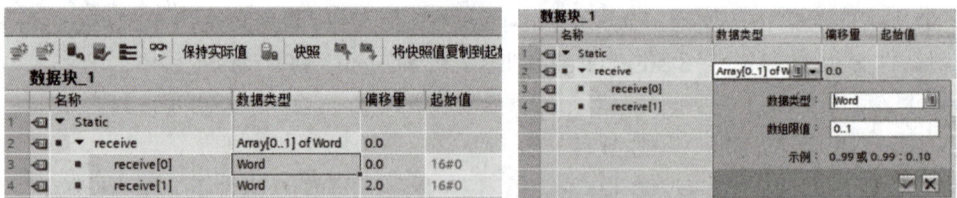

图 4 - 10　添加接收数组和数据

2. 程序设计

本任务中 Modbus RTU 通信需要用到 Modbus_Comm_Load 指令组态 Modbus 的端口，Modbus_Master 作为 Modbus 主站通信指令，Modbus_Slave 作为 Modbus 从站通信指令。打开项目树中 PLC 的程序块，双击"Main"选项，在指令目录中选择"通信"→"通信处理器"→"MODBUS（RTU）"选择，可找到上述 3 条指令。

1）配置主站

（1）配置主站 Modbus_Comm_Load。

设定 PLC_1 为主站，配置 Modbus_Comm_Load。打开 PLC_1 的程序 Main，添加 Modbus_Comm_Load 指令。REQ 为发送请求，使用 M1.0 为第一个扫描周期接通；PORT 为使用端

口，添加为 Local – CM1241，BAUD 为通信波特率，设置为 9 600，主站和从站设置相同；PARITY 是奇偶校验，设置为 0，表示无；其他设置如图 4 – 11 （a）所示。MB_DB 是对 Modbus_Master 或 Modbus_Slave 的背景数据块的引用。

（2）配置 Modbus_Master。

打开 PLC_1 的程序 Main，添加 Modbus_Master 指令。REQ 为发送请求，使用 M0.5 时钟周期为 1 Hz 的信号；MB_ADDR 为从站地址，设置为 2；MODE 为模式选择，设置为 1，用于向从站写数据；DATA_ADDR 写入或者读取从站的地址，设置从 40001 开始；DATA_LEN 为数据长度，设置为 2；DATA_PTR 为数据指针，指向本站要写入或读取的数据的地址，设置为 PLC_1 增加的 DB1 的地址，如图 4 – 11 （b）所示。

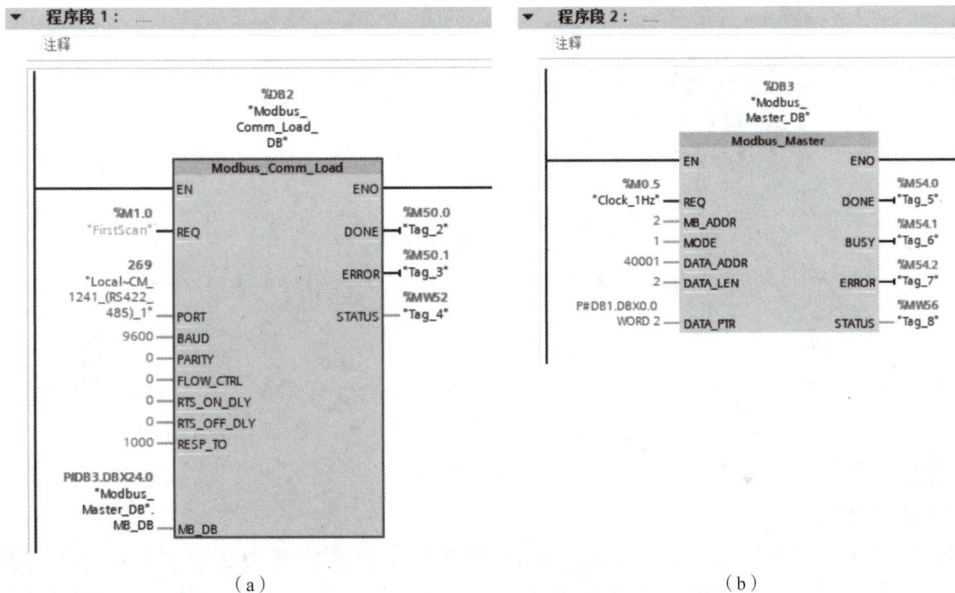

图 4 – 11 主站通信程序配置

（a）Modbus_Comm_Load 配置；（b）Modbus_Master 配置

2）配置从站

（1）配置从站 Modbus_Comm_Load。

设定 PLC_2 为从站，打开 PLC_2 的程序 Main，添加 Modbus_Comm_Load 指令。REQ 为发送请求，使用 M1.0 为第一个扫描周期接通；PORT 为使用端口，添加为 Local – CM1241，BAUD 为通信波特率，设置为 9 600；PARITY 是奇偶校验，设置为 0，表示无；其他设置如图 4 – 12 （a）所示。MB_DB 是对 Modbus_Master 或 Modbus_Slave 的背景数据块的引用，这里是从站，选择从站模块的背景数据块。

（2）配置 Modbus_Slave。

打开 PLC_2 的程序 Main，添加 Modbus_Slave 指令。MB_ADDR 为从站地址，设置为 2，如图 4 – 12 （b）所示。

3. 调试验证

1）硬件连接

在设备下电的情况下，打开两个 PLC 的 CB1241 通信板的盖子，然后连接串行通信接口线，注意紧固接口的螺丝。

（a）　　　　　　　　　　　　　　　　　　（b）

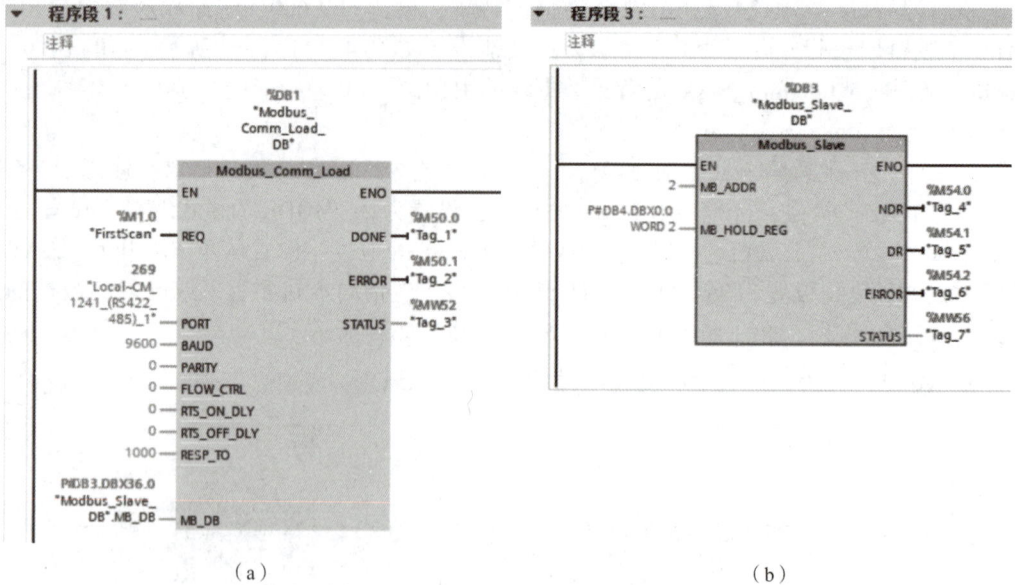

图 4-12　从站通信程序配置

（a）Modbus_Comm_Load 配置；（b）Modbus_Master 配置

2）编译下载

单击博途软件工具栏的"编译"按钮，确认编译是否有错误，如果有错误则根据提示信息检查并修改。单击"下载"按钮，在下载界面中 PG/PC 接口选择连接网线的以太网卡，连接成功后转至在线。

3）监控测试

打开 PLC_1 的数据块_1，将 send 数组的两个数据分别修改为起始值，然后进行监控，监视值与起始值一致；打开 PLC_2 的数据块_1，打开 receive 数组，两个数据的监视值与PLC_1 中一致，如图 4-13 所示。

图 4-13　发送和接收的数据

【任务评价】

任务评价见表 4 – 5。

表 4 – 5　任务评价

评价内容	评价细则	占比/%	完成情况
硬件组态	添加硬件设备	10	
	配置时钟	5	
	添加数据块和数组	10	
程序设计、编写	配置主站 Modbus_Comm_Load	10	
	配置 Modbus_Master	15	
	配置从站 Modbus_Comm_Load	10	
	配置 Modbus_Slave	10	
调试验证	硬件连接	10	
	编译下载	10	
	监控测试	10	

4.2.2　S7 – 1200 PLC 与温湿度变送器的 Modbus RTU 通信

【任务引入】

Modbus 是一种通信协议，也是一种工业现场总线协议标准，通过该协议能实现工业现场设备的组网通信，实现数据采集和控制。本任务是 PLC 与智能数字型温湿度控制器组建通信网络，通过 Modbus RTU 实现数据采集。

【任务目标】

（1）了解 Modbus 协议的概念、类型。
（2）熟悉 Modbus 协议的组网模式和要求。
（3）具备使用 S7 – 1200 PLC 实现 Modbus RTU 组网的能力。
（4）养成独立完成任务的职业习惯。
（5）树立认真、敬业的职业态度。

【任务准备】

1. 认识温湿度变送器

温湿度变送器是能接收温湿度传感器信号并转换为标准的电信号输出或者具有数字通信功能的仪表。本任务采用的是能够实现数字通信的智能仪表，也称为智能数字型温湿度控制器。智能数字型温湿度控制器主要用于电力设备以及其他需要自动除潮湿、防结露、控温度的场合。它能够有效防止潮湿、结露、温度过高（低）所引发的各类事故，保障自动化作业的高效、安全运行。智能数字型温湿度控制器广泛应用于机房、厂房车间、图书档案室、实验室以及其他需要温湿度测量和控制的场所。

1）安装与连接

（1）主机安装。在安装面板上开具$(67+0.5)$mm$\times(67+0.5)$mm 的孔，通过安装支架将监控器固定在面板上。

（2）接线图。

①8～10 号端子接温湿度传感器（8——红色、9——黑色、10——蓝色）；②1，2 号端子接 AC 220V 电源；③4，5 号端子接湿度负载（有源）；④6，7 号端子接温度负载（有源）；⑤13，14 号端子进行 RS-485 通信（13——A，14——B），如图 4-14 所示。

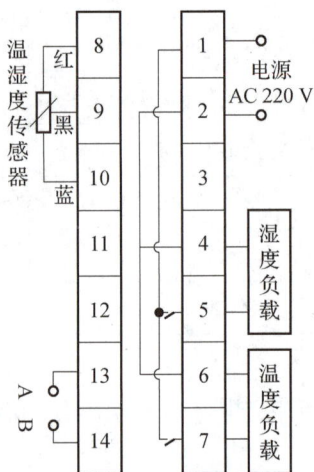

温湿度变送器数据采集

图 4-14　接线图

2）通信协议与接口

智能数字型温湿度控制器采用 Modbus-RTU 协议，该协议规定了应用系统中主机与智能数字型温湿度控制器 YDL-THXX 之间在应用层的通信规范。通信接口类型为异步串行 RS-485 通信接口。通信波特率为 300～115 200 bit/s 可选，出厂默认为 9 600 bit/s。数据传输格式为 N、8、1 ，站地址 ADD 出厂默认为 1。

2. 软/硬件准备

软件：TIA Portal V16（博途软件）。

硬件：1 台西门子 S7-1200 PLC（CPU 1214DC/DC/DC）、1 台工业网络交换机、1 根 RJ-45 接口双绞线、一根 RS-485 接口串口线、1 个 CM1241 RS422/485 通信模块、1 个智能数字型温湿度控制器 YDL-THXX。

【任务实施】

1. 硬件组态

1）新建项目

打开博途软件，新建项目，命名为"1200-wenshidu"，单击"项目视图"按钮，切换到"项目视图"界面。

2）硬件配置

进入"项目视图"界面后，在项目树下单击"添加新设备"按钮，然后选择控制器CPU 1214C DC/DC/DC、订货号6ES7 214 - 1AG40 - 0XB0。

3）添加通信模块

打开项目树中的"PLC_1"，双击"设备组态"选项，在硬件目录中选择"通信模块"→"点到点"→"CM1241（RS422/485）"→"6ES7 241 - 1CH32 - 0XB0"模块。

4）启用系统和时钟存储器位

打开项目树中的"PLC_1"，双击"设备组态"选项，在"属性"→"常规"选项卡中找到"系统和时钟存储器"选项，勾选"启用系统存储器字节"和"启用时钟存储器字节"复选框；用同样的方法完成PLC_2的设置。

5）添加数据块

打开项目树中的"PLC_1"，展开程序块，单击"添加新块"按钮，弹出"添加块"界面，选择"数据块"选项，单击"确定"按钮后添加数据块完成；修改数据块的属性，去掉优化块的访问。

6）创建数组

打开PLC_1的数据块，创建数组receive，数据类型为int，数据个数为2个，如图4 - 15所示。

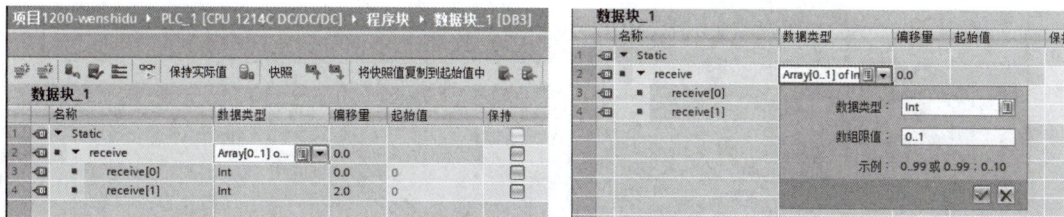

图4 - 15　添加接收数组和数据

2. 程序设计

1）PLC程序

（1）配置Modbus_Comm_Load。

设定PLC_1为主站，配置Modbus_Comm_Load。打开PLC_1的程序Main，添加Modbus_Comm_Load指令。REQ为发送请求，使用M1.0为第一个扫描周期接通；PORT为使用端口，添加为Local ~ CM1241；BAUD为通信波特率，设置为9 600，主站和从站设置相同；PARITY是奇偶校验，设置为0，表示无；其他设置如图4 - 16（a）所示。

（2）配置Modbus_Master。

打开PLC_1的程序Main，添加Modbus_Master指令。REQ为发送请求，使用M0.5时钟周期为1Hz的信号；MB_ADDR为从站地址，设置为1；MODE为模式选择，设置为0，从从站读数据；DATA_ADDR为写入或者读取从站的地址，设置从40001开始；DATA_LEN为数据长度，设置为2，即2个字；DATA_PTR为数据指针，指向要本站要写入或要读取的数据的地址，设置为PLC_1增加的DB1的地址，如图4 - 16（b）所示。

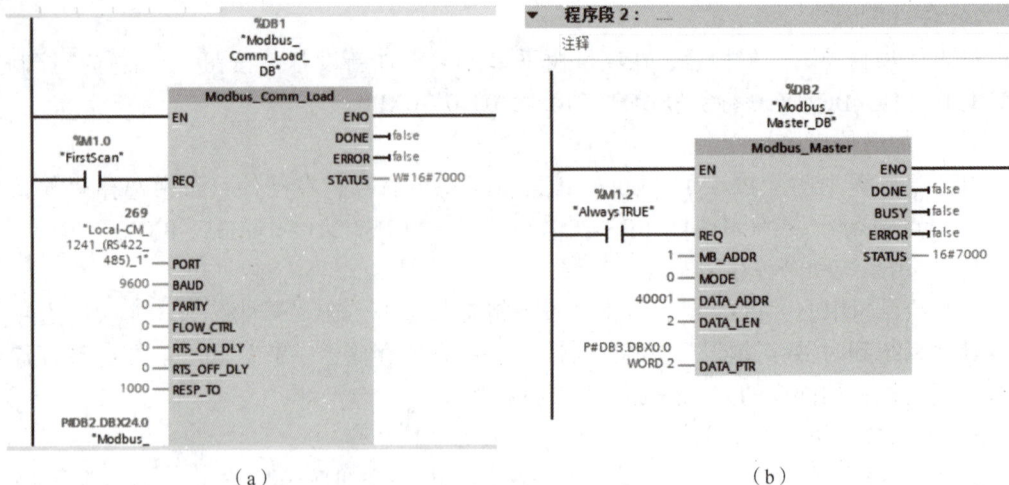

（a）　　　　　　　　　　　　　　　　（b）

图 4 – 16　PLC 通信程序配置

（a）Modbus_Comm_Load 配置；（b）Modbus_Master 配置

（3）数据转换和处理。

接收的数据为整型，需转换为实型；接收的数据是放大 10 的，故需要除以 10；接收的数据为两个，receive（0）是温度，receive（0）是湿度，如图 4 – 17 所示。

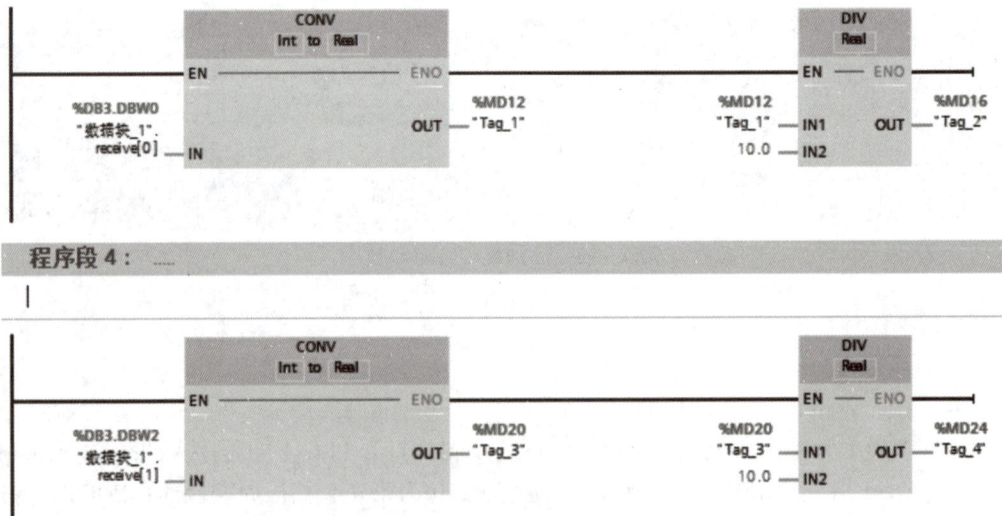

图 4 – 17　数据转换和处理

2）通信模块静态变量设置

使用 PROFIBUS 电缆连接通信模块 CM 1241 RS485 时，需要进图 4 – 18 所示的设置，选定的模式为半双工（RS – 485）二线制模式。打开系统块，找到 Modbus_Comm_Load_DB，双击打开后对 Static 的参数 MODE 进行设置，设置为 4。

3. 调试验证

打开 PLC_1 的数据块_1，查看 receive 数组的数据进行监控，可以看到接收到的数据如图 4 – 19（a）所示；打开 PLC_1 的监控表，对 MD16、MD24 进行监控，可以看到监视值与数组中一致，如图 4 – 19（b）所示，不同的是数据类型。

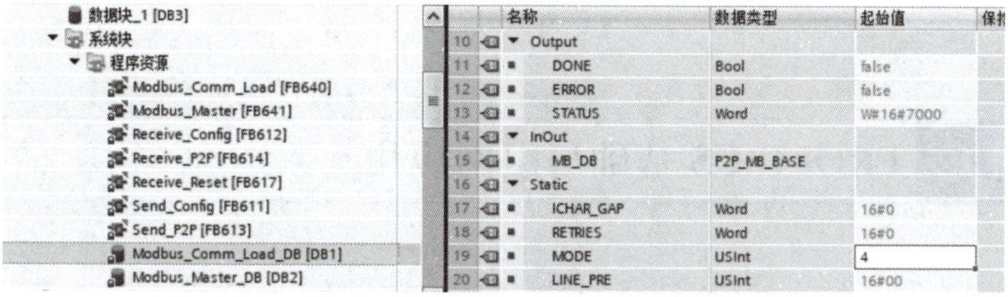

图4-18　通信模块静态变量设置

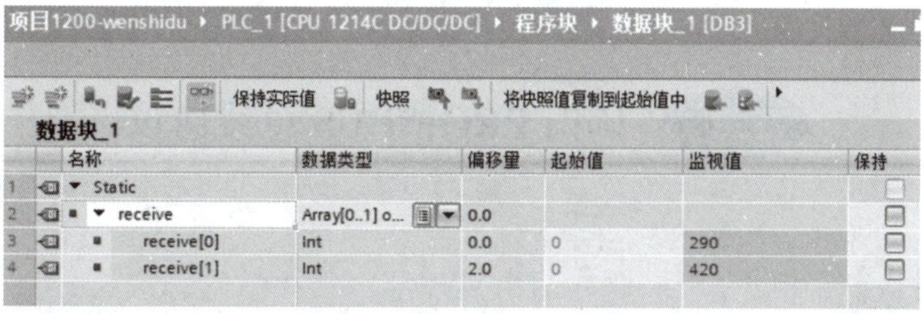

（a）

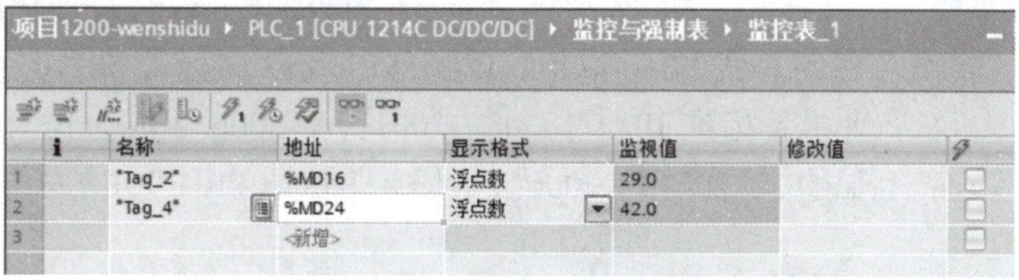

（b）

图4-19　接收和处理后的数据

【任务评价】

任务评价见表4-6。

表4-6　任务评价

评价内容	评价细则	占比/%	完成情况
硬件组态	添加硬件设备	10	
	配置时钟	5	
	添加数据块和数组	10	
程序设计、编写	配置主站 Modbus_Comm_Load	10	
	配置 Modbus_Master	15	
	配置从站 Modbus_Comm_Load	10	
	配置 Modbus_Slave	10	
调试验证	连接通信线路	10	
	下载调试	10	
	监控测试	10	

5.1　认识 PROFIBUS 总线协议

【任务引入】

PROFIBUS 是 process fieldbus 的缩写，是面向工厂自动化、流程自动化的一种国际现场总线标准，已被纳入现场总线的国际标准 IEC61158 和欧洲标准 50170。PROFIBUS 于 2001 年成为我国机械行业推荐标准 JB/T 10308—2001，于 2006 年成为我国第一个通信领域现场总线技术国家标准 GB/T 20540—2006。本任务是认识 PROFIBUS 总线协议。

【任务目标】

（1）了解 PROFIBUS 总线的产生。
（2）熟悉 PROFIBUS 总线的组成。
（3）熟悉 PROFIBUS 总线协议结构。

【任务准备】

PROFIBUS 总线由 PROFIBUS – DP、PROFIBUS – PA、PROFIBUS – FMS 三个部分组成，如图 5 – 1 所示。

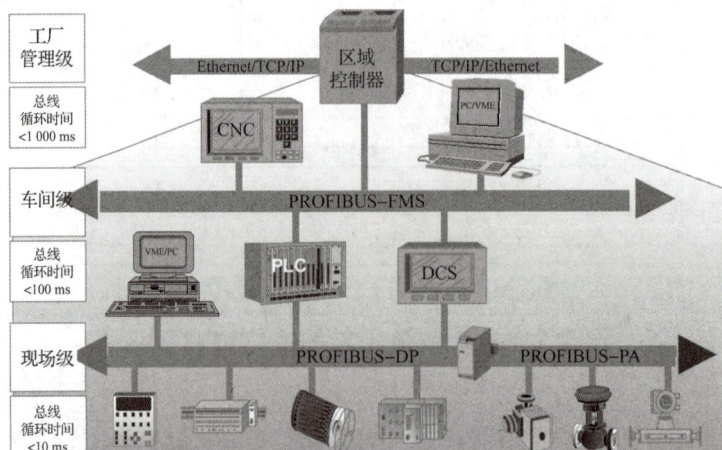

图 5 – 1　PROFIBUS 总线的组成

PROFIBUS – DP（Decentralized Periphery，分散型外围设备）用于远程 IOET200S 之间的通信，实现分布式控制系统设备间的高速数据传输，传输速率在 9.6 Kbit/s ~ 12 Mbit/s 范围内可选。

PROFIBUS – PA（Process Automation，过程自动化）用于过程自动化，采用 IEC61158 – 2 通信规程，传输速率为 31.25 Kbit/s，适用于有总线供电、本质安全要求的应用场合。

PROFIBUS – FMS（Fieldbus Message Specification，现场总线信息规范）用于车间级的数据通信，可提供通信量大的相关服务。

PROFIBUS – FMS 可以用于车间级（工厂、楼宇自动化中的单元级）控制网络，是一种令牌结构、实时多主网络，能够完成车间级通用性通信任务，提供大量的通信服务，完成中等传输速率的循环和非循环通信任务，主要用于大范围的、复杂的通信系统。

PROFIBUS – DP 是一种经过优化的高速、廉价的通信连接，专为自动化控制系统和设备级的分布式 IO 通信设计，用于分布式控制系统的高速数据传输，其传输速率高达 12 Mbit/s，一般构成单主站系统，主 – 从站采用循环数据传输方式。PROFIBUS – DP 主要用于自动化系统中单元级和现场级通信系统。

PROFIBUS – PA 专为过程自动化设计，可使传感器和执行器连接在一根总线上，用于对安全性要求较高的场合及由总线供电的站点。PROFIBUS – PA 将自动化系统和过程控制系统与压力、温度和液位变送器等现场设备连接起来，代替了 4 ~ 20 mA 传输。

【任务实施】

1. PROFIBUS 总线协议的结构

PROFIBUS 总线协议根据 ISO 7498 国际标准设计，以 OSI 参考模型为基础，并增加了用户层，如图 5 – 2 所示。

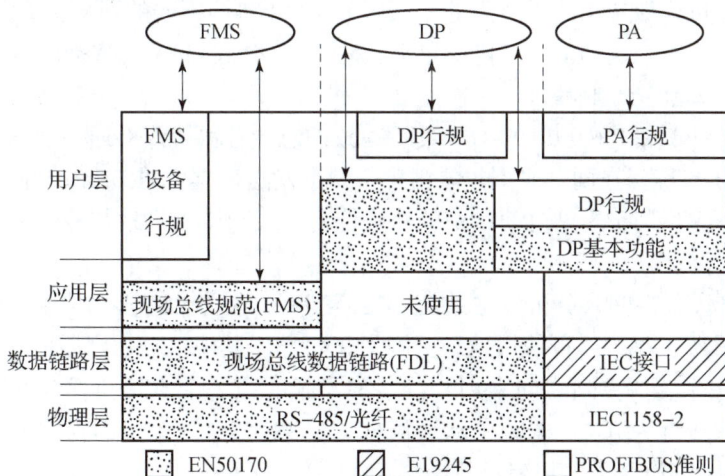

图 5 – 2　PROFIBUS 总线协议的结构

第一层是物理层，定义了物理的传输特性，包括总线传输介质、物理连接类型和电气特性。

PROFIBUS – DP/FMS 总线符合 EIA RS – 485 标准，其传输程序以半双工、异步、无间隙同步为基础，一般采用 9 针 SUB – D 型接口，传输介质采用屏蔽双绞线或光纤。PROFI-

BUS PA 采用符合 IEC1158－2 标准的传输技术，数据传输使用非直流传输的位同步、曼彻斯特编码协议，传输介质采用屏蔽或非屏蔽双芯电缆。

第二层是数据链路层，也称为现场总线数据链路（Fieldbus Data Link，FDL）层，定义总线的介质存取控制（MAC）和现场总线链路控制（FLC）协议，实现总线的访问控制和数据的安全有效发送，为上层提供透明、无差错的通道服务。介质存取控制子层描述了连接到传输介质的总线存取方法。PROFIBUS 主站之间采用令牌总线，主从站之间采用主从方式的访问协议。现场总线链路控制（FLC）子层规定了对低层（Lower Layer Interface，LLI）有效的第二层服务，提供服务访问点的管理与 LLI 相关缓冲器。

第七层是应用层，定义应用功能，由低层接口（LLI）和现场总线规范（FMS）子层组成。LLI 将 FMS 的服务映射到第二层（FLC）的服务。FMS 将用于通信管理的应用服务和用户数据分组，借此访问一个应用过程的通信对象。FMS 主要用于协议数据单元的编码和译码。

PROFIBUS－DP 定义了第一、二层和用户接口层，第三层到第七层未进行描述，这种结构保证了数据传输快速有效，直接数据链路映像程序（DDLM）提供对第二层的访问。该模型提供了 RS－485 传输技术和光纤传输技术，详细说明了各种 PROFIBUS－DP 设备的行为，定义了用户、系统及不同设备可以调用的应用功能，特别适合可编程控制器与现场分散的 IO 设备之间的快速通信。

PROFIBUS－PA 采用扩展的 PROFIBUS－DP 协议，使用了描述现场设备行为的 PA 行规。根据 IEC 1158－2 标准，此传输技术可确保其本质安全性，并使现场设备通过总线供电，使用分段式 DP/PA 耦合器或 DP/PA 连接器，PA 设备能很方便地集成到 DP 网络。

PROFIBUS－FMS 定义了第一、二和七层，应用层包括 FMS 和 LLI。FMS 包括应用协议并向用户提供可广泛选用的强有力的通信服务，LLI 协调不同的通信关系并向 FMS 提供不依赖设备的访问第二层的能力。FDL 可完成总线访问控制和实现数据的可靠性。

2. PROFIBUS 总线存取技术

PROFIBUS－PA 和 PROFIBUS－DP 使用一致的总线存取协议，通过现场总线数据链路层实现，MAC 子层确保在同一时刻只能由一个站点发送数据。PROFIBUS 使用混合的总线存取控制机制，包括用于主站之间通信的令牌传递方式和用于主站与从站之间通信的主从方式。

PROFIBUS 总线支持单主和多主系统，PROFIBUS 总线上最多站点数为达到 127 个，其理论地址范围为 0～127，可使用地址范围为 0～126，其中 127 为广播地址，最多可以有 32 个主站。多主系统的主站之间采用令牌传递方式，当一个主站获得令牌时，就拥有总线的控制权；主站与从站之间采用主从通信方式。PROFIBUS 总线的存取机制与使用的传输介质无关。PROFIBUS 网络组建示意如图 5－3。

PROFIBUS 总线存取控制形式有 3 种。

1）纯主－主系统

连接到 PROFIBUS 网络的主站按它的总线地址的升序组成一个逻辑令牌环。在 PROFI-BUS 多主系统中，令牌提供控制总线的权力，并用特殊的令牌帧在主站点间传递。令牌环的调度要保证每个主站有足够的时间来完成它的通信任务。

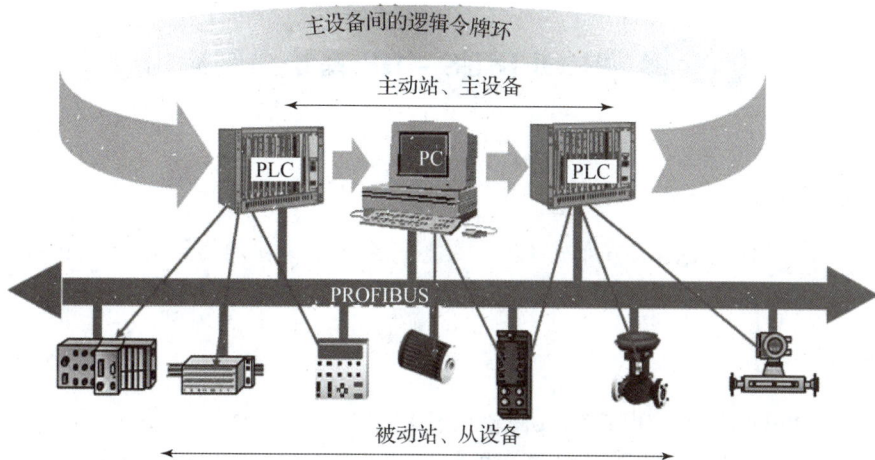

图 5 – 3 PROFIBUS 网络组建示意

2）纯主 – 从系统

在该系统中一个网络有多个从站，而逻辑令牌环中只有一个主站，不存在令牌的传递。主从通信方式允许主站控制它自己所控制的从站，使从站做出相应的响应；主站要与每个从站建立一条数据链路，主站可以发送信息给从站或者获取从站信息。

3）组合方式

在组合方式中一个 DP 系统中可能存在多主结构，在总线上连接几个主站，控制主站（PLC）连接多个从站，主站间采用逻辑令牌环、主从站间采用主从通信方式。

3. PROFIBUS 物理接口与传输介质

在通信模型中，物理层规定了物理接口，即机械、电气、功能、规程等特性，PROFI-BUS – DP/FMS 总线符合 EIA RS – 485 标准，其传输程序以半双工、异步、无间隙同步为基础；一般采用 9 针 SUB – D 型接口，传输介质采用屏蔽双绞线或光纤。PROFIBUS – PA 总线采用符合 IEC1158 – 2 标准的传输技术，数据传输使用非直流传输的位同步、曼彻斯特编码协议，传输介质采用屏蔽或非屏蔽双芯电缆。

【任务评价】

任务评价见表 5 – 1。

表 5 – 1 任务评价

评价内容	评价细则	占比/%	完成情况
PROFIBUS 总线	了解 PROFIBUS 总线的组成	10	
	熟悉 PROFIBUS 总线各部分及其应用场景	30	
PROFIBUS 总线协议	熟悉 PROFIBUS 总线协议的结构	30	
	熟悉 PROFIBUS 总线存取技术	20	
	了解 PROFIBUS 物理接口与传输介质	10	

5.2　PROFIBUS – DP 系统组网应用

【任务引入】

PROFIBUS – DP 网络用于分布式 IO 设备之间的通信，在网络组建中涉及主站、从站等设备。本任务是组建 S7 – 1200 PLC 之间的 PROFIBUS – DP 网络，实现数据传输。

【任务目标】

（1）熟悉 PROFIBUS – DP 组网设备。

（2）熟悉使用 S7 – 1200 PLC 组建 PROFIBUS – DP 网络所需的设备。

（3）具备使用 S7 – 1200 PLC 组建 PROFIBUS – DP 网络的能力。

（4）养成独立完成任务的职业习惯。

（5）树立认真、敬业的职业态度。

【任务准备】

1. PROFIBUS – DP 组网设备

PROFIBUS – DP 组网设备主要有主站、从站、网络组件和网络工具等。主、从站控制系统设备；网络组件包括通信介质，总线连接器，以及与其他网络（如串行系统、以太网）、执行器/传感器接口的网络转换器；网络工具主要用于网络的安装调试，包括用于 PROFIBUS – DP 网络配置、诊断的软件与硬件。

1）主站

主站分为 1 类主站和 2 类主站。1 类主站（DPM1）是中央控制器，可完成总线通信控制、管理及周期性数据访问。无论 PROFIBUS 网络采用何种结构，1 类主站都是必需的。典型的 1 类主站为 PLC、支持主站功能的各种通信处理器模块等。

2 类主站（DPM2）可完成非周期性数据访问，如数据读写、系统配置、故障诊断及组态数据管理等。2 类主站可以与 1 类主站进行通信，也可以与从站进行输入/输出数据的通信，并为从站分配新的地址。典型的 2 类主站有编程设备、触摸屏、操作面板等。

2）从站

从站为分配给主站的分布式现场设备。从站在主站的控制下进行现场输入信号的采集和控制信号的输出。从站可以是 PLC 一类的控制器，也可以是不具有程序存储和执行功能的分布式 IO 设备，还可以是具有总线接口的智能现场设备。

2. 使用 S7 – 1200 PLC 组建 PROFIBUS – DP 网络所需的设备

S7 – 1200 PLC 可通过 CM 1242 – 5、CM1243 – 5 通信模块连接到 PROFIBUS – DP 网络。

CM 1242 – 5 仅用作从站，可与配备 CM 1243 – 5 的 S7 – 1200 PLC、S7 – 300/400 DP 主站模块、分布式 IO ET200S、IE/PB Link PN IO 等 DP V0/V1 主站进行周期性数据通信。

CM 1243 – 5 仅用作 1 类主站，可与分布式 IO ET200S、配备 CM 1242 – 5 的 S7 – 1200 PLC、集成 PROFIBUS 接口的 S7 – 300/400 CPU、配备 CP 342 – 5 的 S7 – 300/400 PLC 等

5

DP V0/V1 从站进行周期性、非周期性数据通信。

3. 软/硬件准备

软件：TIA Portal V16（博途软件）。

硬件：2 台西门子 S7 – 1200 PLC（CPU 1214DC/DC/DC）、1 台工业网络交换机、2 根 RJ – 45 接口双绞线、1 个 CM 1243 – 5 通信模块、1 个 CM 1242 – 5 通信模块、1 根 PROFI-BUS – DP 通信线缆。

【任务实施】

1. 硬件组态

1）新建项目

打开博途软件，新建项目，命名为 "1200 – profibus – dp"，单击 "项目视图" 按钮，切换到 "项目视图" 界面。

2）硬件配置

进入 "项目视图" 界面后，在项目树下单击 "添加新设备" 按钮，然后选择控制器 CPU 1214C DC/DC/DC、订货号 6ES7 214 – 1AG40 – 0XB0，生成 PLC_1，再次新增设备，选择同样的 CPU，生成 PLC_2。可设定 PLC_1 为 DP 从站，修改名称为 "DP 从站"，设定 PLC_2 为 DP 主站，修改名称为 "DP 主站"。

3）添加通信模块

打开项目树中的 "DP 从站"，双击 "设备组态" 选项，在硬件目录中选择 "通信模块" → "PROFIBUS" → "CM 1242 – 5" 选项，添加到 101 位置；打开项目树 "DP 主站"，双击 "设备组态" 选项，在硬件目录中选择 "通信模块" → "PROFIBUS" → "CM 1243 – 5" 选项，添加到 101 位置。

4）启用系统和时钟存储器位

打开项目树中的 "DP 从站"，双击 "设备组态" 选项，在 "属性" → "常规" 选项卡中找到 "系统和时钟存储器" 选项，勾选 "启用系统存储器字节" 和 "启用时钟存储器字节" 复选框。用同样的方法完成 DP 主站的设置。

5）组建 PROFIBUS – DP 网络

打开项目树中的 "DP 从站"，双击 "设备组态" 选项，单击 "网络视图" 选项卡，出现图 5 – 4 的两台设备，单击 DP 从站设备上的 "未分配" 链接，选择 DP 主站 CM 1243 – 5 DP 接口，然后出现图 5 – 4（b）所示的网络连接。或者在 DP 从站设备组态界面中，单击 CM 1243 – 5 模块，出现属性配置界面，选择 "DP 接口" → "PROFIBUS 地址" 选项，在 "接口连接到" 子网配置中添加新子网；选择操作模式，在 "DP 从站" 下拉列表中选择 DP 主站 CM 1243 – 5 DP 接口。

6）配置智能从站通信

在 DP 从站设备组态界面中，选择 CM 1242 – 5 模块，出现属性配置界面，选择 "操作模式" → "智能从站通信" 选项，出现传输区域配置界面，单击 "新增" 字样，即可增加传输数据的 IO 地址。如图 5 – 5 所示，增加的主站发送地址为 Q100，从站接收地址为 I100，方向是指向从站，长度为 1 个字节；主站接收地址为 I100，从站发送地址为 Q100，方向调整为指向主站，长度为 1 个字节。

（a）　　　　　　　　　　　　　　　　　　　（b）

图5-4　组建 PROFIBUS-DP 网络

（a）未组建成网络的从站和主站；（b）主站分配完成后的网络

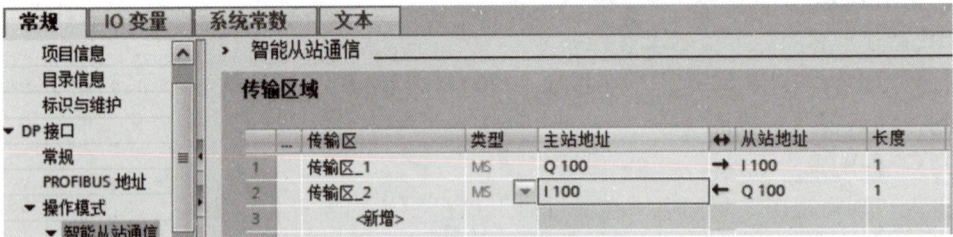

图5-5　配置智能从站通信

2. 程序设计

为了验证 PROFIBUS-DP 网络是否组建成功，可在主站和从站分别设计一个传入程序，从 M 存储器传送1个字节到 Q100，在强制表中设置 M 存储器的数据，然后在接收方监视 I100 的数据，如图5-6所示。

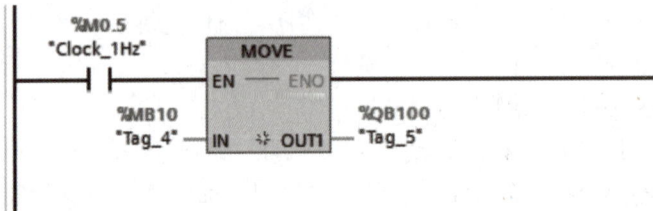

图5-6　程序设计

3. 调试验证

1）硬件连接

在设备下电的情况下，连接好 DP 主站和 DP 从站之间的 PROFIBUS-DP 电缆，拧紧固定螺丝。

2）编译下载

单击博途软件上方的"编译"按钮，确保编译没有错误。分别选择 DP 从站和 DP 主站进行下载，确认下载成功后转至在线。

3）监控测试

打开 DP 主站的监控表，输入 MB10 后再输入一个数据，强制修改后，打开 DP 从站的监控表，输入 I100，监控 I100 的值。

【任务评价】

任务评价见表5-2。

表 5 – 2　任务评价

评价内容	评价细则	占比/%	完成情况
硬件组态	添加硬件设备（新建项目、添加设备、插入通信模块）	15	
	配置时钟	5	
	组建 PROFIBUS – DP 网络	15	
	配置智能从站通信	15	
程序设计、编写	程序设计、编写	20	
调试验证	硬件连接	10	
	编译下载	10	
	监控测试	10	

项目六　工业以太网组网应用

6.1　认识 SIMATIC 工业以太网协议

【任务引入】

工业以太网是以太网技术应用于工业控制所形成的组网技术。本任务是认识和熟悉 SIMATIC 工业以太网协议，了解工业以太网的概念。

【任务目标】

（1）了解工业以太网的概念。

（2）认识和熟悉 SIMATIC 工业以太网协议。

【任务准备（工业以太网概述）】

1. 定义

工业以太网是基于 IEEE 802.3（Ethernet）的强大的区域和单元网络。它提供了一个无缝集成到新的多媒体世界的途径。IEEE 802.3 是由 IEEE 在 DIX 规范的基础上进行修改而制定的标准，并由此形成了 ISO 802.3 国际标准。

2. 以太网的分类

以太网按照传输速率可分为标准、快速、千兆、万兆等 4 类。

3. 传统以太网存在的问题

1）通信的确定性与实时性

由于以太网采用 CSMA/CD 机制，所以当网络负荷较大时易发生冲突，此时必须重发数据，且最多可尝试 16 次，很明显此解决冲突的机制是以付出时间为代价的。

2）网络的稳定性与可靠性

传统以太网并不是为工业应用设计的，它没有考虑工业现场环境的适应性需要。恶劣的工况、严重的电磁干扰等都将使网络的稳定性与可靠性降低。

3）网络的安全性

工业以太网可将企业传统的信息管理层、过程监控层、现场设备层集成起来，使数据的传输速率更高、实时性更好，并可与 Internet 无缝对接，实现数据共享，但工业以太网易受病毒感染、黑客的非法入侵。

4. 工业以太网的技术特点

工业以太网在技术上与 IEEE 802.3/802.3u 兼容，使用 ISO 和 TCP/IP 通信协议；具有 10 Mbit/s 或 100 Mbit/s 的自适应传输速率；冗余 DC 24V 供电；可方便地构成星形、总线和环形拓扑结构。

工业以太网是高速冗余的安全网络，最大网络重构时间为 0.3 s；通过 RJ – 45 技术、工业级的 Sub – D 连接技术和安装专用屏蔽电缆的 Fast Connect 连接技术，确保现场电缆安装工作的快速进行；符合 SNMP 要求，使用基于 Web 的网络管理机制。

【任务实施】

SIMATIC 工业以太网协议以 OSI 参考模型的各层为基础，提供若干用户接口，通过用户接口可实现 S7、SEND/RECEIVE、SNMP、PROFINET IO 等协议的通信服务。工业以太网协议的层次结构如图 6 – 1 所示。

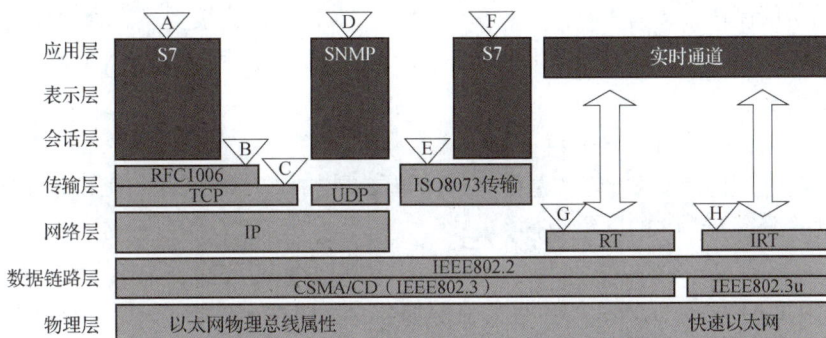

图 6 – 1　SIMATIC 工业以太网协议的层次结构

SIMATIC 工业以太网协议说明见表 6 – 1。

表 6 – 1　SIMATIC 工业以太网协议说明

符号	协议	说明
A、F	S7 通信	集成和优化的 SIMATIC S7 系统通信功能，适用于各种应用。使用 S7 功能的 TCP/TP(A)ISO(F)的统一用户接口
B、E	SEND/RECEIVE	基于 ISO 传输协议的简单通信服务，用于与 S7、S5 和第三方设备交换数据。使用具有 RFC1006 的 TCP/IP(B)和 ISO(E)的 SEND/RECEIVE 用户接口
C	原生 TCP/IP	基于 TCP/IP 传输协议的简单通信服务，用于与支持 TCP/IP 的任何设备交换数据
D	SNMP	用于管理网络的开放协议，提供基于 UDP/IP 的通信服务，可与任务 SNMP 兼容设备交换数据
G	PROFINET IO	基于以太网第二层的实时通信通道 RT，实现过程自动化中 PROFINET 设备间的数据通信
H	PROFINET IO	基于等时实时通信通道 IRT，实现运动控制中 PROFINET 设备间的数据通信

1. S7 协议

标准的 S7 协议用于与 SIMATIC S7 PLC 进行通信；支持 PG/PC 与 PLC 之间、S7 系统 PLC 之间的数据交换。基于以太网的 S7 通信，SIMATIC NET 为 S7 PLC 和工作站均提供了通信模块。

另外，还有容错的 S7 协议，容错的 S7 协议仅用于工业以太网，且使用 ISO、ISO - on - TCP 传输协议。

2. SEND/RECEIVE 协议

SEND/RECEIVE 协议是用于通过 PROFIBUS 与工业以太网传输数据的通信协议。通过此协议，SIMATIC S5 设备、SIMATIC S7 设备、PC、工作站以及第三方设备之间可以实现简单的数据交换。在工业以太网中，其基于 ISO/OSI 参考模型的传输层，为用户提供传输层服务，如连接、流量控制和数据分段等，可传输最大的数据量为 4 096 字节。

对基于以太网的 SEND/RECEIVE 协议，SIMATIC S5 设备、SIMATIC S7 设备、PC、工作站提供了通信模块，支持 ISO、ISO - on - TCP、TCP 三种连接类型，通过组态过程中指定的连接名称、通信伙伴的地址、服务访问点等参数，可调用 AG_SEND 和 AG_RECV 功能实现数据交互。

3. SNMP

SNMP 是一个用于网络管理的基于 UDP 的开放式协议。SIMATIC NET 支持监视、控制和管理任意的兼容 SNMP 的网络组件。

4. PROFINET IO 协议

PROFINET IO 是在工业以太网上实施模块化和分布式应用的一项自动化概念。使用 PROFINET IO，分布式 IO 设备和现场设备可集成到以太网通信中。PROFINET IO 有 IO 控制器、IO 设备、IO 管理器 3 种设备类型。IO 控制器和 IO 设备间提供实时通信 RT 通道、等实时通信 IRT 通道、NRT 通道进行数据交换。其中，RT 通道基于以太网第二层，以实现过程自动化中 PROFINET 设备间的用户数据通信；IRT 通道实现运动控制中 PROFINET 设备间的用户数据通信；NRT 通道实现数据记录非周期性读写、参数分配和组态以及诊断信息读取。

【任务评价】

任务评价见表 6 - 2。

表 6 - 2　任务评价

评价内容	评价细则	占比/%	完成情况
工业以太网的概念	了解工业以太网的概念	10	
	熟悉工业以太网的技术特点	20	
SIMATIC 工业以太网协议	了解 SIMATIC 工业以太网协议的层次结构	20	
	熟悉 S7 协议、SEND/RECEIVE 协议	20	
	了解 SNMP	10	
	熟悉 PROFINET IO 协议	20	

6.2　PROFINET IO 组网应用

6.2.1　S7 – 1200 PLC 与远程 IO 模块的 PROFINET IO 通信

【任务引入】

PROFINET IO 是在工业以太网上实施模块化和分布式应用的一项自动化概念。使用 PROFINET IO，分布式 IO 设备和现场设备可集成到以太网中进行通信。本任务是在认识 PROFINET IO 的基础上，用分布式 IO 设备与 S7 – 1200 PLC 组建 PROFINET IO 网络。

【任务目标】

(1) 了解 PROFINET 的概念、组成。
(2) 熟悉 PROFINET 协议模型、PROFINET IO 的系统结构。
(3) 具备 PROFINET IO 组网能力。
(4) 养成独立完成任务的职业习惯。
(5) 树立认真、敬业的职业态度。

【任务准备】

1. 认识 PROFINET

PROFINET 是由 PROFIBUS International（PI）推出的，是新一代基于工业以太网技术、TCP/IP 和 IT 标准的自动化总线标准，是为制造业和过程自动化领域设计的集成的、综合的实时工业以太网标准，它的应用涵盖从工业网络的底层（现场层）到高层（管理层）、从标准控制到高端的运动控制。

通过 PROFINET，分布式现场设备（如现场 IO 设备、信号模块）可直接连接到工业以太网，实现与 PLC 等设备的通信，且可达到与现场总线相同或更优越的响应时间，其典型的响应时间在 10ms 的数量级；也可以通过 IE/PB 模块（网关）接入其他现场总线（PROFIBUS、ASI 等），从而组建现场总线和工业以太网的混合系统。PROFINET 提供两种基于以太网的自动化集成解决方案：PROFINET IO（分布式 IO）和 PROFINET CBA（基于组件的分布式自动化系统）。PROFINET IO 是一个基于快速以太网第二层协议的可扩展实时通信系统，主要完成制造业自动化分布式 IO 系统的控制，即对分散式 IO 的控制，这与 PROFIBUS – DP 类似。PROFINET CBA（Component – Based Automation）适用于基于组件的机器对机器的通信，通过 TCP/IP 和实时通信满足模块化的设备制造的实时要求。所谓 CBA 组件，是指符合 PROFINET 通信要求且属于一个工艺功能的所有自动化系统部件（如机械、电气和电子部件）和关联的控制程序所形成的独立技术模块。

PROFINET 组网示意如图 6 – 2 所示。

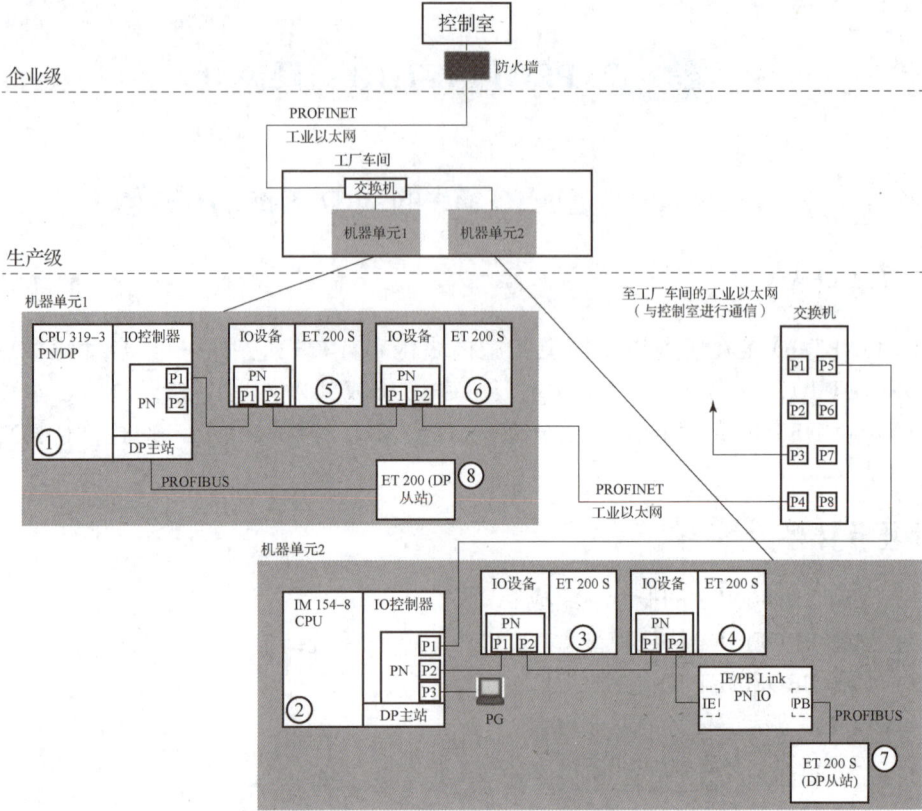

图 6 - 2   PROFINET 组网示意

1) PROFINET 协议模型

PROFINET 基于以太网通信标准，采用了快速以太网的物理层，数据链路层则在遵循 IEEE802.3 标准的同时做了一些优化措施，采用等时同步实时 ASIC 芯片，以保证数据的实时性。

网络层和传输层采用 IP、TCP/UDP。应用层包括 IT 的应用，同时定义了无连接 (PROFINET IO) 和有连接（PROFINET CBA）两种类型。

PROFINET 协议模型如图 6 - 3 所示。

图 6 - 3   PROFINET 协议模型

PROFINET 协议提供不同的通信通道,支持 3 种性能等级的实时通信需求,具体如下。

(1) TCP/IP 标准通信。

基于工业以太网技术的 PROFINET 符合 TCP/IP 和 IT 标准,其响应时间大约为 100 ms,用于解决非苛求时间的数据通信问题。

(2) 实时(RT)通信。

用于解决苛求时间的数据通信问题,如传感器和执行器设备之间以及控制器之间的数据交换,其典型响应时间为 3 ~ 10 ms。

(3) 等时同步实时(IRT)通信。

用于解决对时间要求严格同步的数据通信问题,如现场级通信中的运动控制(Motion Control),它要求通信网络在 100 个节点下,响应时间要短于 1 ms,抖动误差要小于 1 s。

2)PROFINET 与 PROFIBUS 技术比较

PROFINET 是在 PROFIBUS 的基础上推出的控制网络技术,PROFINET 基于工业以太网,PROFIBUS 基于 RS – 584 串行总线,两种技术所采用的协议是不同的,传输介质也不同。PROFINET 在传输速率、组网的灵活性、网络管理等方面都优于 PROFIBU,是目前应用得比较多的工业网络技术。

PROFINET 与 PROFIBUS 技术比较见表 6 – 3。

表 6 – 3　PROFINET 与 PROFIBUS 技术比较

类别	PROFINET	PROFIBUS
最大传输速率/ (Mbit/s · s^{-1})	100	12
数据传输方式	全双工	半双工
典型拓扑方式	星形	总线
一致性数据范围/字节	254	32
用户数据区长度/字节	最大 1 440	最大 244
网段长度/m	100	12 Mbit/s 时 100
诊断功能及实现	有极强大的诊断功能	诊断功能不强
主站个数	网络中可以存在任意数量的控制器,且不影响 IO 的响应时间	DP 网络仅有单个主站,多主站系统将导致循环周期过长
网络位置	由拓扑信息可确定设备网络位置	不能确定设备网络位置

3)PROFINET IO 的系统结构

PROFINET IO 的系统结构类似 PROFIBUS – DP,分为 3 种设备类型,如图 6 – 4 所示。

(1) IO 控制器:运行自动化程序的控制器,如 PLC。

(2) IO 管理器:具有投入运行和诊断功能的编程装置,如 PC 等。

(3) IO 设备:分配给某个 IO 控制器的指定的现场设备,如分布式 IO 设备、变频器等,数据可在 IO 控制器与 IO 设备之间进行传输。

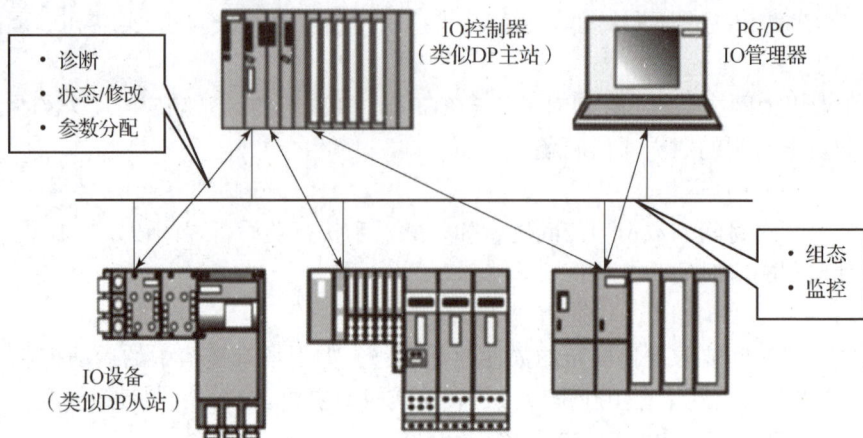

图 6 - 4　PROFINET IO 的系统结构

4）PROFINET 与 PROFIBUS 术语比较

PROFINET 与 PROFIBUS 术语比较见表 6 - 4。

表 6 - 4　PROFINET 与 PROFIBUS 术语比较

序号	PROFINET	PROFIBUS	备注
1	IO system	DP master system	—
2	IO controller	DP master	—
3	IO supervisor	PG/PC 2 类主站	调试与诊断
4	工业以太网	PROFIBUS	网络结构
5	HMI	HMI	监控与操作
6	IO device	DP slave	分布的现场设备到 IO controller/DP master

2. 软/硬件准备

软件：TIA Portal V16（博途软件）。

硬件：1 台西门子 S7 - 1200 PLC（CPU 1214DC/DC/DC）、1 台工业网络交换机、2 根 RJ - 45 接口双绞线、一个 IM 155 - 6 PN ST 分布式 IO 模块、分布式 IO 模块所使用的 DI 和 DQ 模块。

↻ **【任务实施】**

1. 硬件组态

1）新建项目

打开博途软件，新建项目，命名为"1200 - IM155 - 6PN"，单击"项目视图"按钮，切换到"项目视图"界面。

2）硬件配置

在"项目视图"界面的项目树中，双击"添加新设备"选项，选择控制器 CPU 1214C DC/DC/DC、订货号 6ES7 214 - 1AG40 - 0XB0（图 6 - 5），单击"确定"按钮后项

设备连接与 IP 地址规划

目树"设备和网络"选项下生成"PLC_1（1214…）"。

图6-5　选择控制器和订货号

3）IP地址设置

打开项目树中的"PLC_1"，双击"设备组态"选项，在"属性"→"常规"选项卡中，选择"PROFINET接口"→"以太网地址"选项，默认配置IP地址为192.168.0.1，可修改为其他IP地址，如图6-6所示。

PROFINETIO
组网调试

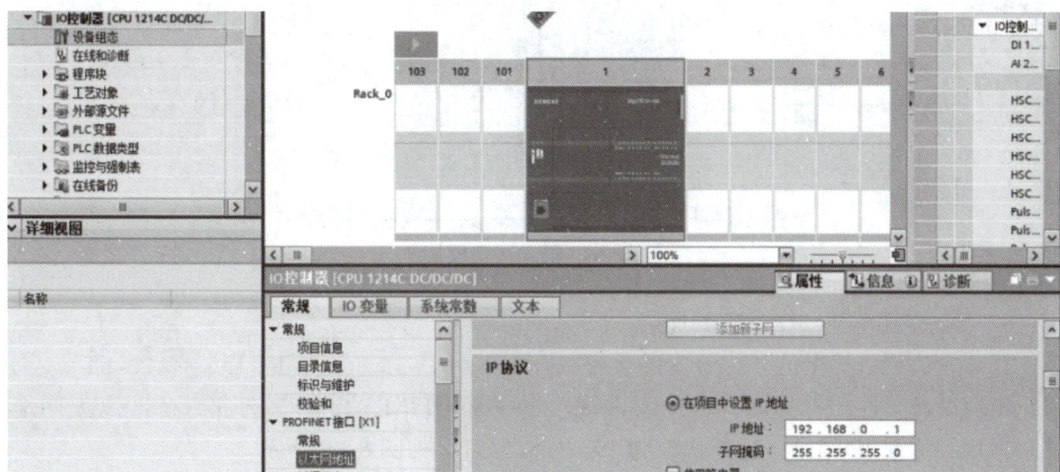

图6-6　IP地址设置

4）插入 IM 155-6 PN ST

打开"设备组态"界面，单击"网络视图"选项卡，窗口右边会出现硬件目录，选择"分布式 IO"→"ETS200SP"→"接口模块"→"PROFINET"选项，找到 IM 155 - 6 PN ST，选择订货号 6ES7 155 - 6AU01 - 0BN0，拖入"网络视图"界面，如图 6 - 7 所示。

图 6 - 7　插入 IM 155 - 6 PN ST

5）插入接口模块

在"网络视图"界面中双击刚插入的 IM 155 - 6 PN ST，进入"设备视图"界面，如图 6 - 8 所示。右边出现可插入的目录，根据实际的信号模块配置插入接口模块。比如这里插入的接口模块为 DI 8x24VDC ST，订货号为 6ES7 131 - 6BF01 - 0BA0；DQ 16x24VDC/0.5A ST，订货号为 6ES7 132 - 6BH01 - 0BA0。

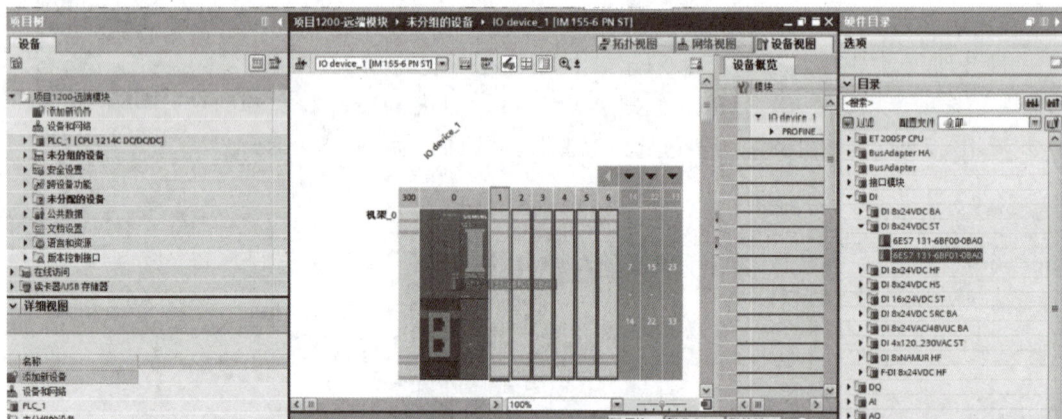

图 6 - 8　插入接口模块

6）建立客户端与 IO 设备的连接

打开左边项目树中的"未分配的设备"，双击"IO - device_1[IM 155 - 6 PN ST]"选项，出现设备属性配置界面，选择"常规"→"PROFINET 接口"选项，在"以太网地址"区域，修改 IP 地址，比如修改为 192.168.0.11，如图 6 - 9 所示。

单击"网络视图"选项卡，单击"IO - DEVEICE"设备上的"未分配"字样，提示"选择 IO 控制器"，出现 PLC_1 的接口，选择即可，PLC_1（IO 控制器）则与 IO 设备连接完成，如图 6 - 10 所示。

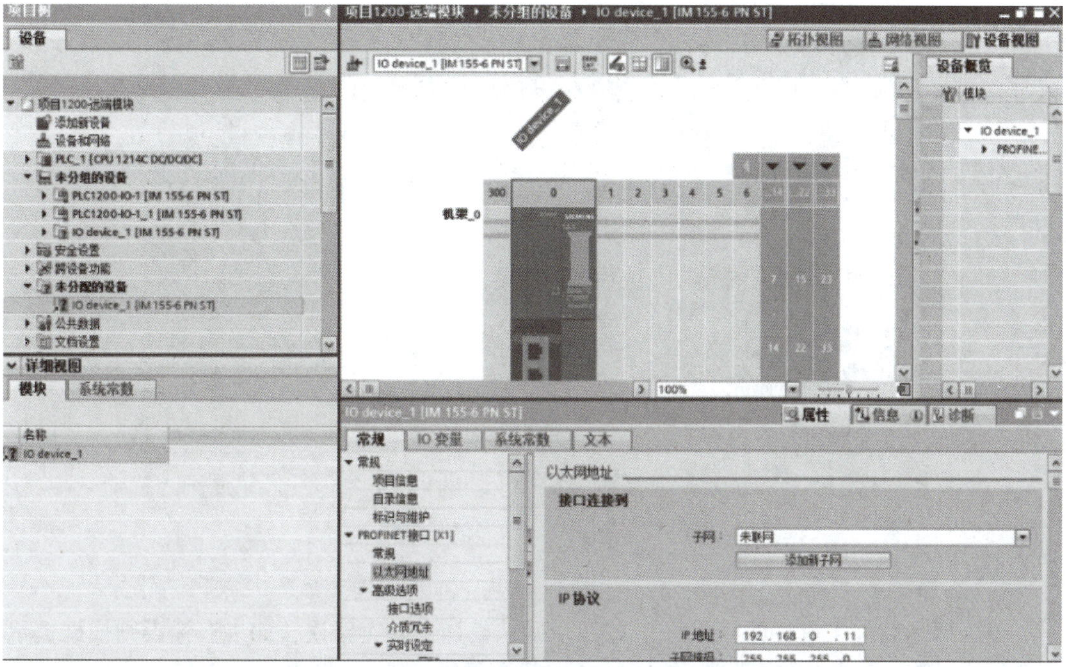

图 6 – 9　修改远端模块 PROFINET 接口的 IP 地址

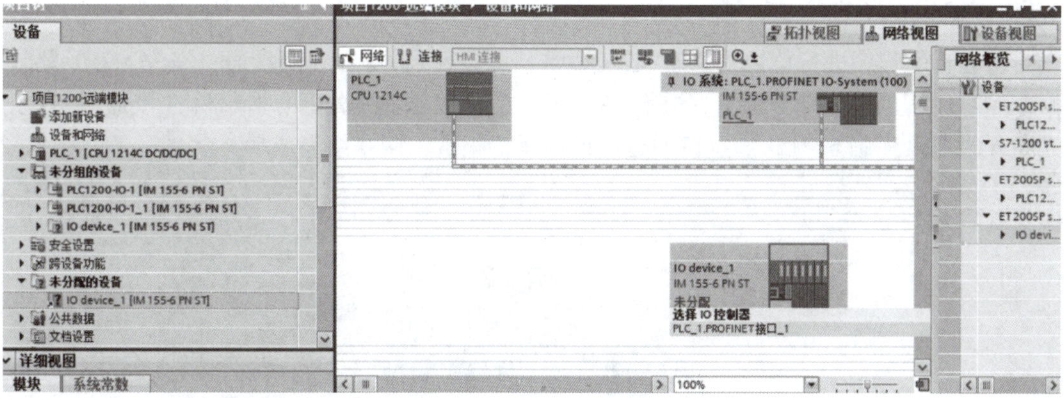

图 6 – 10　选择 IO 控制器

7）分配 IO 设备的名称

在"设备视图"界面，将鼠标放在远端模块上，单击鼠标右键，在快捷菜单中选择分配 IO 设备的名称。单击"更新列表"按钮，出现远端模块的列表信息后，单击"分配名称"按钮，如图 6 – 11 所示。

2. 程序设计

验证该远端模块能正常使用，使用该远端模块的 IO 做一个"启保停"程序。这里用 M 点做启动和停止信号，Q 点使用该远端模块分配的点位。

3. 调试验证

1）硬件连接

在设备下电的情况下，将 IO 模块连接交换机的通信线缆，确保网络通信正常。

项目六　工业以太网组网应用

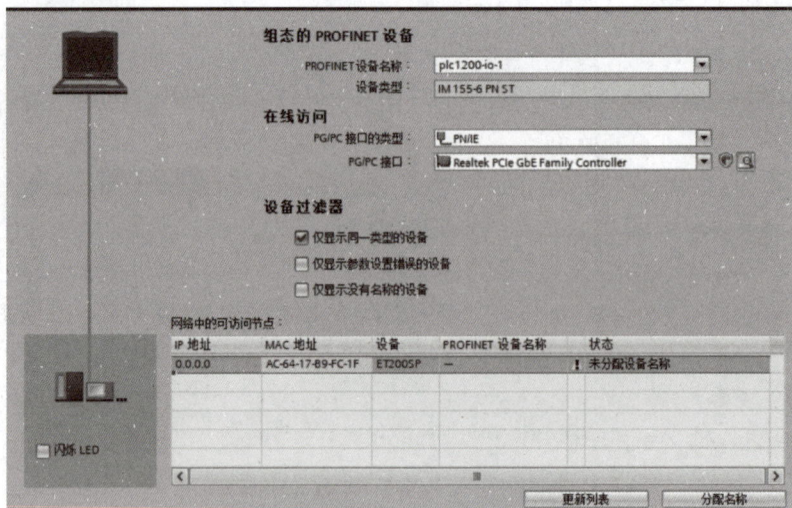

图 6-11　分配 IO 设备的名称

2）编译下载

单击博途软件工具栏的"编译"按钮，确认编译是否有错误，如果有错误则根据提示信息检查并修改。单击"下载"按钮，在下载界面中 PG/PC 接口选择连接网线的以太网卡，连接成功后转至在线。

3）监控测试

对运行的程序进行监控，修改 M2.0 为 1；可以看到 Q2.0 线圈接通，修改 M2.0 为 0，修改 M2.1 为 1 后，Q2.0 断开。在设备面板上，可以看到 Q2.0 的指示灯在接通时点亮，在断开时熄灭（图 6-12）。这说明远端模块运行正常，网络组态成功。

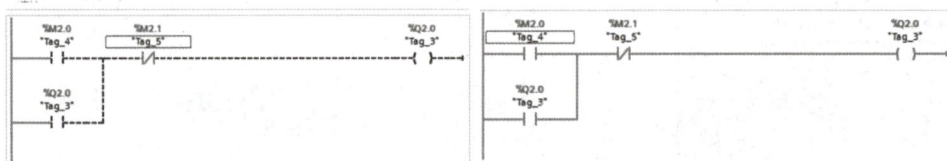

图 6-12　程序运行与组网验证

【任务评价】

任务评价见表 6-5。

表 6-5　任务评价

评价内容	评价细则	占比/%	完成情况
硬件组态	添加硬件设备（新建项目、配置硬件、修改 IP 地址）	15	
	插入 IM 155-6 PN ST	5	
	插入接口模块	10	
	建立客户端与 IO 设备的连接和分配 IO 设备的名称	20	

评价内容	评价细则	占比/%	完成情况
程序设计、编写	程序设计、编写	20	
调试验证	硬件连接	10	
	编译下载	10	
	监控测试	10	

6.2.2　S7-1200 PLC 之间的 PROFINET IO 通信

【任务引入】

西门子 S7-1200 PLC CPU 不仅可以作 IO 控制器，还可以作 IO 设备。本任务是S7-1200 PLC CPU 分别作 IO 控制器和 IO 设备的通信。

【任务目标】

进一步熟悉 PROFINET IO 组网应用，提高组网应用能力。

【任务准备】

软/硬件准备如下。

软件：TIA Portal V16（博途软件）。

硬件：2 台西门子 S7-1200 PLC（CPU 1214DC/DC/DC）、1 台工业网络交换机、2 根 RJ-45 接口双绞线、两台 S7-1200 PLC（设定设备 1 作为 IO 控制器，设备 2 作为 IO 设备，实现两个字节的数据传输）。

S7-1200 PLC 之间的
PROFINET IO 通信

【任务实施】

1. 硬件组态

1）新建项目

打开博途软件，新建项目，命名为"1200-PN_IO"，单击"项目视图"选项卡，切换到"项目视图"界面。

2）硬件配置

进入"项目视图"界面后，在项目树下单击"添加新设备"按钮，然后选择控制器 CPU 1214C DC/DC/DC、订货号 6ES7 214-1AG40-0XB0；增加完 PLC_1 后，同样的方法增加 PLC_2。可在项目树中选择"设备和网络"→"PLC_1"选项，修改名为"IO 控制器"，PLC_2 可命名为"IO 设备"。

3）IP 地址设置

打开 PLC_1（IO 控制器），双击"设备组态"选项，在"属性"→"常规"选项卡中找到 PROFINET 接口，在"以太网地址"区域设置 IP 地址为 192.168.0.1。用同样的方法设置 PLC_2 的 IP 地址为 192.168.0.101。

4）配置 IO 设备 PROFINET 接口的操作模式

打开 PLC_2（IO 设备），双击"设备组态"选项，在"属性"→"常规"选项卡中找到 PROFINET 接口，选择"操作模式"选项，出现配置界面，勾选"IO 设备"复选框，在"已分配的 IO 控制器"下拉列表中选择"IO 控制器.PROFINET 接口_1"选项，如图 6 -13 所示。

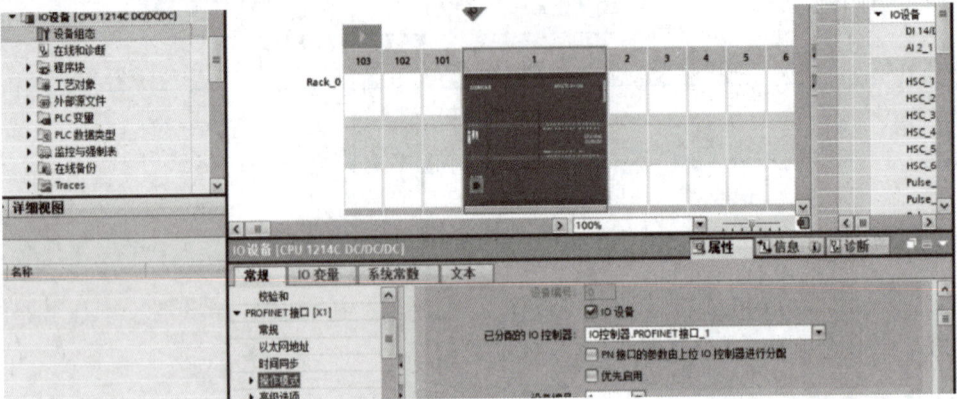

图 6 -13　配置 IO 设备 PROFINET 接口的操作模式

5）配置 IO 设备通信接口数据

选择"操作模式"→"智能设备通信"选项，在右边出现传输区域配置界面，单击"新增"，新增 IO 配置，这里分配的地址占用的是各 PLC 的 IO 地址。IO 控制器的 Q 对应 IO 设备的 I，IO 控制器的 I 对应 IO 设备的 Q，传输方向可单击中间的箭头调换。

2. 程序设计

为了测试组网和数据传输是否实现，可以编写如下程序，把 PLC_1 的 MW10 的数据传送到 QW100，同样可以把 PLC_2 的 MW10 传送到 QW100。

1）PLC_1 的程序

在 IO 控制器中编写图 6 -14 所示程序，实现将 MW10 的数据传送到 QW100，将 IW100 的数据传送到 MW20。

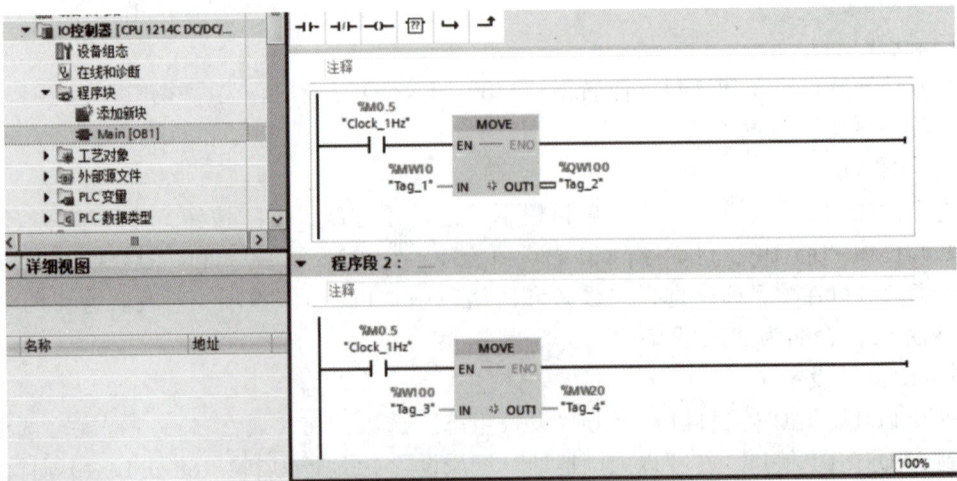

图 6 -14　PLC_1 程序编写

2）PLC_2 的程序

在 PLC_2 中实现同样的程序。

3. 调试验证

1）硬件连接

在设备下电的情况下，将两台 PLC 连接到交换机的通信线缆。

2）编译下载

单击博途软件工具栏的"编译"按钮，确保编译没有错误。分别选择 IO 控制器和 IO 设备进行下载，确认下载是否成功，下载成功后转至在线。

3）通信验证

在监控表中设定 MW10 的数据为某个数值，在 PLC_2 中进行监控，如果监控到的数据是设定的值，则说明组网通信实现，如图 6-15 所示。

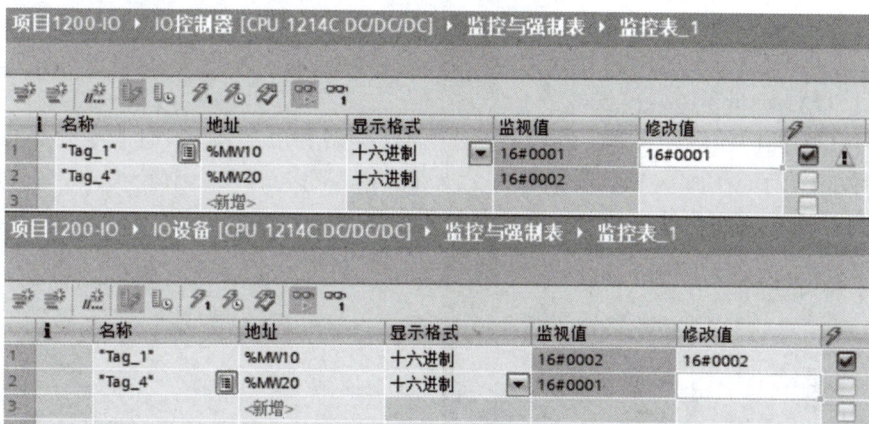

图 6-15　通信验证

【任务评价】

任务评价见表 6-6。

表 6-6　任务评价

评价内容	评价细则	占比/%	完成情况
硬件组态	添加硬件设备（新建项目、配置硬件、修改 IP 地址）	15	
	配置 IO 设备 PROFINET 接口的操作模式	15	
	配置 IO 设备通信接口数据	20	
程序设计、编写	程序设计、编写	20	
调试验证	硬件连接	10	
	编译下载	10	
	通信验证	10	

6.2.3　S7 – 1500 PLC、S7 – 1200 PLC、远端 IO 模块之间 PROFINET IO 通信

【任务引入】

　　S7 – 1500 PLC CPU 作为 IO 控制器，可连接其他 IO 设备。本任务是 S7 – 1500 PLC 作为 IO 控制器，S7 – 1200 PLC、远端 IO 模块做 IO 设备组建 PROFINET IO 系统实现联网控制。

录制 1500 – 1200 – IO

【任务目标】

　　熟悉 S7 – 1500 等 PLC 的 PROFINET IO 组网，进一步提高 PROFINET IO 组网的应用能力。

【任务准备】

　　软件：TIA Portal V16（博途软件）。

　　硬件：1 台西门子 S7 – 1500 PLC（CPU 1512C – 1 PN）、1 台西门子 S7 – 1200 PLC（CPU 1212C DC/DC/DC）、1 台工业网络交换机、3 根 RJ – 45 接口双绞线、一个 IM 155 – 6 PN ST 分布式 IO 模块、分布式 IO 模块所使用的 DI 和 DQ 模块。

【任务实施】

1. 硬件组态

1）新建项目

打开博途软件，新建项目，命名为"1500 – 1200 – PN_IO"，单击"项目视图"按钮，切换到"项目视图"界面。

2）硬件配置

（1）添加 CPU。

进入"项目视图"界面后，在项目树下，单击"添加新设备"按钮，然后选择控制器 CPU 1512C – 1 PN、6ES7 512 – 1CK01 – 0AB0；再添加控制器 CPU 1212C DC/DC/DC、订货号 6ES7 212 – 1AE40 – 0XB0。

（2）插入 IM 155 – 6 PN ST 和接口模块。

添加完 PLC 后，双击项目树下的"设备和网络"选项，在"网络视图"界面中插入信号模块 IM 155 – 6 PN ST，插入后双击进入"设备视图"界面，右边出现可插入的目录，根据实际的信号模块配置插入信号模块。这里插入两个 DI 16x24VDC ST、6ES7 131 – 6BH01 – 0BA0、一个 DQ 16x24VDC/0.5A ST、6ES7 132 – 6BH01 – 0BA0。

3）IP 地址设置

在"设备视图"界面中单击 IM 155 – 6 PN ST 的 0 号插槽位置，出现该模块的属性配置界面，按照前面的方法修改该设备的 IP 地址，这里修改为 192.168.0.11。打开项目树中的"PLC_1"，然后双击"设备组态"选项，在"属性"选项卡中修改 IP 地址为 192.168.0.1。用同样的方法修改 PLC_2 的地址为 192.168.0.101。具体 IP 地址的设置参照前面两个例子的内容。

4）配置 S7 – 1200 PLC 的操作模式和接口数据

打开项目树中的"PLC_2"，双击"设备组态"选项，在"属性"选项卡中选择"PROFINET 接口"→"操作模式"选项，在右边的界面中勾选"IO 设备"复选框，然后选择 PLC_1 作为 IO 控制器。选择"操作模式"→"智能设备通信"选项，配置通信的接口数据，配置 S7 – 1200 PLC 与 S7 – 1500 PLC 之间的接口数据，这里配置 IO 控制器 Q128 对应智能设备的 I128，IO 控制器 I128 对应到智能设备的 Q128，长度设置为 1 字节，如图 6 – 16 所示。

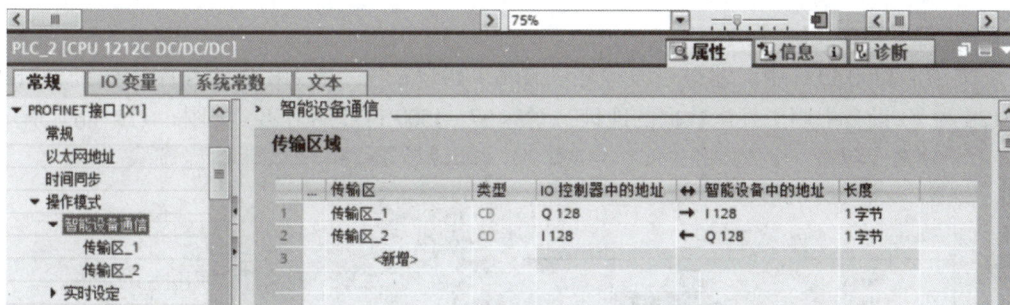

图 6 – 16　配置 S7 – 1200 PLC 的通信接口

5）建立 S7 – 1500 PLC 与 IM 155 – 6 PN ST 的连接

双击项目树中的"设备与网络"选项，在"网络视图"界面中，单击 IM 155 – 6 PN ST 设备图中的"未分配"字样，选择 IO 控制器为 PLC_1 的接口，如图 6 – 17 所示。

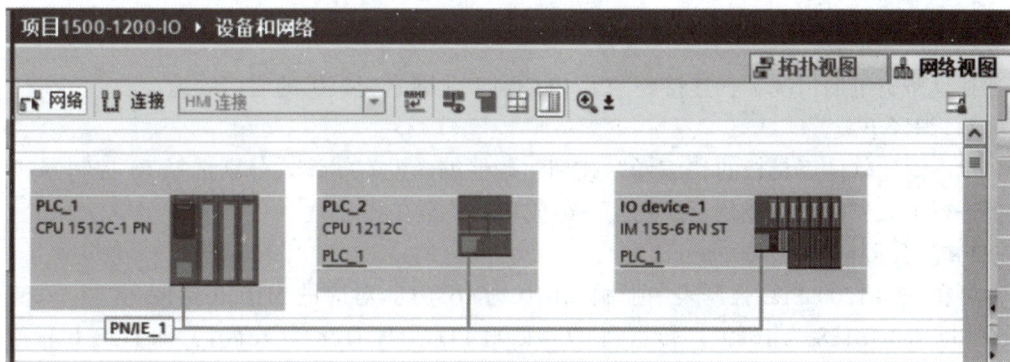

图 6 – 17　网络连接示意

6）分配设备名称

在"设备视图"界面中，将鼠标放在远端 IO 模块上，单击鼠标右键，在快捷菜单中选择分配设备名称。单击"更新列表"按钮，出现远端 IO 模块的列表信息后，单击"分配名称"按钮，进行硬件配置。

2. 程序设计

1）S7 – 1500 PLC 程序

用 S7 – 1500 PLC、S7 – 1200 PLC、IM 155 – 6 PN ST 组建 PROFINET IO 网络，为了测试是否能实现数据通信，在 S7 – 1500 PLC 中编写图 6 – 18（a）所示程序，实现简单的启跑停。S7 – 1500 PLC 中的地址 I128 为组建通信接口时，IO 控制器的接口地址对应 S7 – 1200 PLC 的输出。Q129 为 IM 155 – 6 PN ST 输出板的地址编号，如图 6 – 18（b）所示。

(a)　　　　　　　　　　(b)

图 6 – 18　S7 – 1500 PLC 的程序和地址

（a）程序；（b）地址

2）S7 – 1200 PLC 程序

在 S7 – 1200 PLC 中，编写一段程序 ［图 6 – 19（a）］，把 MB10 的程序传送到 QB128，QB128 为 IO 设备中用于发送数据的地址，对应 S7 – 1500 PLC 的 I128，如图 6 – 19（b）所示。

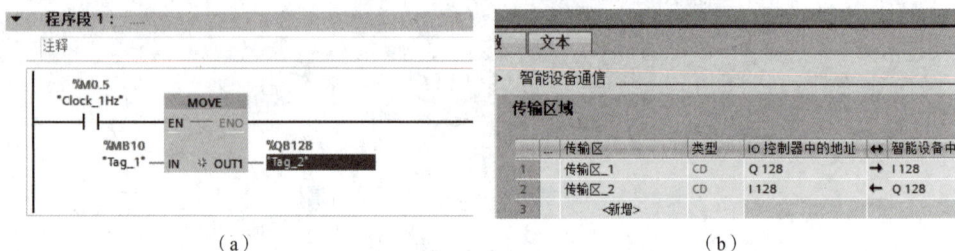

(a)　　　　　　　　　　(b)

图 6 – 19　S7 – 1200 PLC 传送程序和接口数据

（a）传送程序；（b）接口数据

3.　调试验证

1）硬件连接

在设备下电的情况下，连接好两台 PLC 到工业网络交换机的通信线缆。

2）编译下载

单击博途软件工具栏的"编译"按钮，确保编译没有错误。分别选择 IO 控制器和 IO 设备进行下载，确认下载是否成功，下载成功后转至在线。

3）监控测试

可在 S7 – 1200 PLC 强制表中强制 MB10 为 16#01，对应的 M10.0 置位为"1"，S7 – 1200 PLC 的 QB128 为 16#01，传送到 S7 – 1500 PLC，其 I128 为 16#01，即 I128.0 置位为"1"，启动程序后，Q129.0 置位为"1"，可在信号模块的面板观察到输出指示灯亮；强制 S7 – 1200 PLC 中的 MB10 为 16#00，则 S7 – 1500 PLC 中的 I128.0 变为 0，强制 S7 – 1200 PLC 中的 MB10 为 16#02，S7 – 1500 PLC 中的 I128.1 变为 1，停止运行，Q129.0 置位为"0"，如图 6 – 20 所示。

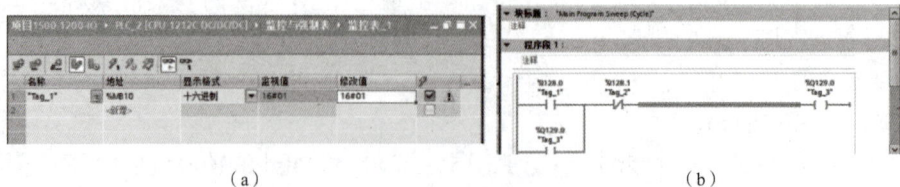

(a)　　　　　　　　　　(b)

图 6 – 20　通信验证

（a）强制 S7 – 1200 PLC 中 MB10 的值；（b）S7 – 1500 PLC 程序运行监控

【任务评价】

任务评价见表 6 – 7。

表 6 – 7 任务评价

评价内容	评价细则	占比/%	完成情况
硬件组态	添加硬件设备（新建项目、配置硬件、修改 IP 地址）	15	
	配置 S7 – 1200 PLC 的操作模式和接口数据	15	
	建立 S7 – 1500 PLC 与 IM 155 – 6 PN ST 的连接、分配设备名称	20	
程序设计、编写	程序设计、编写	20	
调试验证	硬件连接	10	
	编译下载	10	
	监控测试	10	

6.3 开放式用户通信及应用

开放式用户通信（Open User Communication，OUC）是 SIMATIC 工业以太网支持的一种非实时性通信，适用于 S7 – 1200/1500/300/400 PLC 之间的通信、PLC 与 PC 或者第三方设备之间的通信。开放式用户通信支持 ISO 传输协议、ISO – on – TCP、UDP、TCP。

1. UDP

UDP 是 TCP/IP 传输层协议之一，适用于简单的交叉网络数据传输，通信双方不用建立固定的连接，无数据确认报文，不检测数据的可靠性。通过 UDP，各种设备在工业以太网中的通信变得非常容易。

2. TCP

TCP 也是 TCP/IP 传输层协议之一，适用于通信可靠性要求高的场合。通过建立 TCP 连接，工业以太网中的设备能实现可靠的数据传输。

3. ISO – on – TCP

ISO – on – TCP 用于支持西门子 S7 和 PC 以及非西门子支持的 TCP/IP 以太网系统。ISO – on – TCP 符合 TCP/IP，是相对标准的 TCP/IP，还附加了 RFC 1006 协议。

4. ISO 传输协议

ISO 传输协议支持基于 ISO 的发送和接收，使西门子设备在工业以太网中的通信变得容易。ISO 传输协议的数据接收由通信方确认，可靠性高。

6.3.1　S7 – 1500 PLC 与 S7 – 1200 PLC 的 ISO – on – TCP 通信

【任务引入】

开放式用户通信在博途软件中可以使用指令 TSEND_C、TRCV_C 实现数据传输，这两条指令支持 ISO – on – TCP 和 TCP。本任务是基于 TSEND_C、TRCV_C 指令实现 S7 – 1500 PLC 与 S7 – 1200 PLC 的 ISO – on – TCP 组网通信，进行数据传输。

【任务目标】

（1）了解开放式用户通信的概念。

（2）熟悉 TSEND_C、TRCV_C 指令的参数。

（3）具备应用 TSEND_C、TRCV_C 指令实现开放式用户通信组网的能力。

（4）养成独立完成任务的职业习惯。

（5）树立认真、敬业的职业态度。

【任务准备】

1. 认识 TSEND_C、TRCV_C 指令的参数

1）TSEND_C 指令的参数

TSEND_C 指令的参数见表 6 – 8。

表 6 – 8　TSEND_C 指令的参数

参数	声明	数据类型	说明
REQ	Input	BOOL	在上升沿启动发送作业
CONT	Input	BOOL	控制通信连接： 0——断开通信连接 1——建立并保持通信连接
LEN	Input	UINT	要通过作业发送的最大字节数。如果在参数 DATA 中使用纯符号值，则参数 LEN 的值必须为"0"
CONNECT	InOut	TCON_Param	指向连接描述的指针
DATA	InOut	VARIANT	指向发送区的指针，该发送区包含待发送数据的地址和长度（最大长度为 8 192 字节）。传送结构时，发送端和接收端的结构必须相同
COM_RST	InOut	BOOL	重新启动该指令： 0——不相关 1——该指令重新启动完成后，将导致现有连接终止并建立一个新连接

续表

参数	声明	数据类型	说明
DONE	Output	BOOL	状态参数，可具有以下值： 0——作业尚未启动或仍在执行过程中 1——作业已执行且无任何错误
BUSY	Output	BOOL	状态参数，可具有以下值： 0——作业尚未启动或已完成 1——作业尚未完成，无法启动新作业
ERROR	Output	BOOL	状态参数，可具有以下值： 0——无错误 1——出错
STATUS	Output	WORD	指令的状态

2）TRCV_C 指令的参数

TRCV_C 指令的参数见表 6 – 9。

表 6 – 9　TRCV_C 指令的参数

参数	声明	数据类型	说明
EN_R	Input	BOOL	启用接收功能
CONT	Input	BOOL	控制通信连接： 0——断开通信连接 1——建立通信连接并在接收数据后保持该通信连接
LEN	Input	UDINT	要接收数据的最大长度。如果在参数 DATA 中使用具有优化访问权限的接收区，则参数 LEN 的值必须为 "0"
ADHOC	Input	BOOL	可选参数（隐藏） TCP 选项使用 ADHOC 模式。 如果未使用 TCP，则 ADHOC 的值需为 FALSE
CONNECT	InOut	VARIANT	指向连接描述的指针
DATA	InOut	VARIANT	指向接收区的指针。 传送结构时，发送端和接收端的结构必须相同
ADDR	InOut	VARIANT	UDP 需使用的隐藏参数。此时将包含指向系统数据类型 TADDR_Param 的指针。发送方的地址信息（IP 地址和端口号）将存储在系统数据类型为 TADDR_Param 的数据块中

续表

参数	声明	数据类型	说明
COM_RST	InOut	BOOL	可选参数（隐藏） 重置连接： 0——不相关 1——重置现有连接
DONE	Output	BOOL	状态参数，可具有以下值： 0——接收尚未启动或仍在进行 1——接收已经成功完成，此状态仅显示一个周期
BUSY	Output	BOOL	状态参数，可具有以下值： 0——接收尚未启动或已完成 1——接收尚未完成，无法启动新发送作业
ERROR	Output	BOOL	状态参数，可具有以下值： 0——无错误 1——在连接建立、数据接收或连接终止过程中出错
STATUS	Output	WORD	指令的状态
RCVD_LEN	Output	UDINT	实际接收到的数据量（以字节为单位）

2. 软/硬件准备

软件：TIA Portal V16（博途软件）。

硬件：1 台西门子 S7 - 1500 PLC（CPU 1512C - 1 PN）、1 台西门子 S7 - 1200 PLC（CPU 1212C DC/DC/DC）、1 台工业网络交换机、2 根 RJ - 45 接口双绞线。

【任务实施】

1. 硬件组态

1500 - 1200 - ISO

1）新建项目

打开博途软件，新建项目，命名为"1500 - 1200 - ISO"，单击"项目视图"按钮，切换到"项目视图"界面。

2）硬件配置

进入"项目视图"界面后，在项目树下单击"添加新设备"按钮，然后选择控制器 CPU 1512C - 1 PN、6ES7 512 - 1CK01 - 0AB0；再添加控制器 CPU 1212C DC/DC/DC、订货号 6ES7 212 - 1AE40 - 0XB0。在"设备组态"界面中，在"常规"选项卡中找到"系统和时钟存储器"选项，勾选"启用时钟存储器字节"复选框，默认地址设为 0。

3）IP 地址配置

打开项目树中的"PLC_1（S7 - 1500）"，然后双击"设备组态"选项，在"属性"选项卡中修改 IP 地址为 192.168.0.1；用同样的方法修改 PLC_2 的 IP 地址为 192.168.0.101。

4）连接子网

打开项目树中的"PLC_1"，双击"设备组态"选项，出现"设备视图"界面，单击"网络视图"选项卡，切换为"网络视图"界面。单击 PLC_1 的网口，连接到 PLC_2，如图 6-21 所示。

图 6-21　设置网络连接

2. 程序设计

1）S7-1500 PLC 程序

打开 PLC_1 的主程序块，在指令目录中，打开"通信"→"开放式用户通信"选项，下面有 3 个指令 TSEND_C、TRCV_C、TMAIL_C 和其他选项（图 6-22）。在程序 OB1 选择 TSEND_C 指令进行编写。

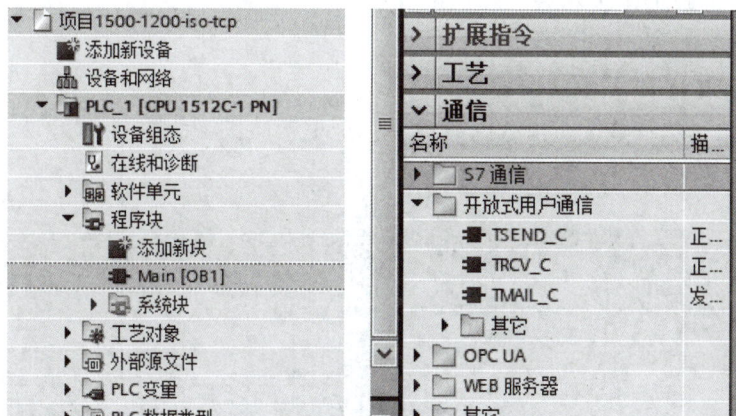

图 6-22　指令的调用和位置

（1）配置 TSEND_C 指令客户端连接参数。

选择伙伴为 PLC_2，在左边本地的"连接数据"中选择新建，出现新建的数据 PLC_1_Send_DB，"连接类型"选择"ISO-on-TCP"，在"伙伴"的"连接数据"处选择新建，出现新建的数据 PLC_2_Receive_DB；单击"本地"的"主动建立连接"单选按钮［图 6-23（a）］。"连接 ID"应一致，其他参数默认即可。

（2）配置 TSEND_C 指令块参数。

选择"块参数"选项，按照顺序对块参数进行配置，本任务是传送 M10.0 开始的 1 个字节的数据到 PLC_2［图 6-23（b）］，其他参数的具体说明见指令说明。

2）S7-1200 PLC 程序

调用 TRCV_C 指令，打开 PLC_2 的主程序块，在指令目录中选择"通信"→"开放式用户通信"选项，调取 TRCV_C 指令。

(a)　　　　　　　　　　　　　　(b)

图 6 – 23　配置 TSEND_C 指令

(a) 配置客户端连接参数；(b) 配置块参数

(1) 配置 TRCV_C 指令客户端连接参数。

在选择伙伴为 PLC_1，然后出现相关的配置信息，"连接类型"选择"ISO_on_TCP"，"连接 ID"注意选择和 PLC_1 调用的 TSEND_C 指令一致，这里配置为"1"，"连接数据"也和 TSEND_C 的数据配置一致，TSEND_C 如果已新建连接数据，则这里可以直接选用 [图 6 – 24 (a)]。

(2) 配置 TRCV_C 指令块参数。

配置块参数，块参数按照指令说明填写，这里接收的数据放在 PLC_2 的 M10.0 开始的 1 个字节中 [图 6 – 24 (b)]。

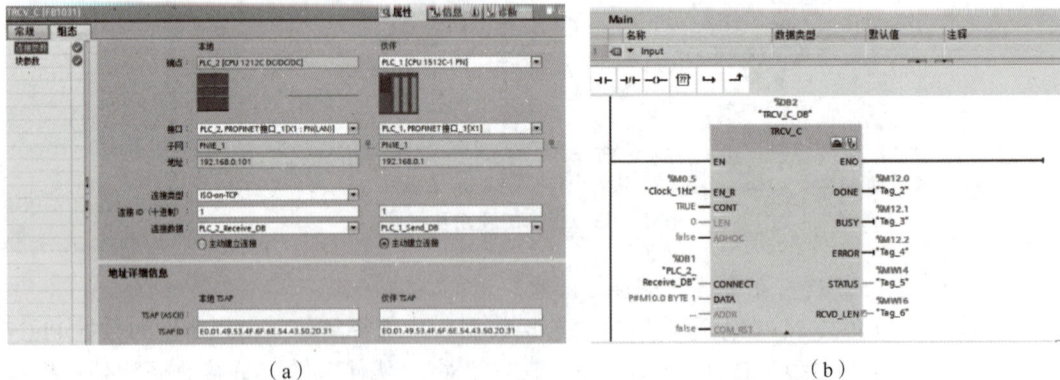

(a)　　　　　　　　　　　　　　(b)

图 6 – 24　配置 TRCV_C 指令

(a) 配置客户端连接参数；(b) 配置块参数

3. 调试验证

1) 硬件连接

在设备下电的情况下，连接好两台 PLC 到工业网络交换机的通信线缆。

2) 编译下载

单击博途软件工具栏的"编译"按钮，确保编译没有错误。分别选择 S7 – 1500 PLC 和 S7 – 1200 PLC 进行下载，确认下载是否成功，下载成功后转至在线。

3）监控测试

根据上述程序配置，可以实现 S7 - 1500 PLC 中 MB10 的数据发送到 S7 - 1200 PLC 的 MB10 中。在 S7 - 1500 PLC 的监控表中监控 MB10 的值，设置修改值为 16#11，单击上方的"立即一次性修改选定值"图标，监视值变为 16#11；在 S7 - 1200 PLC 的监控表中对 MB10 进行监控，单击"全部监视"图标，可以看到 S7 - 1200 PLC 的 MB10 的已经变为 16#11，如图 6 - 25 所示。

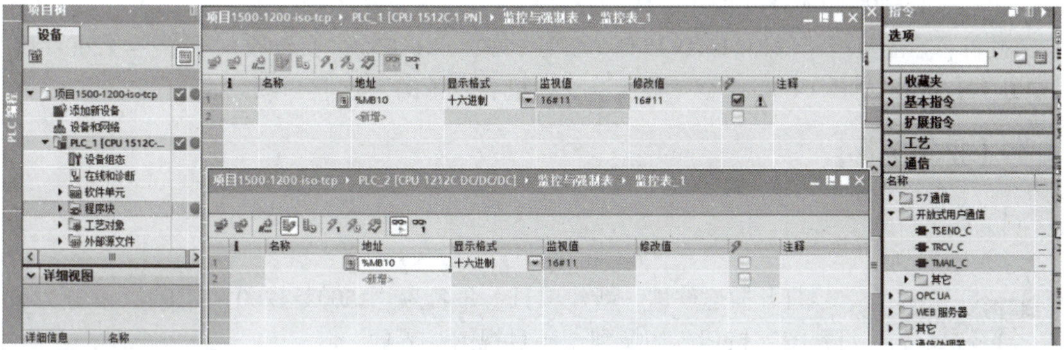

图 6 - 25 发送和接收对比

【任务评价】

任务评价见表 6 - 10。

表 6 - 10 任务评价

评价内容	评价细则	占比/%	完成情况
硬件组态	添加硬件设备（新建项目、配置硬件、修改 IP 地址）	15	
	连接子网	5	
程序设计、编写	S7 - 1500 PLC 程序设计、编写	25	
	S7 - 1200 PLC 程序设计、编写	25	
调试验证	硬件连接	10	
	编译下载	10	
	监控测试	10	

6.3.2 S7 - 1500 PLC 与 S7 - 1200 PLC 的 TCP 通信（TSEND_C、TRCV_C 指令）

【任务引入】

在开放式组网应用中，使用 TSEND_C、TRCV_C 指令可以实现 TCP 组网通信。本任务是实现 S7 - 1500 PLC 与 S7 - 1200 PLC 的 TCP 通信（TSEND_C、TRCV_C 指令）。

【任务目标】

具备应用 TSEND_C、TRCV_C 指令实现 S7 - 1500 PLC 与 S7 - 1200 PLC 的 TCP 通信的能力。

【任务准备】

软件：TIA Portal V16（博途软件）。

硬件：1 台西门子 S7 - 1500 PLC（CPU 1512C - 1 PN）、1 台西门子 S7 - 1200 PLC（CPU 1212C DC/DC/DC）、1 台工业网络交换机、2 根 RJ - 45 接口双绞线。

【任务实施】

1. 硬件组态

1）新建项目

1500 - 1200 - TCP

打开博途软件，新建项目，命名为"1500 - 1200 - TCP"，单击"项目视图"按钮，切换到"项目视图"界面。

2）硬件配置

进入"项目视图"界面后，在项目树下单击"添加新设备"按钮，然后选择控制器 CPU 1512C - 1 PN、6ES7 512 - 1CK01 - 0AB0；再添加控制器 CPU 1212C DC/DC/DC、订货号 6ES7 212 - 1AE40 - 0XB0。在"设备组态"界面中，在"常规"选项卡中找到"系统和时钟存储器"选项，勾选"启用时钟存储器字节"复选框，默认地址设为 0。

3）IP 地址配置

打开项目树中的"PLC_1（S7 - 1500）"，然后双击"设备组态"选项，在"属性"选项卡中修改 IP 地址为 192.168.0.1；用同样的方法修改 PLC_2 的 IP 地址为 192.168.0.101。

4）子网连接

打开项目树的"PLC_1"，双击"设备组态"选项，出现"设备视图"界面，单击"网络视图"选项卡，切换为"网络视图"界面。单击 PLC_1 的网口，连接到 PLC_2，如图 6 - 26 所示。

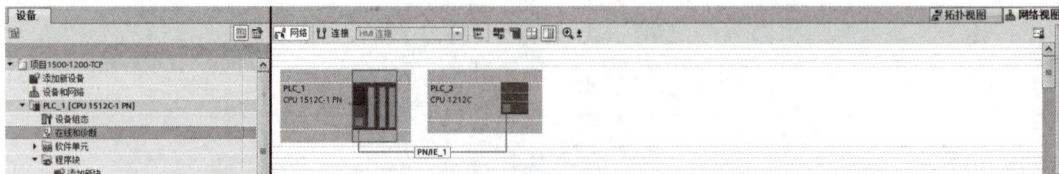

图 6 - 26　设置网络连接

2. 程序设计

1）S7 - 1500 PLC 程序

打开 PLC_1 的主程序块，在指令目录中选择"通信"→"开放式用户通信"，下面有 3 个指令 TSEND_C、TRCV_C、TMAIL_C 和其他选项。在程序 OB1 中选择 TSEND_C 指令进行编程。

（1）配置 TSEND_C 指令客户端连接参数。

选择伙伴为 PLC_2，在左边"本地"的"连接数据"中选择新建，出现新建的数据 PLC_1_Send_DB，"连接类型"选择"TCP"，在"伙伴"的"连接数据"处选择新建，出现新建的数据 PLC_2_Receive_DB；单击"本地"的"主动建立连接"单选按钮，在"本地端口"和"伙伴端口"处填入端口号；"连接 ID"应保持一致，其他参数默认即可（图6-27）。

图 6-27　配置 TSEND_C 指令客户端连接参数

（2）配置 TSEND_C 指令块参数。

选择"块参数"选项，按照顺序对块参数进行配置，本任务是传送 M10.0 开始的 1 个字节的数据到 PLC_2，其他参数的具体说明见上一节指令参数（图6-28）。

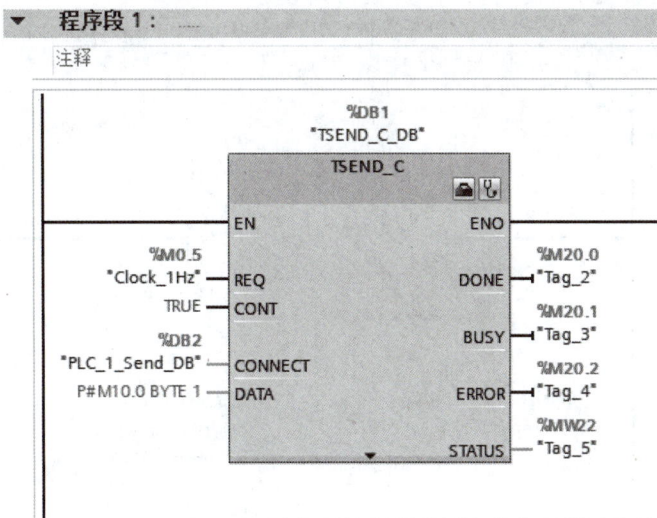

图 6-28　配置 TSEND_C 指令块参数

2）S7 - 1200 PLC 程序

调用 TRCV_C 指令，打开 PLC_2 的主程序块，在指令目录中选择"通信"→"开放式用户通信"选项，调取 TRCV_C 指令。

（1）配置 TRCV_C 指令客户端连接参数。

在"伙伴"位置选择 PLC_1，然后出现相关的配置信息，"连接类型"选择"TCP"；在"连接 ID"处注意选择和 PLC_1 调用的 TSEND_C 指令一致，这里配置为"1"；"连接数据"也与 TSEND_C 的数据配置一致，TSEND_C 如果已新建，则这里可以直接选用；端口号与 TSEND_C 中配置的两个 PLC 端口号一致，这里配置的都是"2000"（图 6 - 29）。

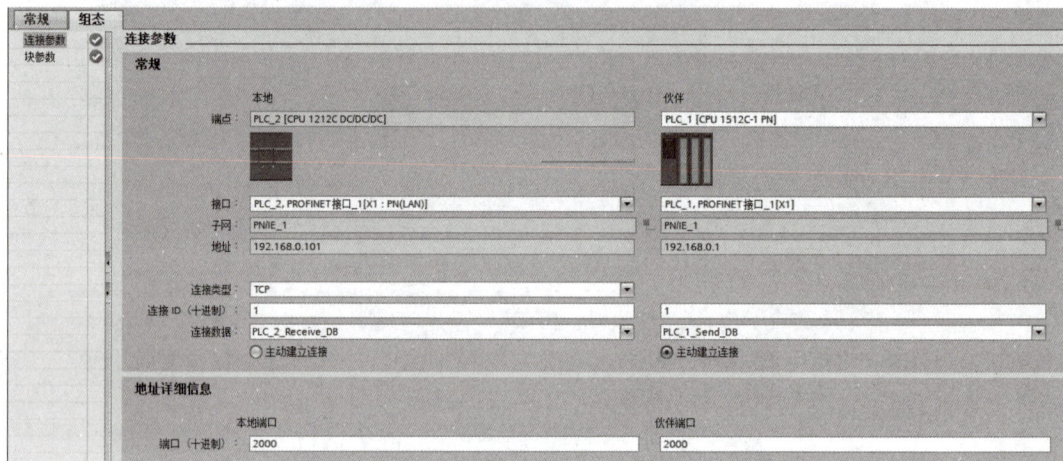

图 6 - 29　配置 TRCV_C 指令客户端连接参数

（2）配置 TRCV_C 指令块参数。

配置块参数，块参数按照指令说明填写，这里接收的数据放在 PLC_2 的 M10.0 开始的 1 个字节中（图 6 - 30）。

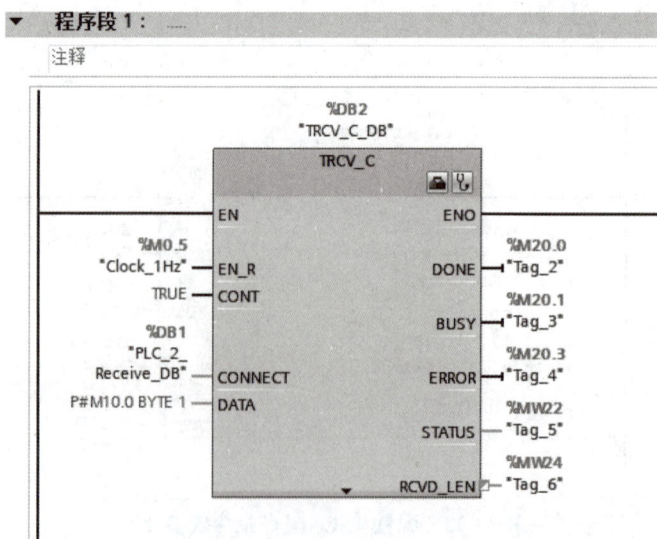

图 6 - 30　配置 TRCV_C 指令块参数

3. 调试验证

1）硬件连接

在设备下电的情况下，连接好两台 PLC 到工业网络交换机的通信线缆。

2）编译下载

单击博途软件工具栏的"编译"按钮，确保编译没有错误。分别选择 S7 – 1500 PLC 和 S7 – 1200 PLC 进行下载，确认下载是否成功，下载成功后转至在线。

3）监控测试

根据上述程序配置，可以实现将 S7 – 1500 PLC 中 MB10 的数据发送到 S7 – 1200 PLC 的 MB10 中。在 S7 – 1500 PLC 的监控表中监控 MB10 的值，设置修改值为 16#11，单击上方的"立即一次性修改选定值"图标，监视值变为 16#11；在 S7 – 1200 PLC 的监控表中对 MB10 进行监控，单击"全部监视"图标，可以看到 S7 – 1200 PLC 的 MB10 的已经变为 16#11（图 6 – 31）。

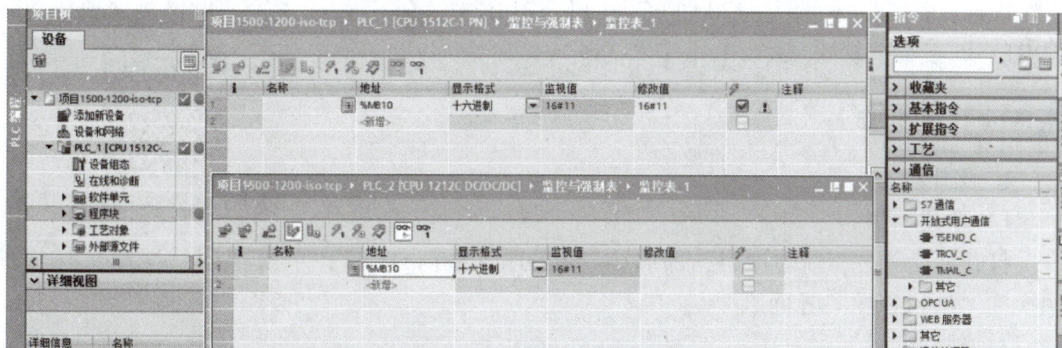

图 6 – 31　发送和接收对比

【任务评价】

任务评价见表 6 – 11。

表 6 – 11　任务评价

评价内容	评价细则	占比/%	完成情况
硬件组态	添加硬件设备（新建项目、配置硬件、修改 IP 地址）	15	
	连接子网	5	
程序设计、编写	S7 – 1500 PLC 程序设计、编写	25	
	S7 – 1200 PLC 程序设计、编写	25	
调试验证	硬件连接	10	
	编译下载	10	
	监控测试	10	

6.3.3　S7－1200 PLC 之间的 TCP 通信（TSEND_C、TRCV_C 指令）

【任务引入】

在开放式组网应用中，使用 TSEND_C、TRCV_C 指令可以实现 TCP 组网通信。本任务是实现 S7－1200 PLC 之间的 TCP 通信，进行数据传输。

【任务目标】

具备应用 TSEND_C、TRCV_C 指令实现 S7－1200 PLC 之间 TCP 通信的能力。

【任务准备】

软件：TIA Portal V16（博途软件）。

硬件：2 台西门子 S7－1200 PLC（CPU 1214C DC/DC/DC）、1 台工业网络交换机、2 根 RJ－45 接口双绞线。

【任务实施】

开放式用户通信 TCP 组网与调试

1. 硬件组态

1）新建项目

打开博途软件，新建项目，命名为"1200－1200－TCP"，单击"项目视图"按钮，切换到"项目视图"界面。

2）硬件配置

进入"项目视图"界面后，在项目树下单击"添加新设备"按钮，然后选择控制器 CPU 1214C DC/DC/DC、订货号 6ES7 214－1AG40－0XB0；再添加控制器 CPU 1214C DC/DC/DC、订货号 6ES7 214－1AG40－0XB0。在"设备组态"界面中，在"常规"选项卡中找到"系统和时钟存储器"选项，勾选"启用时钟存储器字节"复选框，默认地址设为0。

3）IP 地址配置

打开项目树中的"PLC_1（S7－1200）"，然后双击"设备组态"选项，在"属性"选项卡中修改 IP 地址为 192.168.0.1；用同样的方法修改 PLC_2 的 IP 地址为 192.168.0.101。

4）子网连接

打开项目树中的"PLC_1"，双击"设备组态"选项，出现"设备视图"界面，单击"网络视图"选项卡，切换为"网络视图"界面。单击 PLC_1 的网口，连接到 PLC_2。

2. 程序设计

1）PLC_1 程序

调用 TSEND_C 指令，打开 PLC_1 的主程序块，在指令目录中选择"通信"→"开放式用户通信"选项，下面有 3 个指令 TSEND_C、TRCV_C、TMAIL_C 和其他选项。在程序 OB1 中选择 TSEND_C 指令进行编程。

（1）配置 TSEND_C 指令客户端连接参数。

选择伙伴为 PLC_2，在左边"本地"的"连接数据"处选择新建，出现新建的数据

PLC_1_Send_DB，"连接类型"选择"TCP"，在"伙伴"的"连接数据"处选择新建，出现新建的数据 PLC_2_Receive_DB；单击"本地"的"主动建立连接"单选按钮；"本地"和"伙伴"的"连接 ID"需要保持一致；"本地端口"与"伙伴端口"需要设置，其他参数默认即可［图 6 – 32（a）］。

（2）配置 TSEND_C 指令块参数。

选择"块参数"选项，按照顺序对块参数进行配置，本任务是传送 M10.0 开始的 1 个字的数据到 PLC_2，其他参数的具体说明见前面任务的指令说明［图 6 – 32（b）］。

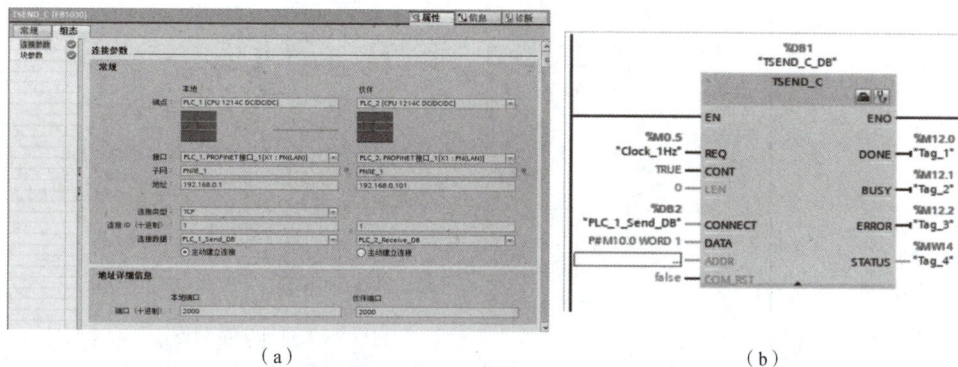

（a）

（b）

图 6 – 32　配置 TSEND_C 指令

2）PLC_1 程序

调用 TRCV_C 指令，打开 PLC_2 的主程序块，在指令目录中选择"通信"→"开放式用户通信"选项，调取 TRCV_C 指令。

（1）配置 TRCV_C 指令客户端连接参数。

选择伙伴为 PLC_1，然后出现相关的配置信息，"连接类型"选择"TCP"；在"连接 ID"处注意选择和 PLC_1 调用的 TSEND_C 指令一致，这里配置为"1"；"连接数据"也与 TSEND_C 的数据配置一致，TSEND_C 如果已新建，则这里可以直接选用；端口号与 TSEND_C 中配置的两个 PLC 端口号一致，这里配置的都是"2000"（图 6 – 33）。

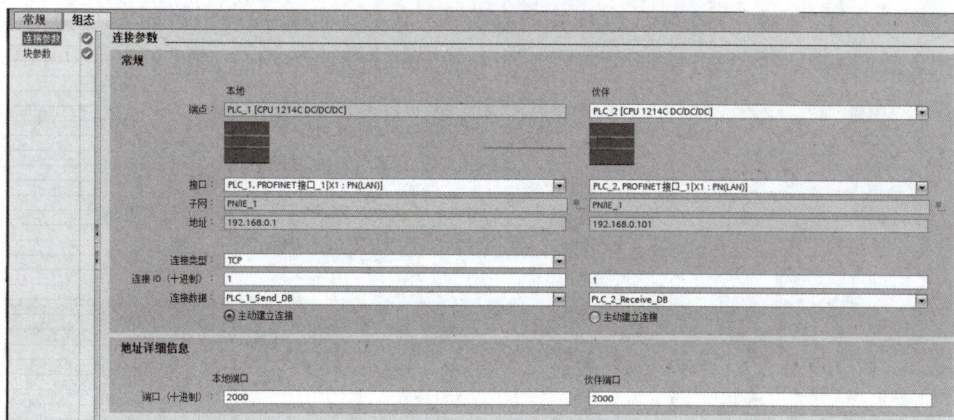

图 6 – 33　配置 TRCV_C 指令客户端连接参数

（2）配置 TRCV_C 指令块参数。

块参数按照指令说明进行填写，这里接收的数据放在 PLC_2 的 M10.0 开始的 1 个字中（图6-34）。

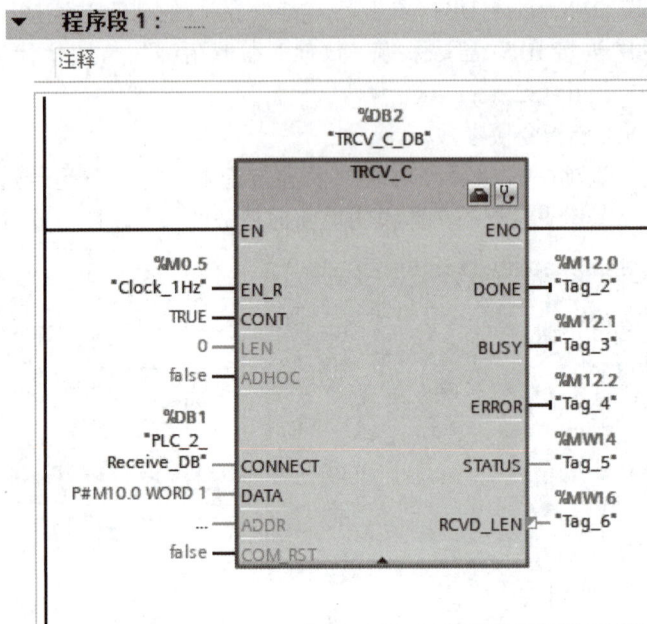

图6-34 配置TRCV_C指令块参数

3. 调试验证

1）硬件连接

在设备下电的情况下，连接PLC到工业网络交换机的线缆，确保硬件设备连通。

2）编译下载

单击博途软件工具栏的"编译"按钮，编译成功后单击"下载"按钮，出现下载界面。PG/PC接口类型选择PN/IE，PG/PC接口选择连接网线的以太网卡。下载成功后转至在线。

3）监控测试

在PLC_1的监控表中监控MW10的值，设置修改值为16#1200，单击上方的"立即一次性修改选定值"图标，监视值变为16#1200；在PLC_2的监控表中对MW10进行监控，单击"全部监视"图标，可以看到PLC_2的MW10的已经变为16#1200（图6-35）。

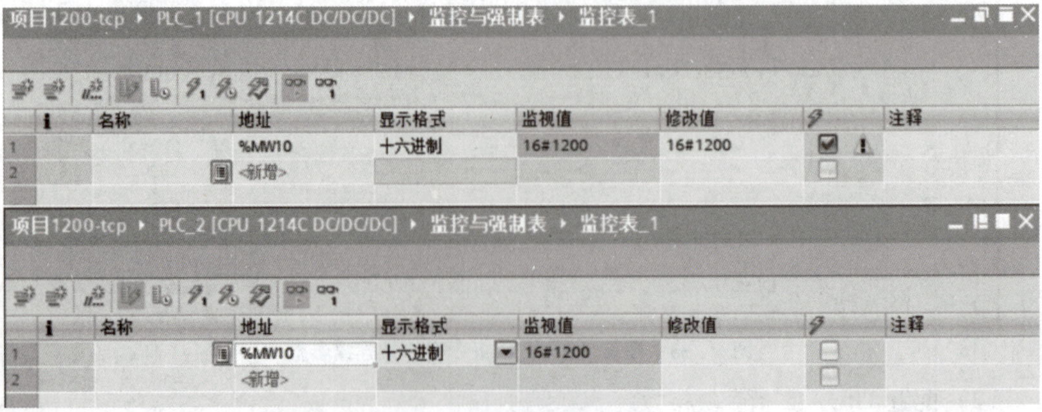

图6-35 发送与接收对比

【任务评价】

任务评价见表 6-12。

表 6-12 任务评价

评价内容	评价细则	占比/%	完成情况
硬件组态	添加硬件设备（新建项目、配置硬件、修改 IP 地址）	15	
	连接子网	5	
程序设计、编写	PLC_1 程序设计、编写	25	
	PLC_2 程序设计、编写	25	
调试验证	硬件连接	10	
	编译下载	10	
	监控测试	10	

6.3.4 S7-1200 PLC 之间的 TCP 通信（TSEND、TRCV 指令）

【任务引入】

前面任务中实现开放式通信时所使用的是 TSEND_C、TRCV_C 指令，对于 TCP 也可以使用 TSEND、TRCV 指令。本任务是应用 TSEND、TRCV 指令实现 S7-1200 PLC 之间的 TCP 通信。

【任务目标】

具备应用 TSEND、TRCV 指令实现 S7-1200 PLC 之间的 TCP 通信的能力。

【任务准备】

软件：TIA Portal V16（博途软件）。

硬件：2 台西门子 S7-1200 PLC（CPU 1214C DC/DC/DC）、1 台工业网络交换机、2 根 RJ-45 接口双绞线。

【任务实施】

1. 硬件组态

1）新建项目

打开博途软件，新建项目，命名为"1200-TCP-TSEND"，单击"项目视图"按钮，切换到"项目视图"界面。

2）硬件配置

进入"项目视图"界面后，在项目树下单击"添加新设备"按钮，然后选择控制器

CPU 1214C DC/DC/DC、订货号 6ES7 214 – 1AG40 – 0XB0；再添加控制器 CPU 1214C DC/DC/DC、订货号 6ES7 214 – 1AG40 – 0XB0。在"设备组态"界面中，在"常规"选项卡中找到"系统和时钟存储器"选项，勾选"启用时钟存储器字节"复选框，默认地址设为0。

3）IP 地址配置

打开项目树中的"PLC_1（S7 – 1200）"，然后双击"设备组态"选项，在"属性"选项卡中修改 IP 地址为 192.168.0.1；用同样的方法修改 PLC_2 的 IP 地址为 192.168.0.101。

4）子网连接

打开项目树中的"PLC_1"，双击"设备组态"选项，出现"设备视图"界面，单击"网络视图"选项卡，切换为"网络视图"界面。单击 PLC_1 的网口，连接到 PLC_2。

2. 程序设计

1）PLC_1 程序

调用 TCON 、TSEND 指令，打开 PLC_1 的主程序块，在指令目录中选择"通信"→"开放式用户通信"→"其他"选项，下面有 TCON 、TSEND 等9个指令。在程序 OB1 中选择 TCON、TSEND 指令进行编程。

（1）配置 TCON 指令。

选择伙伴为 PLC_2，在左边"本地"的"连接数据"处选择新建，出现新建的数据 PLC_1_Send_DB，"连接类型"选择"TCP"，在"伙伴"的"连接数据"处选择新建，出现新建的数据 PLC_2_Receive_DB；单击"本地"的"主动建立连接"单选按钮；"本地"和"伙伴"的"连接 ID"需要保持一致；"本地端口"与"伙伴端口"需要设置 [图6 – 36（a）]。块参数的配置参照前面的任务 [图6 – 36（b）]。

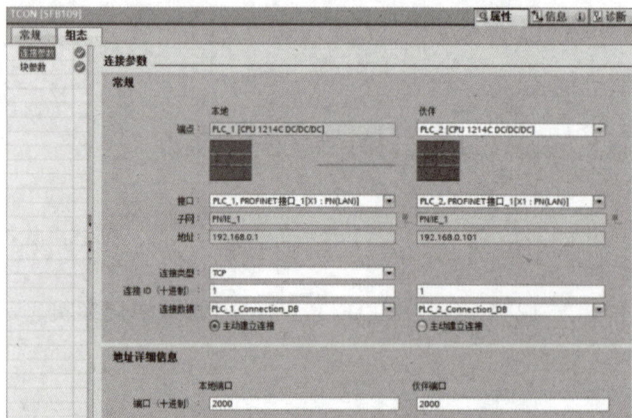 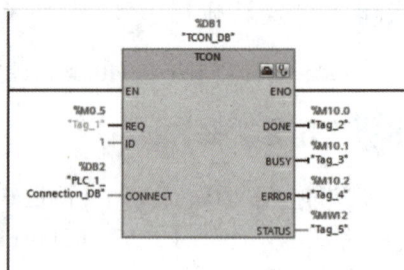

（a）   （b）

图6 – 36 配置 TCON 指令
（a）客户端连接参数；（b）块参数

（2）配置 TSEND 指令。

TSEND 指令 ID 号与 TCON 指令中的设置保持一致，LEN 为数据传送的长度，DATA 为发送数据的指针 [图6 – 37（a）]。可以用 DB 中的数据做发送测试，添加一个 DB，去掉优化块的访问。添加一个数组 fasong，"数据类型"选择"Byte"，"数据限值"为"0.1"，表示是两位的数组［图 6 - 37 (b)］。

(a)　　　　　　　　　　　　　　　　　　(b)

图 6 - 37　配置 TSEND 指令
(a) 配置 TSEND 指令参数；(b) 添加数据块

2）PLC_2 程序

打开 PLC_2 的主程序块，调用 TCON 、TRCV 指令。

(1) 配置 TCON。

打开 PLC_2 的程序 OB1，添加 TCON 指令。配置客户端连接参数［图 6 - 38 (a)］，块参数的配置参照前面的任务［图 6 - 38 (b)］

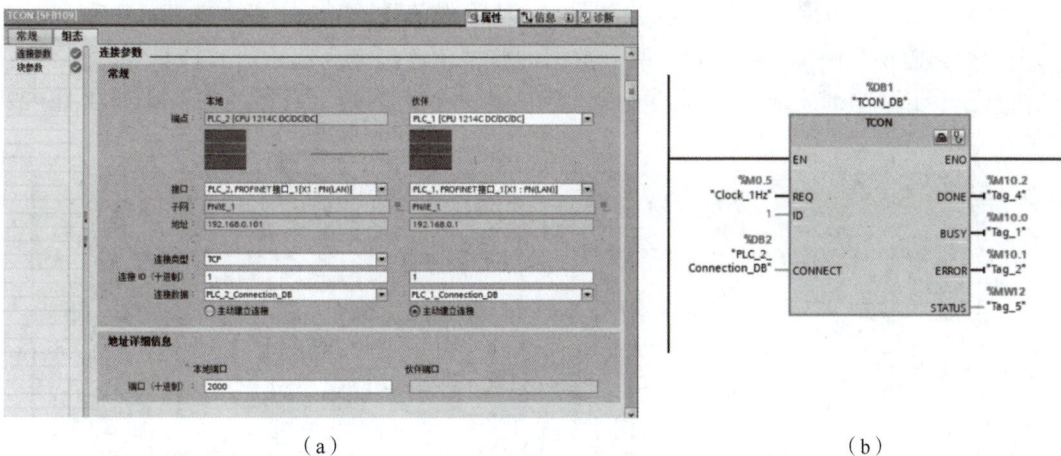

(a)　　　　　　　　　　　　　　　　　　(b)

图 6 - 38　配置 TCON 指令
(a) 客户端连接参数；(b) 块参数

(2) 配置 TRCV 指令。

ID 号与 TCON 指令中的设置一致，LEN 为数据传送的长度，DATA 为发送数据的指针［图 6 - 39 (a)］。可以用 DB 中的数据做发送测试，添加一个 DB，去掉优化块的访问。添加一个数组 jieshou，"数据类型"选择"Byte"，"数据限值"为"0.1"，表示是两位的数组［图 6 - 39 (b)］。

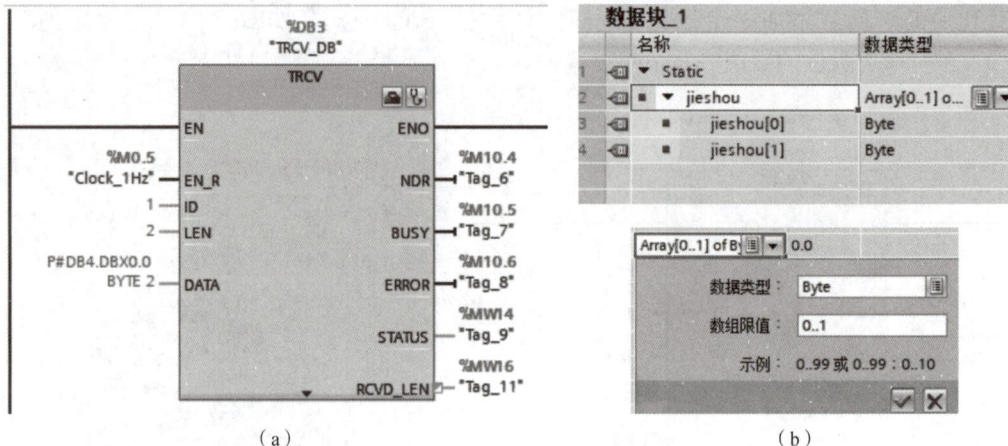

（a）　　　　　　　　　　　　　　　　（b）

图 6 - 39　配置 TRCV 指令

（a）客户端连接参数；（b）块参数

3. 调试验证

1）硬件连接

在设备下电的情况下，连接 PLC 到工业网络交换机的电缆，确保硬件设备连通。

2）编译下载

单击博途软件工具栏的"编译"按钮，编译成功后单击"下载"按钮，出现下载界面。PG/PC 接口类型选择 PN/IE，PG/PC 接口选择连接网线的以太网卡。下载成功后转至在线。

3）监控测试

打开 PLC_1 的数据块_1，对 fasong 数组进行起始值设定，如分别设定为 16#11 和 16#22，单击"全部监视"图标，可以看到两个数据的监视值已经变为起始值，打开 PLC_2 的数据块_1，单击"全部监视"图标，可以看到 jieshou 数组的两个数据变为 16#11 和 16#22（图 6 - 40）。

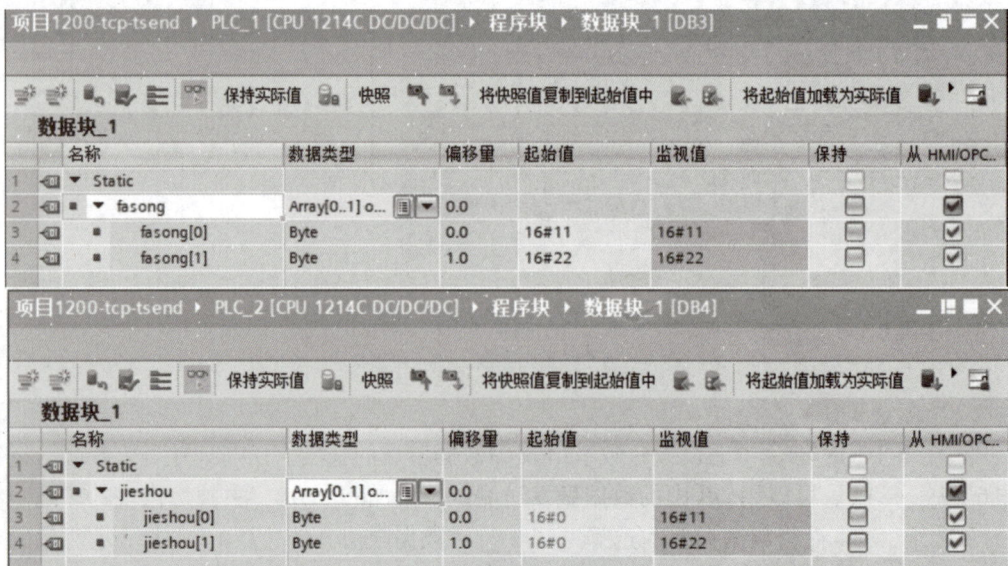

图 6 - 40　发送和接收对比

【任务评价】

任务评价见表 6 – 13。

表 6 – 13　任务评价

评价内容	评价细则	占比/%	完成情况
硬件组态	添加硬件设备（新建项目、配置硬件、修改 IP 地址）	15	
	连接子网	5	
程序设计、编写	PLC_1 程序设计、编写	25	
	PLC_2 程序设计、编写	25	
调试验证	硬件连接	10	
	编译下载	10	
	监控测试	10	

6.3.5　S7 –1200 PLC 之间的 UDP 通信（TUSEND、TURCV 指令）

【任务引入】

S7 –1200 PLC 之间可以实现 UDP 通信。UDP 通信使用 TUSEND、TURCV 指令。本任务是应用 TUSEND、TURCV 指令实现 S7 –1200 PLC 之间的 UDP 通信，进行数据传输。

【任务目标】

具备应用 TUSEND、TURCV 指令实现 S7 –1200 PLC 之间的 UDP 通信的能力。

【任务准备】

S7 –1200 PLC 之间要实现 UDP 通信，需要使用 TCON、TUSEND、TURCV 指令，TUSEND 与 TSEND 指令有一定的区别，在调用的时候需要单独增加一个连接的地址数据块。

软件：TIA Portal V16（博途软件）。

硬件：2 台西门子 S7 –1200 PLC（CPU 1214C DC/DC/DC）、1 台工业网络交换机、2 根 RJ –45 接口双绞线。

【任务实施】

1. 硬件组态

1）新建项目

打开博途软件，新建项目，命名为"1200 – UDP – TSEND"，单击"项目视图"按钮，切换到"项目视图"界面。

开放式用户通信
UDP 组网与调试

2）硬件配置

进入"项目视图"界面后，在项目树下单击"添加新设备"按钮，然后选择控制器 CPU 1214C DC/DC/DC、订货号 6ES7 214 – 1AG40 – 0XB0；再添加控制器 CPU 1214C DC/DC/DC、订货号 6ES7 214 – 1AG40 – 0XB0。在"设备组态"界面中，在"常规"选项卡中找到"系统和时钟存储器"选项，勾选"启用时钟存储器字节"复选框，默认地址设为 0。

3）IP 地址配置

打开项目树中的"PLC_1（S7 – 1200）"，然后双击"设备组态"选项，在"属性"选项卡中修改 IP 地址为 192.168.0.1；用同样的方法修改 PLC_2 的 IP 地址为 192.168.0.101。

4）子网连接

打开项目树中的"PLC_1"，双击"设备组态"选项，出现"设备视图"界面，单击"网络视图"选项卡，切换为"网络视图"界面。单击 PLC_1 的网口，连接到 PLC_2。

2. 程序设计

1）PLC_1 程序

调用 TCON 、TUSEND 指令，打开 PLC_1 的主程序块，在指令目录中选择"通信"→"开放式用户通信"→"其他"选项，下面有 TCON 、TSEND 等 9 个指令。在程序 OB1 中选择 TCON、TUSEND 指令进行编程。

（1）配置 TCON 指令。

在"本地"的"连接数据"处选择新建，生成 PLC_1 的数据，"连接类型"选择"UDP"，"本地端口"设为"2000"；"伙伴"选择"未指定"［图 6 – 41（a）］。

块参数参考前面的任务配置［图 6 – 41（b）］。

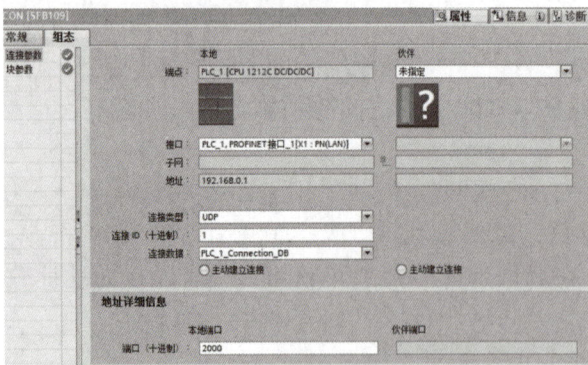
（a）

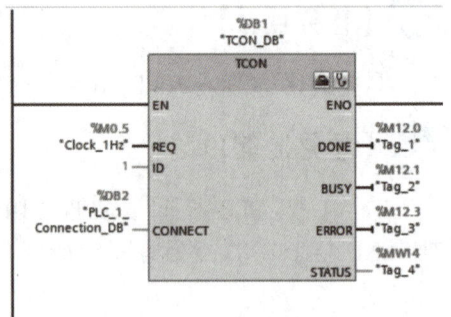
（b）

图 6 – 41　配置 TCON 指令
（a）客户端连接参数；（b）块参数

（2）添加和配置 TADDR_Param 块。

增加一个数据块，打开项目树中的"PLC_1"，打开程序块，选择数据块，"类型"中选择"TADDR_Param"。双击打开该块，对参数进行配置。单开 REM_IP_ADDR 数组，对远程数据接收端的 IP 地址进行配置，这里连接的是 PLC_2，填入其 IP 地址；REM_PORT_NR 是对端口号进行配置；RESERVED 保持默认值［图 6 – 42（b）］。

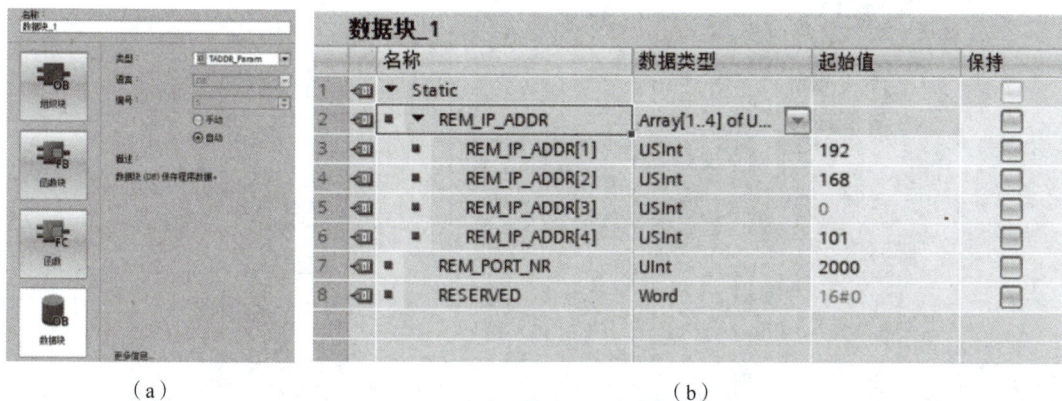

（a）　　　　　　　　　　　　　（b）

图 6 - 42　添加和配置 TADDR_Param 块
（a）添加块；（b）设置块参数

（3）配置 TUSEND 指令。

ID 选择与 TCON 指令一致的 ID；LEN 为发送数据的最大值，根据需要进行设置；DATA 为数据发送的指针，填写发送的起始地址和数据的长度，这里配置的是发送 MB10 的数据；ADDR 为指向接收方的地址，这里需要连接新建的 TADDR_Param 块；其他的参数可参照前面的任务配置（图 6 - 43）。

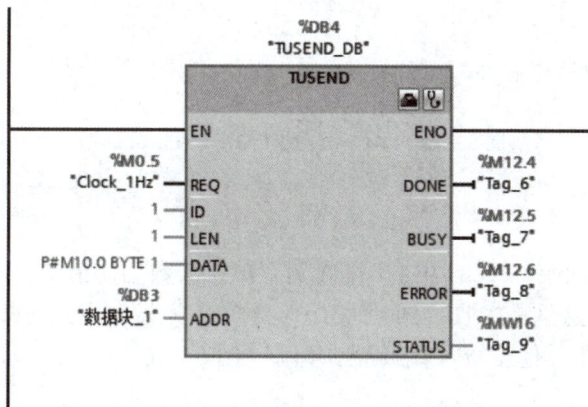

图 6 - 43　配置 TUSEND 指令

2）配置 PLC_2 程序

（1）配置 TCON 指令。

在"本地"的"连接数据"处选择新建，生成 PLC_2 的数据，"连接类型"选择"UDP"，"本地端口"设为"2000"；"伙伴"选择"未指定"［图 6 - 44（a）］。配置块参数时，REQ 选择时钟脉冲 1 Hz 启动作业［图 6 - 44（b）］。

（2）添加和配置 TADDR_Param 块。

新增一个数据块，打开项目树中的"PLC_2"，打开程序块，选择数据块，"类型"选择"TADDR_Param"［图 6 - 45（a）］。双击打开该块，对参数进行配置。打开 REM_IP_ADDR 数组，对远程数据接收端的 IP 地址进行配置，这里连接的是 PLC_1，填入其 IP 地址 192.168.0.1；REM_PORT_NR 是对端口号进行配置；RESERVED 保持默认值［图 6 - 45（b）］。

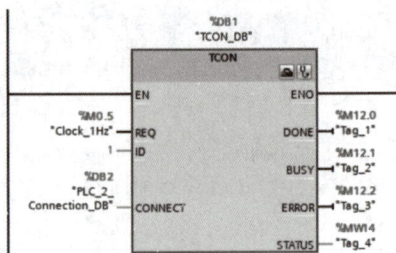

（a）　　　　　　　　　　　　　　　（b）

图 6 - 44　配置 TCON 指令
（a）客户端连接参数；（b）块参数

（a）　　　　　　　　　　　　　　　（b）

图 6 - 45　添加和配置 TADDR_Param 块
（a）添加块；（b）设置块参数

（3）配置 TURCV 指令。

ID 选择与 TCON 指令一致的 ID；DATA 为存放接收数据的指针，填写存放数据的起始地址和数据的长度，这里是接收数据到 MB10；ADDR 为指向发送远端的地址，选择新建的 TADDR_Param 块；其他参数可参照帮助填写（图 6 - 46）。

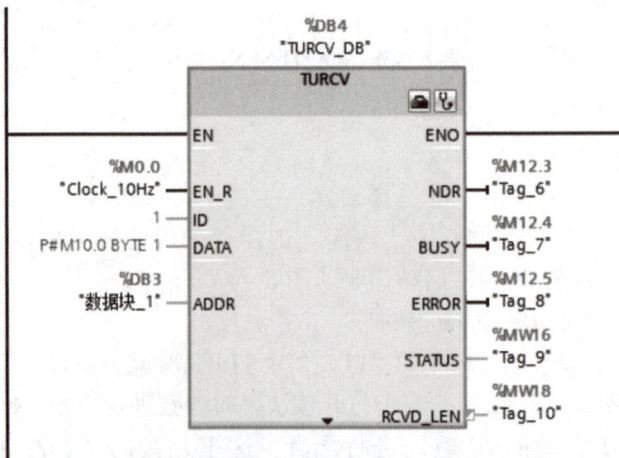

图 6 - 46　配置 TURCV 指令

3. 调试验证

1）硬件连接

在设备下电的情况下，连接 PLC 到工业网络交换机的电缆，确保硬件设备连通。

2）编译下载

单击博途软件工具栏的"编译"按钮，编译成功后，单击"下载"按钮，出现下载界面。PG/PC 接口类型选择 PN/IE，PG/PC 接口选择连接网线的以太网卡。下载成功后转至在线。

3）监控测试

在 PLC_1 的监控表中添加地址 MB10，填写修改值，并单击"一次性修改所有选定值"图标，单击"全部监视"图标，监视值与修改值变为一致；打开 PLC_2 的监控表，添加地址 MB10，单击"全部监视"图标，监视值与 PLC_1 中 MB10 的值相同（图 6 - 47）。

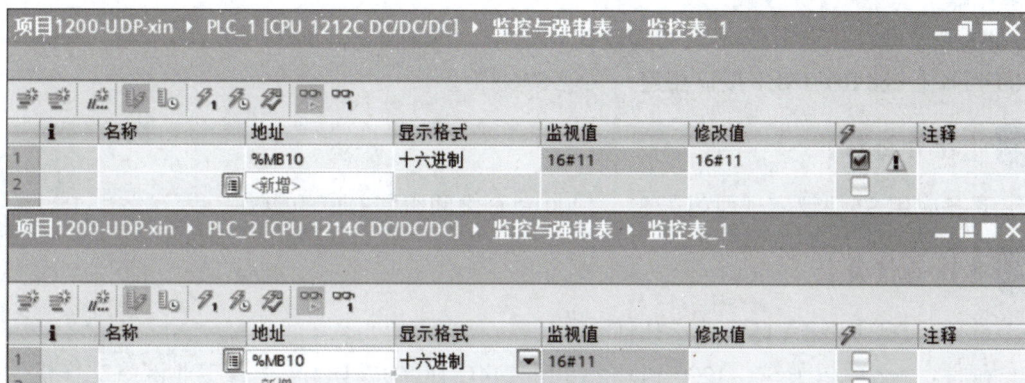

图 6 - 47 发送和接收对比

【任务评价】

任务评价见表 6 - 14。

表 6 - 14 任务评价

评价内容	评价细则	占比/%	完成情况
硬件组态	添加硬件设备（新建项目、配置硬件、修改 IP 地址）	15	
	连接子网	5	
程序设计、编写	PLC_1 程序设计、编写	25	
	PLC_2 程序设计、编写	25	
调试验证	硬件连接	10	
	编译下载	10	
	监控测试	10	

6.4   S7 通信及应用

S7 属于 OSI 参考模型的第 7 层应用层的协议，独立于其他协议，可以在多种底层网络上应用，如 MPI、PROFIBUS、工业以太网等。S7 协议通过不断地重复接收数据来保证网络报文的正确。在 SIMATIC S7 中，通过组态建立 S7 连接来实现通信；在 PC 上，S7 通信需要通过 SAPI – S7 接口函数或 OPC 实现。

6.4.1　S7 – 1200 PLC 之间的 S7 通信

【任务引入】

S7 通信组网与调试

S7 协议可以基于工业以太网实现组网通信，传输数据。本任务是两台西门子 S7 – 1200 PLC 通过 PROFINET 接口相连，实现 S7 通信。

【任务目标】

具备应用 S7 协议实现西门子 S7 – 1200 PLC 之间组网通信的能力。

【任务准备】

软件：TIA Portal V16（博途软件）。

硬件：2 台西门子 S7 – 1200 PLC（CPU 1214C DC/DC/DC）、1 台工业网络交换机、2 根 RJ – 45 接口双绞线。

【任务实施】

1. 硬件组态

1）新建项目

打开博途软件，新建项目，命名为"1200 – S7"，单击"项目视图"按钮，切换到"项目视图"界面。

2）硬件配置

进入"项目视图"界面后，在项目树下单击"添加新设备"按钮，然后选择控制器 CPU 1214C DC/DC/DC、订货号 6ES7 214 – 1AG40 – 0XB0；再添加控制器 CPU 1214C DC/DC/DC、订货号 6ES7 214 – 1AG40 – 0XB0。在"设备组态"界面中，在"常规"选项卡中找到"系统和时钟存储器"选项，勾选"启用时钟存储器字节"复选框，默认地址设为 0。

3）IP 地址配置

打开项目树中的"PLC_1（S7 – 1200）"，然后双击"设备组态"选项，在"属性"选项卡中修改 IP 地址为 192.168.0.1；用同样的方法修改 PLC _2 的 IP 地址为 192.168.0.101。

4）子网连接

在项目树下双击"设备和网络"选项，出现"网络视图"界面，单击 PLC_1 的以太网口，按住鼠标左键，引出一条线，然后连接 PLC_2 的以太网口。

2. 程序设计

1）PLC_1 程序

打开项目树中的"PLC_1"，双击程序块的 Main（OB1），编写程序。在指令目录中选择"通信"→"S7 通信"选项，下面有 PUT 和 GET 指令。

（1）配置 PUT 指令。

块连接参数配置，伙伴选择 PLC_2，自动弹出相关配置，部分配置为默认，不能修改，"连接名称""连接 ID"以及连接的伙伴等设置可以修改［图 6－48（a）］。

块参数 ADDR_1 为接收方的地址指针；SD_1 指向本地 CPU 中待发送的数据存储区，这里的配置是把本地 MB10 的数据发送到接收方的 MB20［图 6－48（b）］。

项目六 工业以太网组网应用

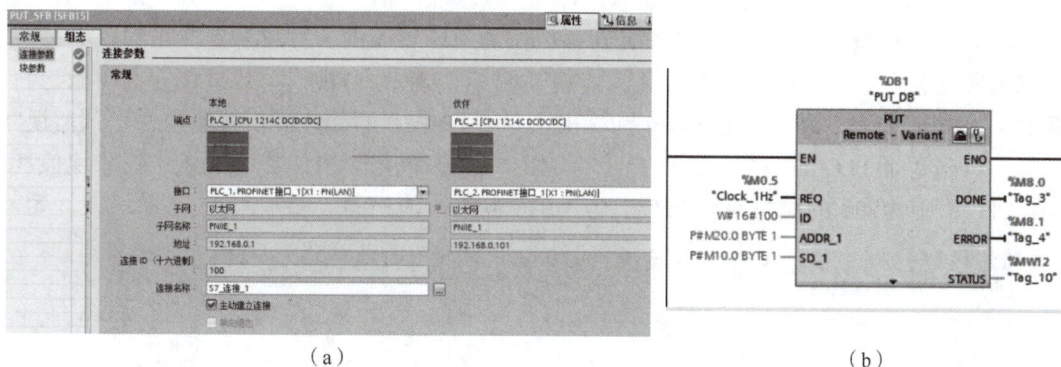

（a）　　　　　　　　　　　　　　（b）

图 6－48　配置 PUT 指令

（a）客户端连接参数；（b）块参数

（2）配置 GET 指令。

在指令目录中选择"通信"→"S7 通信"选项，双击 GET 指令。伙伴选择 PLC_2，自动弹出相关配置［图 6－49（a）］。

块参数 ADDR_1 为发送方（伙伴）的地址指针；SD_1 指向本地 CPU 中接收数据的存储区域，这里的配置是从远程 CPU 的 MB10 中读取数据到本地的 MB20 中［图 6－49（b）］。

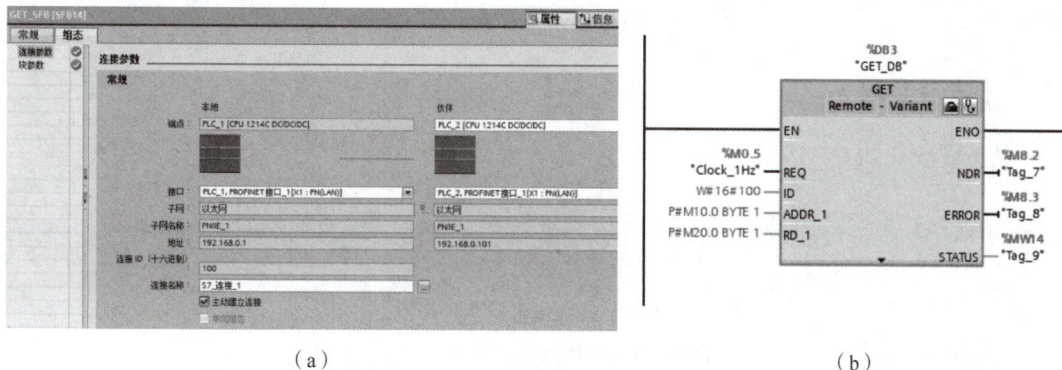

（a）　　　　　　　　　　　　　　（b）

图 6－49　配置 GET 指令

（a）客户端连接参数；（b）块参数

2）PLC_2 程序

S7 通信为单边通信，因此 PLC_2 可不设置通信程序。

3. 调试验证

1）硬件连接

在设备下电的情况下，连接两个 PLC 的以太网口到工业网络交换机，确保硬件设备连通。

2）编译下载

单击博途软件工具栏的"编译"按钮，编译成功后，单击"下载"按钮，出现下载界面。PG/PC 接口类型选择 PN/IE，PG/PC 接口选择连接网线的以太网卡。下载成功后转至在线。

3）监控测试

在 PLC_1 的监控表中添加地址 MB10 和 MB20，填写 MB10 的修改值，并单击"一次性修改所有选定值"图标，单击"全部监视"图标，MB10 监视值与修改值变为一致。打开 PLC_2 的监控表，添加地址 MB10 和 MB20，填写 MB10 的修改值，并单击"全部监视"图标。对比两个 PLC 的监控表，PLC_1 中 MB10 的修改值与 PLC_2 中 MB20 的监视值相同；PLC_1 中 MB20 的监视值与 PLC_2 中 MB10 的修改值相同（图 6 – 50）。

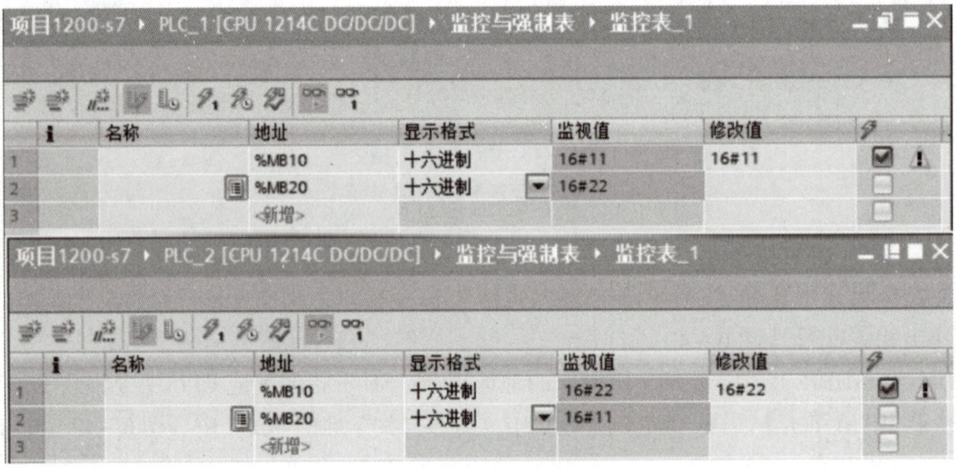

图 6 – 50　发送与接收对比

【任务评价】

任务评价见表 6 – 15。

表 6 – 15　任务评价

评价内容	评价细则	占比/%	完成情况
硬件组态	添加硬件设备（新建项目、配置硬件、修改 IP 地址）	15	
	连接子网	5	

续表

评价内容	评价细则	占比/%	完成情况
程序设计、编写	配置 PUT 指令	25	
	配置 GET 指令	25	
调试验证	硬件连接	10	
	编译下载	10	
	监控测试	10	

6.4.2 S7-1500 PLC 与 S7-1200 PLC 的 S7 通信

【任务引入】

S7 协议基于工业以太网运行，可以实现 PLC 之间的工业以太网通信。本任务是应用 S7 协议实现 S7-1500 PLC 与 S7-1200 PLC 组网通信，进行数据传输。

【任务目标】

具备应用 S7 协议实现 S7-1500 PLC 与 S7-1200 PLC 组网通信的能力。

【任务准备】

软件：TIA Portal V16（博途软件）。

硬件：1 台西门子 S7-1500 PLC（CPU 1512C-1 PN）、1 台西门子 S7-1200 PLC（CPU 1212C DC/DC/DC）、1 台工业网络交换机、2 根 RJ-45 接口双绞线。

【任务实施】

1500-1200-S7

1. 硬件组态

1）新建项目

打开博途软件，新建项目，命名为"1500-1200-S7"，单击"项目视图"按钮，切换到"项目视图"界面。

2）硬件配置

进入"项目视图"界面后，在项目树下单击"添加新设备"按钮，然后选择控制器 CPU CPU 1512C-1 PN、订货号 6ES7 512-1CK01-0AB0；再添加控制器 CPU 1212C DC/DC/DC、订货号 6ES7 212-1AE40-0XB0。在"设备组态"界面中，在"常规"选项卡中找到"系统和时钟存储器"选项，勾选"启用时钟存储器字节"复选框，默认地址设为 0。

3）IP 地址配置

打开项目树中的"PLC_1（S7-1500）"，然后双击"设备组态"选项，在"属性"选项卡中修改 IP 地址为 192.168.0.1；用同样的方法修改 PLC_2 的 IP 地址为 192.168.0.101。

4）子网连接

在项目树下双击"设备和网络"选项，出现"网络视图"界面，单击 PLC_1 的以太网口，按住鼠标左键，引出一条线，然后连接 PLC_2 的以太网口。

2. 程序设计

1）PLC_1 程序

S7 通信为单边通信，因此 PLC_1 可以不设置通信程序，指令均在 PLC_2 中编写。

2）PLC_2 程序

打开项目树中的"PLC_2（S7 - 1200）"，双击程序块的 Main（OB1），编写程序。在指令目录中选择"通信"→"S7 通信"选项，调用 PUT 和 GET 指令。

（1）配置 PUT 指令。

伙伴选择 PLC_1，自动弹出相关配置，部分配置为默认，不能修改，"连接名称""连接 ID"以及连接的伙伴等设置可以修改［图 6 - 51（a）］。

块参数 ADDR_1 为接收方的地址指针；SD_1 指向本地 CPU 中待发送的数据存储区，这里的配置是把本地 MB10 的数据发送到接收方的 MB20 中［图 6 - 51（b）］。

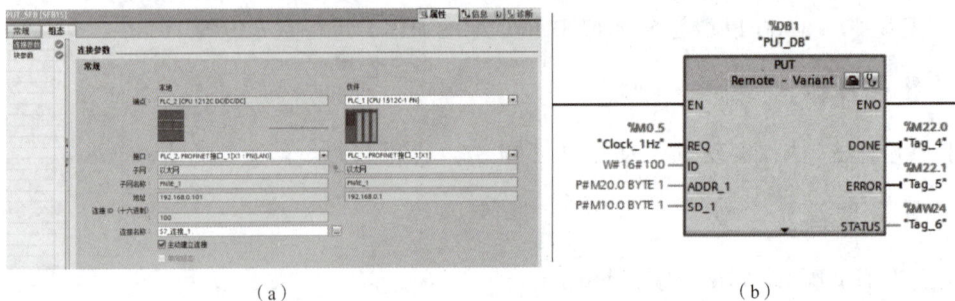

（a）　　　　　　　　　　　　　　　　　　　（b）

图 6 - 51　配置 PUT 指令
（a）客户端连接参数；（b）块参数

（2）配置 GET 指令。

在 PLC_2（S7 - 1200）指令目录中选择"通信"→"S7 通信"选项，双击 GET 指令。伙伴选择 PLC_1，自动弹出相关配置［图 6 - 52（a）］。块参数 ADDR_1 为发送方（伙伴）的地址指针；SD_1 指向本地 CPU 中接收数据的存储区域，这里的配置是从远程 CPU 的 MB10 中读取数据到本地的 MB20 中［图 6 - 52（b）］。

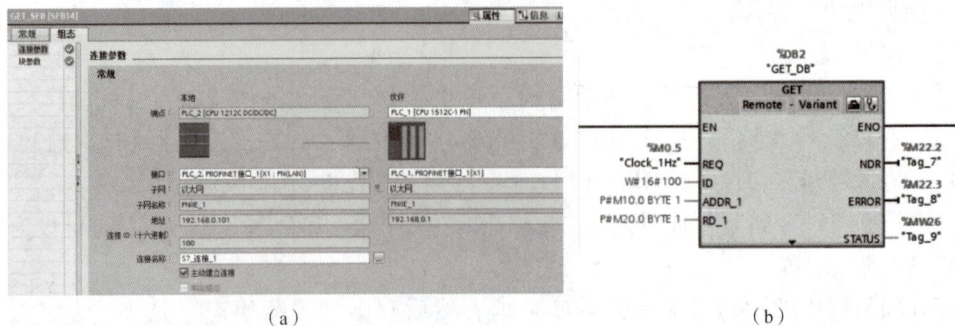

（a）　　　　　　　　　　　　　　　　　　　（b）

图 6 - 52　配置 GET 指令
（a）客户端连接参数；（b）块参数

3. 调试验证

1）硬件连接

在设备下电的情况下，连接两个 PLC 的以太网口到工业网络交换机，确保硬件设备连通。

2）编译下载

单击博途软件工具栏的"编译"按钮，编译成功后，单击"下载"按钮，出现下载界面。PG/PC 接口类型选择 PN/IE，PG/PC 接口选择连接网线的以太网卡。下载成功后转至在线。

3）监控测试

在 S7 – 1500 PLC 和 S7 – 1200 PLC 的监控表中分别设置监控 MB10 和 MB20 的数据，在 S7 – 1500 PLC 中设置 MB10 的修改值为 16#15，在 S7 – 1200 PLC 中设置 MB10 的修改值为 16#12；分别下发修改值后进行监控，监视到在 S7 – 1200 PLC 中 MB10 的值为 16#12，而 MB20 的值为 16#15；同样，在 S7 – 1500 PLC 中 MB10 的值为 16#15，而 MB20 的值为 16#12（图 6 – 53）。

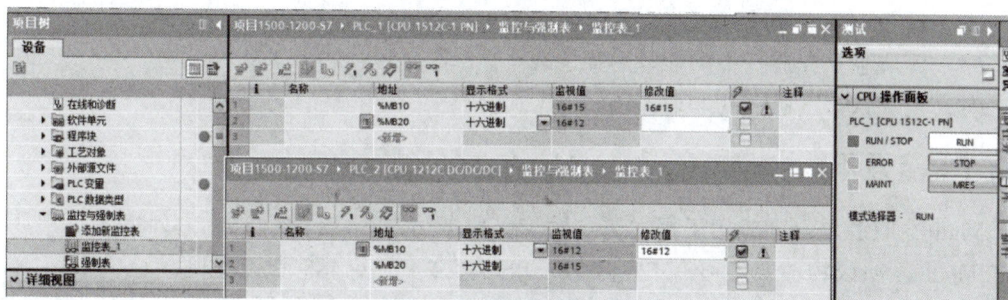

图 6 – 53　发送和接收对比

【任务评价】

任务评价见表 6 – 16。

表 6 – 16　任务评价

评价内容	评价细则	占比/%	完成情况
硬件组态	添加硬件设备（新建项目、配置硬件、修改 IP 地址）	15	
	连接子网	5	
程序设计、编写	配置 PUT 指令	25	
	配置 GET 指令	25	
调试验证	硬件连接	10	
	编译调试	10	
	监控测试	10	

6.5　Modbus TCP 通信及其应用

MODBUSTCP
通信组网与调试

6.5.1　S7 – 1200 PLC 之间的 Modbus TCP 通信

【任务引入】

　　Modbus 协议是一项应用层报文传输协议，其除了 ASCII、RTU 报文类型外，还有 TCP 报文类型。Modbus TCP 是工业以太网技术应用。本任务是应用 Modbus TCP 实现 S7 – 1200 PLC 之间的组网通信，进行数据传输。

【任务目标】

　　(1)　了解 Modbus TCP。
　　(2)　具备应用 Modbus TCP 实现 S7 – 1200 PLC 之间组网通信的能力。
　　(3)　养成独立完成任务的职业习惯。
　　(4)　树立认真、敬业的职业态度。

【任务准备】

　　Modbus TCP 是一项应用层报文传输协议，包括 ASCII、RTU、TCP 三种报文类型。标准的 Modbus 协议物理层接口有 RS – 232、RS – 422、RS – 485 和以太网接口，采用 Master/Slave 方式通信。在使用 TCP 通信时，主站为客户端，主动建立连接；从站为服务器端，等待连接。这 3 种报文类型在数据模型和功能调用上都是相同的，只有封装方式是不同的。Modbus TCP 是一个运行在 TCP/IP 网络连接中的协议，与传统的串口方式相比，Modbus TCP 插入一个标准的 Modbus 报文头到 TCP 报文中，不再带有差错校验和地址域。

　　Modbus TCP 是简单的、中立于厂商的、用于管理和控制自动化设备的 Modbus 系列通信协议的派生产品。显而易见，它覆盖了使用 TCP/IP 的 Intranet 和 Internet 环境中 Modbus 报文的用途。

　　Modbus TCP 服务器中按缺省协议使用 Port 502 通信端口，在客户机程序中设置任意通信端口，为避免与其他协议的冲突，一般建议端口号从 2000 开始使用。

【任务实施】

1. 硬件组态

　　1)　新建项目

　　打开博途软件，新建项目，命名为"1200 – modbustcp"，单击"项目视图"按钮，切换到"项目视图"界面。

　　2)　硬件配置

　　进入"项目视图"界面后，在项目树下单击"添加新设备"按钮，然后选择控制器 CPU 1214C DC/DC/DC、订货号 6ES7 214 – 1AG40 – 0XB0；再添加控制器 CPU 1214C DC/

DC/DC、订货号 6ES7 214 – 1AG40 – 0XB0。在"设备组态"界面中，在"常规"选项卡中找到"系统和时钟存储器"选项，"启用时钟存储器字节"复选框，默认地址设为 0。

3）IP 地址配置

打开项目树中的"PLC_1（S7 – 1200）"，然后双击"设备组态"选项，在"属性"选项卡中修改 IP 地址为 192.168.0.1；用同样的方法修改 PLC_2 的 IP 地址为 192.168.0.101。

4）子网连接

在项目树下双击"设备和网络"选项，出现"网络视图"界面，单击 PLC_1 的以太网口，按住鼠标左键，引出一条线，然后连接 PLC_2 的以太网口。

2. 程序设计

1）PLC_1（S7 – 1200）客户端程序

打开项目树中的"PLC_1（S7 – 1200）"，双击程序块的 Main（OB1），编写程序。在指令目录中选择"通信"→"其他"选项，下面有 Modbus TCP 以及 MB_CLIENT 和 MB_SERVER 指令。

（1）添加数据发送块。

打开 PLC_1 程序块，新增一个数据块。修改数据块的属性，去掉优化的块访问。打开数据块，新增一个数组，命名为 send，数据类型为 Word（图 6 – 54）。

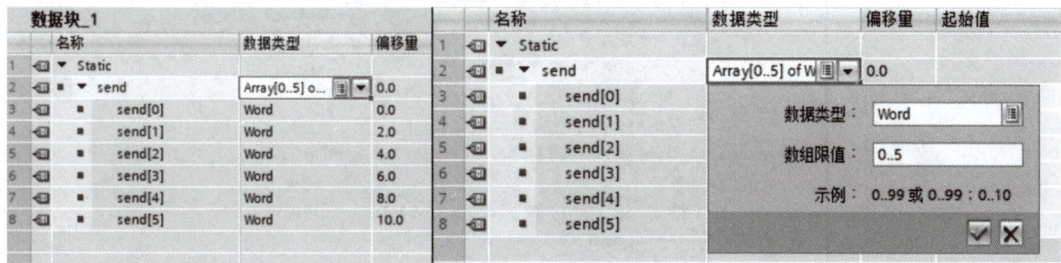

图 6 – 54　发送数据块

（2）添加和配置 TCON_IP_v4 数据块。

新增一个数据块。打开数据块后，新增一个名称为"aa"、数据类型为"TCON_IP_v4"的数组，这里通过键盘输入的方式输入"TCON_IP_v4"；打开 aa 数组，填入相关参数，在"ConnectionType"处填入"16#0B"，表示 TCP/IP；打开"ADDR"，填入服务器端的 IP 地址，这里是 192.168.0.101；"RemotePort"是远端的端口号，这里采用 502；"LocalPort"默认为"0"（图 6 – 55）。

（3）配置 MB_CLIENT 指令。

在指令目录中选择"通信"→"其他"→"Modbus TCP"选项，调用 MB_CLIENT 指令。REQ 为通信建立请求，为"1"时建立通信，这里通过 M10.0 的设置发起请求；DISCONNECT 填"0"以保持建立的连接；MB_MODE 为请求模式，"0"为读，"1"为写，这里是向服务器端写入数据；MB_DATA_ADDR 为写入的地址，这里为以 40001 开始的地址，地址编号参考 Modbus RTU 任务；MB_DATA_LEN 为数据长度，这里发送 6 个字；MB_DATA_PTR 为数据指针，这里指向新增的数据块发送数组 send；CONNECT 为执行连接的指针，指向新增的 TCON_IP_v4 块（图 6 – 56）。

图 6 – 55　添加和配置 TCON_IP_v4 数据块

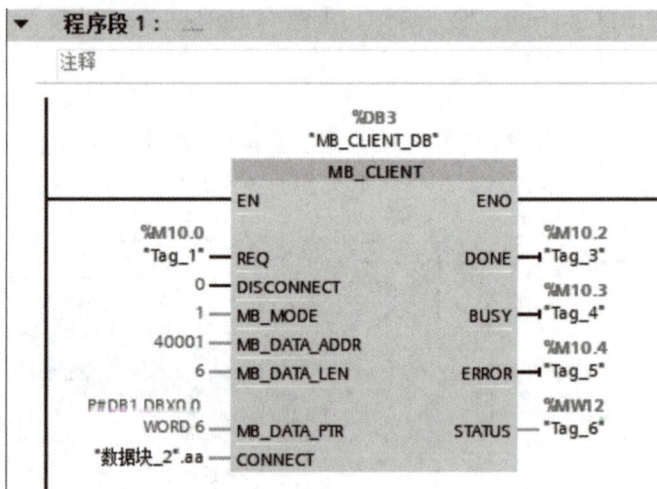

图 6 – 56　配置 MB_CLIENT 指令

2）PLC_2（S7 – 1200）客户端程序

打开项目树中的"PLC_1（S7 – 1200）"，双击程序块的 Main（OB1），编写程序。

（1）添加数据接收块。

打开 PLC_2 程序块，新增一个数据块。修改数据块的属性，去掉优化的块访问。打开数据块，新增一个数组，命名为"receive"，数据类型为 Word（图 6 – 57）。

（a）　　　　　　　　　　　　　　　　　（b）

图 6 – 57　添加接收数据块

（2）添加配置 TCON_IP_v4 数据块。

新增一个数据块。打开数据块后，新增一个变量名称为"bb"、数据类型为"TCON_IP_v4"的数组，这里通过键盘输入的方式输入"TCON_IP_v4"。打开 bb 数组，填入相关参数：在"ConnectionType"处填入"16#0B"，表示 TCP/IP；打开"ADDR"，填入远端的 IP 地址，这里是 0.0.0.0，表示允许任意的 IP 地址接入；"RemotePort"是远端的端口号，这里采用 0，表示任意的端口；在"LocalPort"处填入"502"，与客户端填入的远端端口号一致（图 6 – 58）。

	名称	数据类型	起始值	保持
1	▼ Static			
2	▼ bb	TCON_IP_v4		
3	InterfaceId	HW_ANY	64	
4	ID	CONN_OUC	1	
5	ConnectionType	Byte	16#0B	
6	ActiveEstablished	Bool	false	
7	▼ RemoteAddress	IP_V4		
8	▼ ADDR	Array[1..4] of Byte		
9	ADDR[1]	Byte	16#0	
10	ADDR[2]	Byte	16#0	
11	ADDR[3]	Byte	16#0	
12	ADDR[4]	Byte	16#0	
13	RemotePort	UInt	0	
14	LocalPort	UInt	502	

图 6 – 58　添加和配置 TCON_IP_v4 数据块

（3）配置 MB_SERVER 指令

在指令目录中选择"通信"→"其他"→"Modbus TCP"选项，调用 MB_SERVER指令。配置参数，DISCONNECT 填"0"以保持建立的连接；MB_HOLD_REG 为 Modbus 保持性寄存器的指针，这里指向新增的数据块接收数组 receive；CONNECT 为执行连接的指针，指向新增的 TCON_IP_v4 数据块（图 6 – 59）。

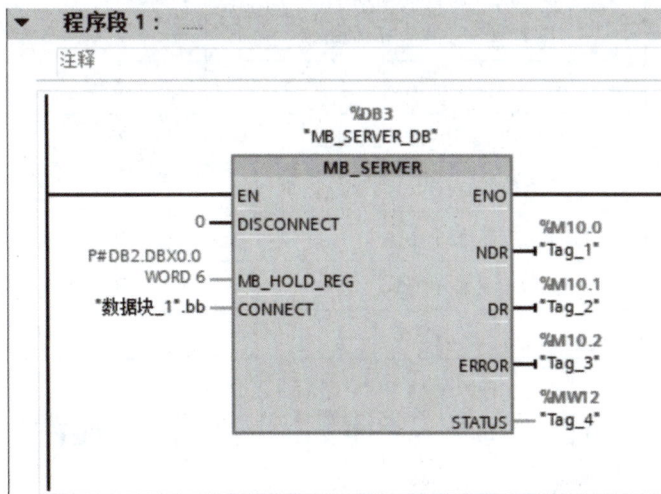

图 6 – 59　配置 MB_SERVER 指令

3. 调试验证

1）硬件连接

在设备下电的情况下，连接两个 PLC 的以太网口到工业网络交换机，确保硬件设备连通。

2）编译下载

单击博途软件工具栏的"编译"按钮，编译成功后，单击"下载"按钮，出现下载界面。PG/PC 接口类型选择 PN/IE，PG/PC 接口选择连接网线的以太网卡。下载成功后转至在线。

3）监控测试

打开 PLC_1 的发送数据块 send 数组，修改发送数组的起始值，下载后进行监控；打开 PLC_2 的接收数据块 receive 数组，单击"全部监视"图标，进行数据对比（图 6–60）。

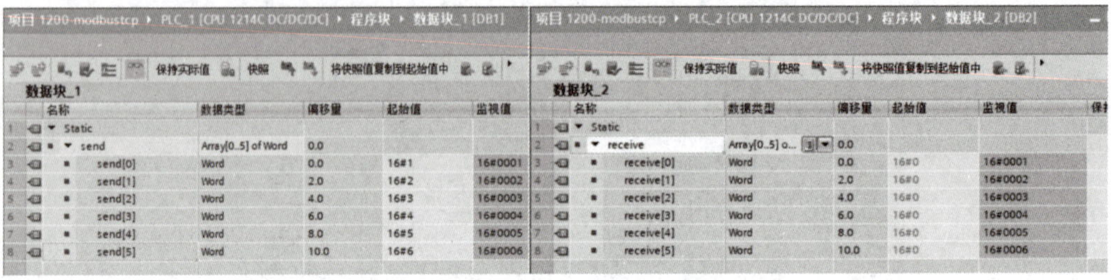

图 6–60　接收和发送对比

【任务评价】

任务评价见表 6–17。

表 6–17　任务评价

评价内容	评价细则	占比/%	完成情况
硬件组态	添加硬件设备（新建项目、配置硬件、修改 IP 地址）	15	
	连接子网	5	
程序设计、编写	PLC_1 程序设计、编写	25	
	PLC_2 程序设计、编写	25	
调试验证	硬件连接	10	
	编译下载	10	
	监控测试	10	

6.5.2　S7–1500 PLC 与 S7–1200 PLC 的 Modbus TCP 通信

【任务引入】

本任务是应用 Modbus TCP 实现 S7–1500 PLC 与 S7–1200 PLC 之间的组网通信，进

行数据传输。

【任务目标】

具备应用 Modbus TCP 实现 S7 – 1500 PLC 与 S7 – 1200 PLC 之间组网通信的能力。

【任务准备】

软件：TIA Portal V16（博途软件）。

硬件：1 台西门子 S7 – 1500 PLC（CPU 1512C – 1 PN）、1 台西门子 S7 – 1200 PLC（CPU 1212C DC/DC/DC）、1 台工业网络交换机、2 根 RJ – 45 接口双绞线。

【任务实施】

1. 硬件组态

1）新建项目

打开博途软件，新建项目，命名为"1500 – 1200 – S7"，单击"项目视图"按钮，切换到"项目视图"界面。

1500 – 1200 – MODBUS

2）硬件配置

进入"项目视图"界面后，在项目树下单击"添加新设备"按钮，然后选择控制器 CPU CPU 1512C – 1 PN、订货号 6ES7 512 – 1CK01 – 0AB0；再添加控制器 CPU 1212C DC/DC/DC、订货号 6ES7 212 – 1AE40 – 0XB0。在"设备组态"界面中，在"常规"选项卡中找到"系统和时钟存储器"选项，勾选"启用时钟存储器字节"复选框，默认地址设为 0。

3）IP 地址配置

打开项目树中的"PLC_1（S7 – 1500）"，然后双击"设备组态"选项，在"属性"选项卡中修改 IP 地址为 192.168.0.1；用同样的方法修改 PLC_2 的 IP 地址为 192.168.0.101。

4）子网连接

在项目树下双击"设备和网络"选项，出现"网络视图"界面，单击 PLC_1 的以太网口，按住鼠标左键，引出一条线，然后连接 PLC_2 的以太网口。

2. 程序设计

1）PLC_1（S7 – 1500）客户端程序

打开项目树中的"PLC_1（S7 – 1500）"，双击程序块的 Main（OB1），编写程序。在指令目录中选择"通信"→"其他"选项，下面有 Modbus TCP 以及 MB_CLIENT 和 MB_SERVER 指令。

（1）添加和配置 TCON_IP_v4 数据块。

新增一个数据块。打开数据块后，新增一个名称为"aa"、数据类型为"TCON_IP_v4"的数组，这里通过键盘输入的方式输入"TCON_IP_v4"；打开 aa 数组，填入相关参数，在"ConnectionType"处填入"16#0B"，表示 TCP/IP；打开"ADDR"，填入服务器端的 IP 地址，这里是 192.168.0.101；"RemotePort"是远端的端口号，这里采用 502；"LocalPort"默认为"0"（图 6 – 61）。

数据块_1

	名称	数据类型	起始值
1	Static		
2	lianwang	TCON_IP_v4	
3	InterfaceId	HW_ANY	64
4	ID	CONN_OUC	16#1
5	ConnectionType	Byte	16#0B
6	ActiveEstablished	Bool	1
7	RemoteAddress	IP_V4	
8	ADDR	Array[1..4] of Byte	
9	ADDR[1]	Byte	192
10	ADDR[2]	Byte	168
11	ADDR[3]	Byte	0
12	ADDR[4]	Byte	101
13	RemotePort	UInt	502
14	LocalPort	UInt	0

图 6－61　添加和配置 TCON_IP_v4 数据块

（2）配置 MB_CLIENT 指令。

在指令目录中选择“通信”→“其他”→Modbus TCP 选项，调用 MB_CLIENT 指令。REQ 为通信建立请求，为“1”时建立通信，这里通过 M10.0 的设置发起请求；DISCONNECT 填“0”以保持建立的连接；MB_MODE 为请求模式，“0”为读，“1”为写，这里是读取服务器端的数据；MB_DATA_ADDR 为读取数据的地址，这里为以 40001 开始的地址，地址编号参考 Modbus RTU 任务；MB_DATA_LEN 为数据长度，读取 2 个字；MB_DATA_PTR 为数据指针，读取后存入地址，这里指向 M10.0 开始的 2 个字；CONNECT 为执行连接的指针，指向新增的 TCON_IP_v4 数据块（图 6－62）。

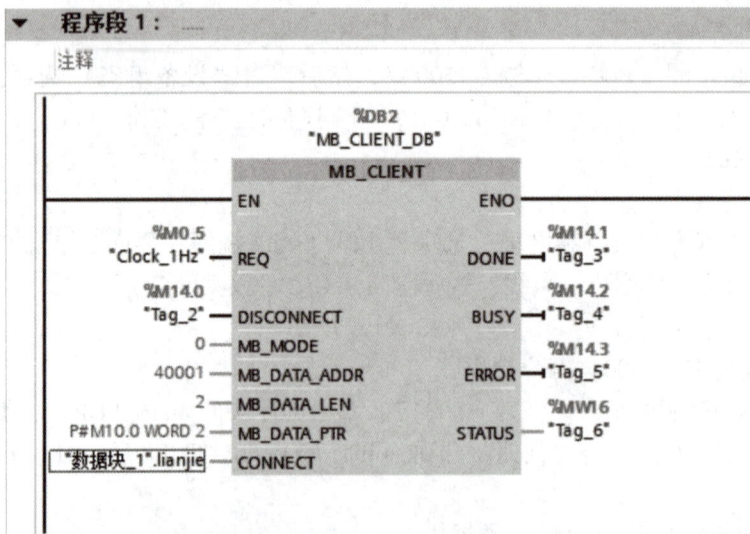

图 6－62　配置 MB_C LIENT 指令

2）PLC_2（S7－1200）客户端程序

打开项目树中的“PLC_2（S7－1200）”，双击程序块的 Main（OB1），编写程序。

（1）添加和配置 TCON_IP_v4 数据块。

新增一个数据块。打开数据块后，新增一个名称为“lianjie”、数据类型为“TCON_IP_

v4"的数组，这里通过键盘输入的方式输入"TCON_IP_v4"；打开 lianjie 数组，填入相关参数，在"ConnectionType"处填入"16#0B"，表示 TCP/IP；打开"ADDR"，填入远端的 IP 地址，这里是 192.168.0.1；"RemotePort"是远端的端口号，这里采用 0，表示任意的端口；在"LocalPort"处填入"502"，与客户端填入的远端端口号一致（图 6-63）。

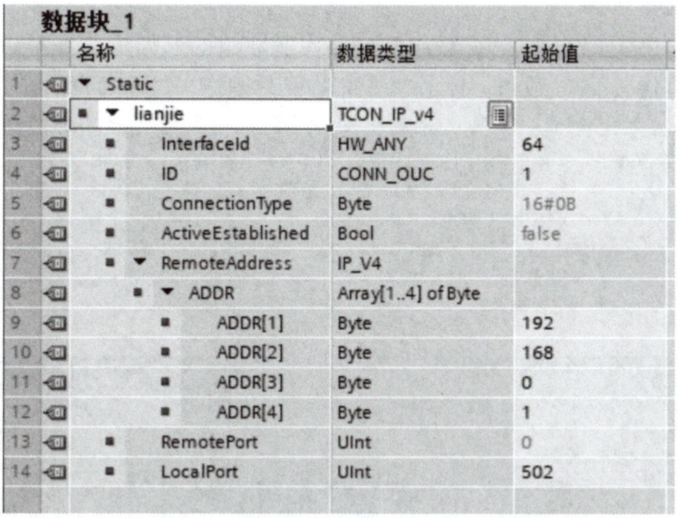

图 6-63　添加和配置 TCON_IP_v4 数据块

（2）配置 MB_SERVER 指令。

在指令目录中选择"通信"→"其他"→"Modbus TCP"选项，调用 MB_SERVER 指令。"DISCONNECT"填"0"以保持建立的连接；MB_HOLD_REG 为 Modbus 保持性寄存器的指针，这里指向新增的数据块接收数组 receive；CONNECT 为执行连接的指针，指向新增的 TCON_IP_v4 数据块（图 6-64）。

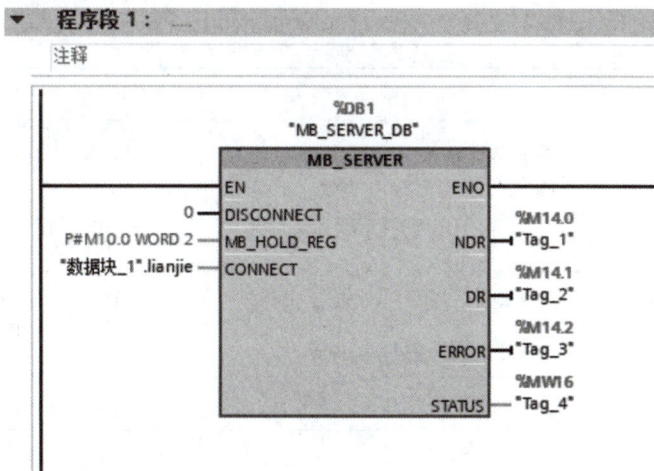

图 6-64　配置 MB_SERVER 指令

3. 调试验证

1）硬件连接

在设备下电的情况下，连接两个 PLC 的以太网口到工业网络交换机，确保硬件设备连通。

2）编译下载

单击博途软件工具栏的"编译"按钮，编译成功后，单击"下载"按钮，出现下载界面。PG/PC 接口类型选择 PN/IE，PG/PC 接口选择连接网线的以太网卡。下载成功后转至在线。

3）监控测试

打开 PLC_1 的发送数据块 send 数组，修改发送数组的起始值，下载后进行监控；打开 PLC_2 的接收数据块 receive 数组，单击"全部监视"图标，进行数据对比（图 6 – 65）。

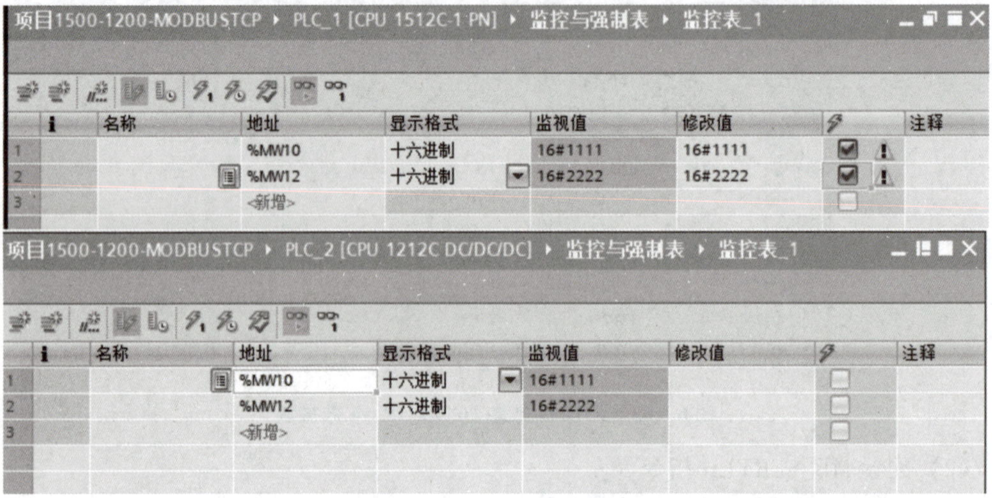

图 6 – 65　接收和发送对比

【任务评价】

任务评价见表 6 – 18。

表 6 – 18　任务评价

评价内容	评价细则	占比/%	完成情况
硬件组态	添加硬件设备（新建项目、配置硬件、修改 IP 地址）	15	
	连接子网	5	
程序设计、编写	PLC_1 程序设计、编写	25	
	PLC_2 程序设计、编写	25	
调试验证	硬件连接	10	
	编译下载	10	
	监控测试	10	

7. 1 认识 WinCC

【任务引入】

WinCC 运行于 PC 环境,可以与多种自动化设备及控制软件集成,具有丰富的设置项目、可视窗口和菜单选项,使用方式灵活,功能齐全。WinCC 为操作者提供了图文并茂、形象直观的操作环境,不仅缩短了软件设计周期,而且提高了工作效率。利用 WinCC 可以实现对工业自动化系统的监视、控制、管理和集成等一系列功能,WinCC 在自动化系统中发挥着巨大的作用。

【任务目标】

(1) 认识 WinCC,了解 WinCC 的定义、组成和特点。
(2) 掌握项目管理器的基本操作。
(3) 掌握 WinCC 变量的添加方法。
(4) 掌握图形管理器的基本操作。
(5) 养成独立完成任务的职业习惯。
(6) 树立认真、敬业的职业态度。

【任务准备】

1. WinCC 的定义

1996 年,西门子公司推出了 HMI/SCADA 软件——视窗控制中心 SIMATIC WinCC,它是西门子在自动化领域中的先进技术与微软技术相结合的产物、性能全面、技术先进、系统开放。WinCC 具有用户友好的界面,可以进行组态、编程和数据管理,可以形成所需的操作画面、监视画面、控制画面、报警画面、实时趋势曲线、历史趋势曲线和打印报表等。

WINCC 控制基础

2. WinCC 的组成

项目管理器(WinCC Explorer)类似 Windows 系统中的资源管理器,它包含控制系统的所有必要的数据,项目以树形目录的形式分层排列存储。WinCC 分为基本系统、WinCC 选件和 WinCC 附件。WinCC 基本系统包含以下部件。

1）变量管理

变量管理负责管理 WinCC 中所使用的所有外部变量、内部变量和通信驱动程序等。WinCC 中与外部控制器没有过程连接的变量叫作内部变量，内部变量可以无限制地使用。WinCC 中与外部控制器有过程连接的变量叫作过程变量，也称为外部变量。

2）图形编辑器

图像编辑器用于设计各种图形画面。

3）报警记录

报警记录用于采集和归档报警消息。

4）变量记录

变量记录用于处理测量值的采集和归档。

5）报表编辑器

报表编辑器提供许多标准的报表，也可以自行设计各种格式的报表，可以按照设定的时间进行打印工作。

6）全局脚本

全局脚本是根据项目的需要所编写的脚本代码。

7）文本库

文本库可以编辑不同语言版本下的文本消息。

8）交叉索引

交叉索引用于检索画面、函数、归档和消息中所使用的变量、函数、对象、控件等。

3. WinCC 的特点

WinCC 作为西门子全集成自动化的重要组成部分，具有非常出色的性能，具体如下。

1）简单易学

使用 WinCC 不需要掌握很多编程技术，根据工程实际情况，利用其提供的底层设备 PLC、变频器、智能仪表、智能模块、板卡等的 IO 驱动，开放式的数据库和界面制作工具，就能完成一个具有网络功能和多媒体功能的复杂工程，该工程可包含动画效果、实时数据处理功能、历史数据和曲线等。

2）功能强大

WinCC 拥有丰富的编辑和作图工具，提供了众多工业设备图符、仪表图符、趋势图、数据分析图和历史曲线图等。WinCC 具有强大的通信功能和良好的开放性，组态软件向上可与管理网络互连，向下可以与数据采集硬件通信。WinCC 具有友好的图形化用户界面，包括 Windows 风格的窗口、菜单、按钮、信息区、工具栏、滚动条等。WinCC 的画面丰富多彩，为设备的正常运行、操作人员的集中监控提供了极大的方便。

3）实时多任务

在使用 WinCC 开发的项目中，数据采集与输出、数据处理与算法实现、图形显示及人机对话、实时数据的存储、检索管理、实时通信等多个任务可以在同一台计算机上同时进行。

4）扩展性好

当硬件设备、系统结构等现场条件或用户需求发生改变时，WinCC 可以方便地完成软件的更新和升级。

4. WinCC 项目类型

WinCC 项目分为 3 种：单用户项目、多用户项目和客户机项目（图 7 - 1）。用户根据实际需求，在创建项目时选择不同的项目类型，创建项目后可在"项目属性"对话框中更改项目类型。

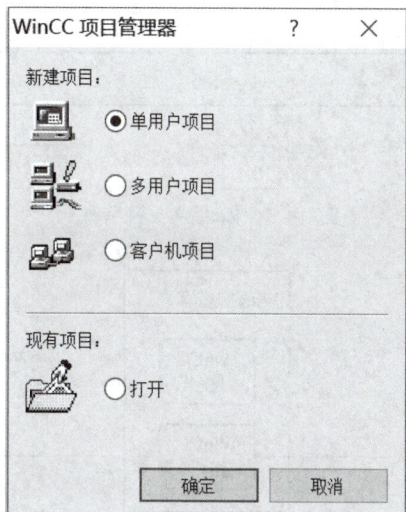

图 7 - 1　WinCC 项目类型

（1）单用户项目：如果只需要使用一台计算机运行 WinCC 项目，可创建单用户项目（图 7 - 2）。运行 WinCC 项目的计算机将用作进行数据处理的服务器和操作员输入站，对下层 PLC 或其他设备进行监控，其他计算机不能访问该项目。

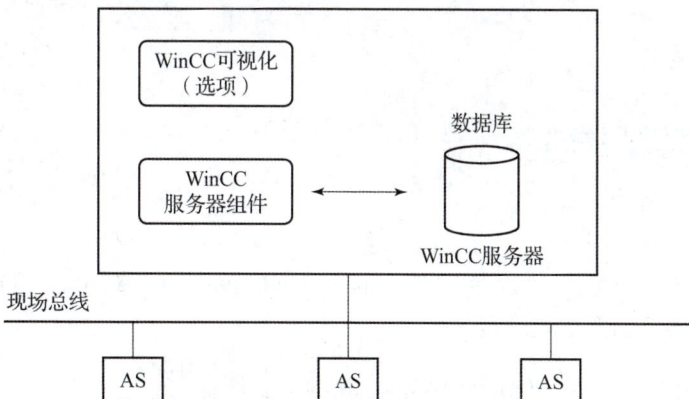

图 7 - 2　单用户项目示意

（2）多用户项目：如果需要使用多台计算机协调运行 WinCC 项目，可创建多用户项目（图 7 - 3）。多用户项目可以组态一个或多个服务器和客户机。

（3）客户机项目：如果创建多用户项目，则随后需要创建对服务器进行访问的客户机，并在客户机上创建一个客户机程序（图 7 - 4）。

图 7-3　多用户项目示意

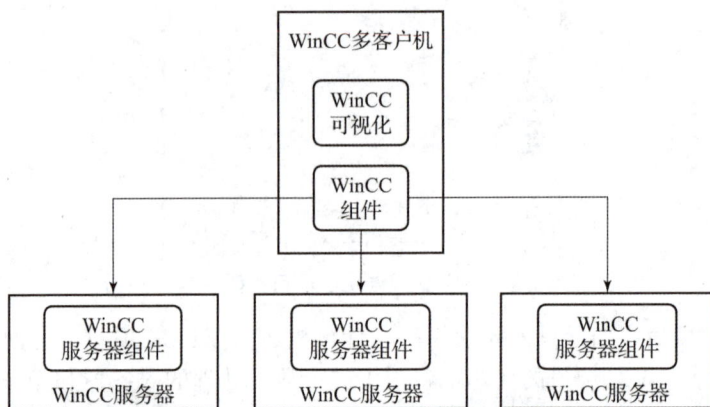

图 7-4　客户机项目示意

【任务实施】

7.1.1　认识项目管理器

1. 启动项目管理器

启动 WinCC（项目管理器）有 3 种方法。

方法一：选择"开始"→"程序"→"Siemens Aotomation"→"WinCC Explorer"选项，即可启动项目管理器，如图 7-5 所示。

方法二：双击桌面上的 SIMATIC WinCC 快捷方式图标 。

方法三：在复制的 WinCC 项目文件中或以前创建的 WinCC 项目文件夹中，双击图标即可启动此 WinCC 项目。

WinCC Explorer 是项目管理器，以项目的形式管理控制系统所有必要的数据，项目通过树形目录的形式分层排列存储。项目是 WinCC 中用户界面组态的基础，在项目中可以创建、编辑、操作和观察组态过程的所有对象。项目管理器界面主要包括菜单栏、工具栏、状态栏、浏览窗口和数据窗口（图 7-6）。

图 7-5　启动项目管理器

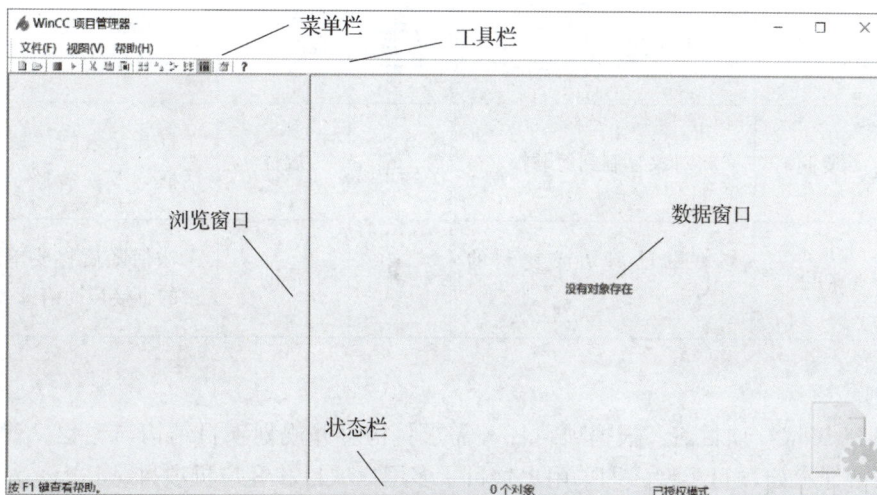

图 7-6　项目管理器界面

菜单栏包括"文件""视图"和"帮助"选项。"文件"选项下包含"新建""打开""最近使用的文件"和"退出"选项；"视图"选项下包含"工具栏""状态栏""激活"和"背景"选项；"帮助"选项下包含"目录和索引""这是什么"和"关于控制中心"选项。

工具栏中的快捷按钮从左往右依次为新建、打开，取消激活、激活，剪切、复制、粘贴，平铺、大图标、小图标、列表、详细信息、属性、帮助（图 7-7），其功能见表 7-1。

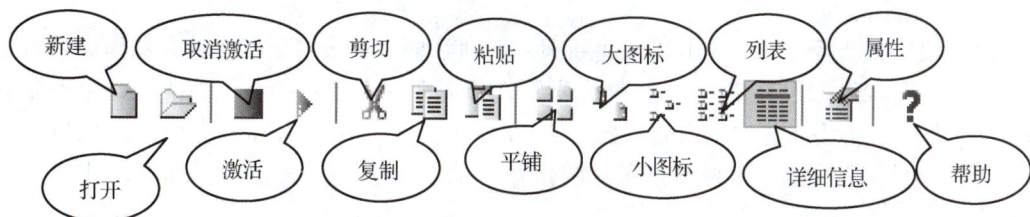

图 7-7　工具栏中的快捷按钮

表7-1　项目管理器工具栏中快捷按钮的功能

图标	名称	功能	图标	名称	功能
	新建	创建新的项目		平铺	将所创建画面的内容显示为缩微图的形式
	打开	打开项目		大图标	数据窗口中的元素将显示为大图标
	取消激活	退出运行系统		小图标	数据窗口中的元素将显示为小图标
	激活	启动运行系统中的项目		列表	数据窗口中的元素将只显示为名称列表
	剪切	剪切所选对象		详细信息	数据窗口中的元素将显示为具有详细信息的列表
	复制	将对象复制到剪贴板		属性	打开元素的"属性"对话框
	粘贴	粘贴已剪切或复制的对象	?	帮助	激活随后将要单击的元素的直接帮助信息

2. 创建项目

在创建 WinCC 项目前，根据项目任务需求，构思并规划项目结构与流程。首先根据项目任务需求确定项目类型，即单用户项目、多用户项目和客户机项目。其中，对于多用户项目，需要确定客户机数量；对于客户机项目，需要绘制网络图，确定服务器、客户机数量及其关系。

1）选择项目类型

在项目管理器的工具栏中选择"文件"→"新建"选项，或者单击菜单栏的图标，弹出项目类型选择对话框，如图7-8所示。根据项目任务的实际情况，选择单用户项目、多用户项目或客户机项目。

2）选择路径

选择项目类型后会自动弹出"创建新项目"对话框。在该对话框中首先选择保存新建项目的驱动器名称（如D盘），在此驱动器下选择需要保存项目的文件夹或在此驱动器下新建子文件夹，再为新建项目命名，如图7-9所示。在"项目名称"框中输入项目的名称，在"项目路径"框中选择项目保存的位置。单击"创建"按钮后，弹出新建项目的项目管理器界面，如图7-10所示。

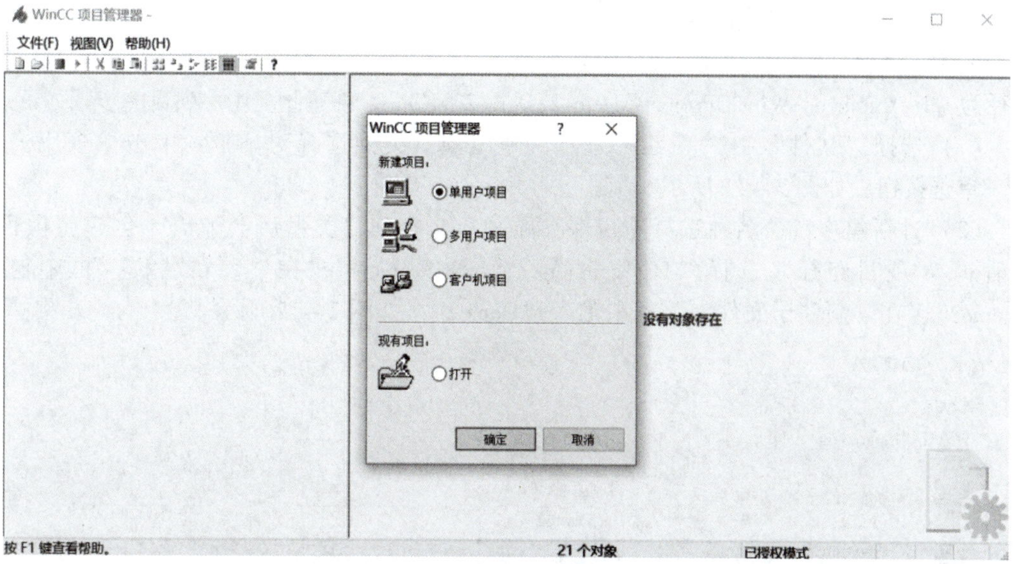

图 7 - 8　新建文件界面

图 7 - 9　"创建新项目"对话框

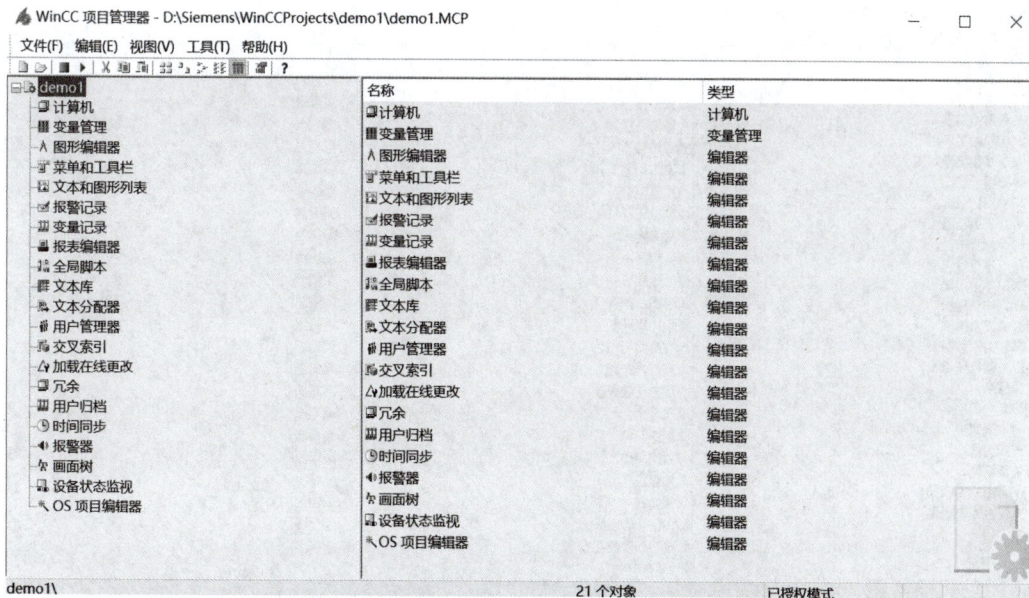

图 7 - 10　新建的单用户项目的项目管理器界面

3）创建一个新的多用户项目

创建一个项目名称为"Demo2"的多用户项目。服务器名称为"DESKTOP – 8FSF03G"，路径为"D：\Siemens\WinCCProjects\Demo2\Demo2. MCP"。创建此多用户项目的步骤如下。

（1）选择"文件"→"新建"选项，弹出项目类型选择对话框，单击"多用户项目"单选按钮，如图7 – 11所示。

（2）对新建项目命名并选择项目保存路径。选择项目类型后会弹出"创建新项目"对话框，"项目路径"选择"D：\Siemens\WinCCProjects"，在"项目名称"框中输入"Demo2"，在"新建子文件夹"框中输入"Demo2"，如图7 – 12所示。

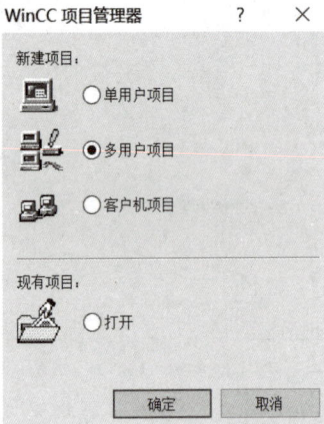

图7 – 11　创建多用户项目

图7 – 12　"创建新项目"对话框

单击"创建"按钮后，弹出新建项目"Demo2"的项目管理器界面，如图7 – 13所示。

图7 – 13　新建项目"Demo2"项目管理器界面

（3）单击项目管理器中的"计算机"项目，在项目管理器的右侧自动显示创建此项目的服务器的计算机名称及类型，如图7-14所示。

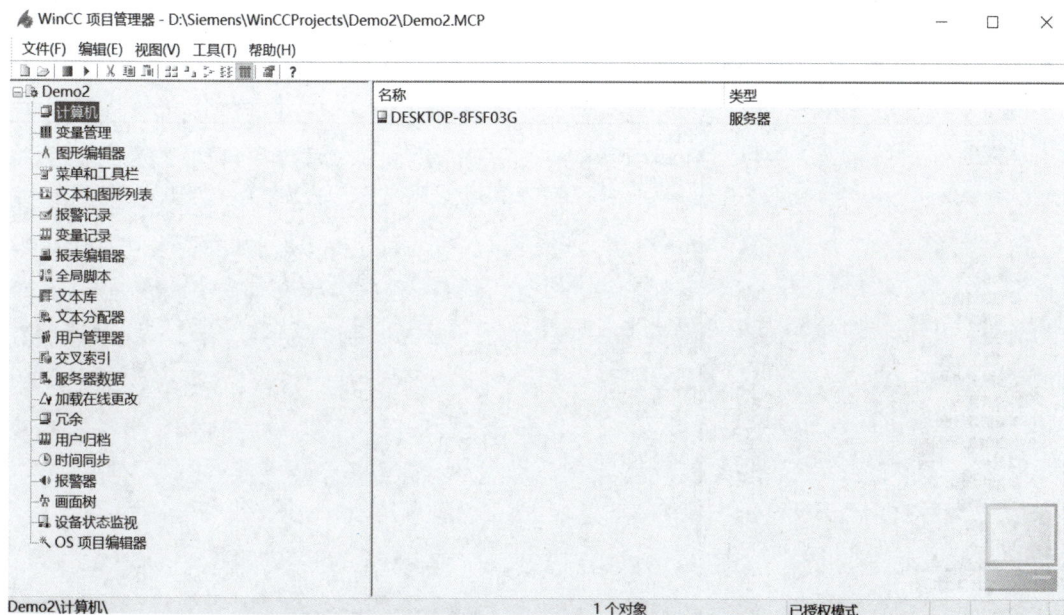

图7-14　创建此项目的服务器的计算机名称及类型

（4）为多用户项目添加客户机。

创建了多用户项目"Demo2"后，要添加访问服务器的客户机CLIENT1。为多用户项目添加客户机的步骤如下。

①为多用户项目"Demo2"添加客户机。用鼠标右键单击项目管理器中的"计算机"项目，添加计算机名称为"CLIENT1"，该计算机名称应与所要连接的远程客户机的计算机名称一致，如图7-15所示。

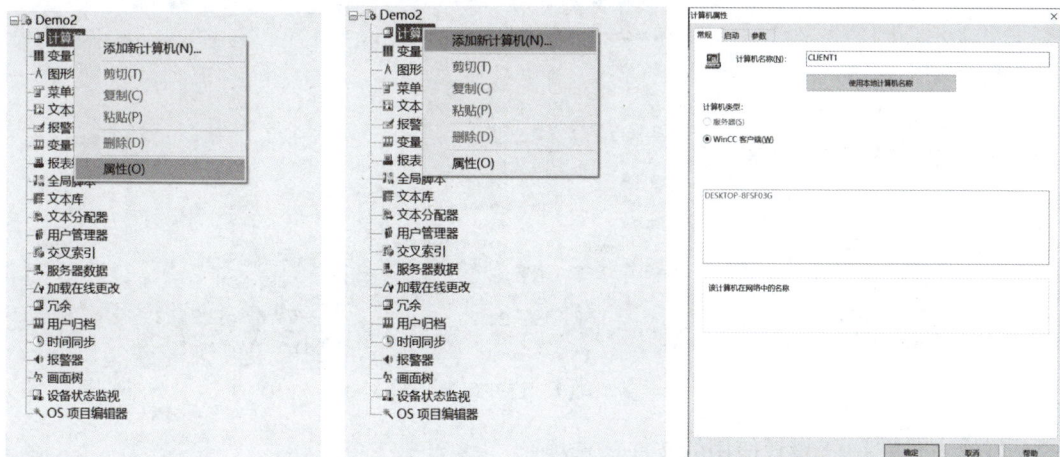

图7-15　添加客户机

②添加需要远程连接的客户机后，单击项目管理器中的"计算机"项目，在项目管理器的右侧会自动列出所创建的项目的服务器、客户机的计算机名称及类型，如图7-16所示。

图7-16　服务器、客户机的计算机名称和类型

3. 打开项目

1）"文件"→"打开"选项

在项目管理器中，选择"文件"→"打开"选项可打开项目；在"打开"对话框中，选择项目文件夹，并打开项目文件（图7-17）。

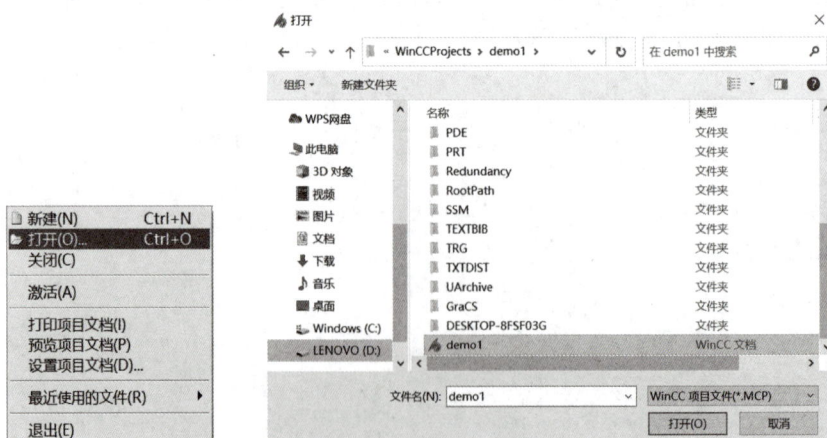

图7-17　打开项目

2）"文件"→"最近使用的文件"选项

选择"文件"→"最近使用的文件"选项可以打开以前打开的文件之一，最多可显示8个项目。

3）"打开"按钮

使用工具栏中的"打开"按钮可以打开项目。

4）自动启动

可在启动计算机时使用自动启动功能打开指定项目。为此，可使用 WinCC 的"自动启动组态"工具。

4. 设置项目属性

在项目管理器中选择浏览窗口，用鼠标右键单击项目名称"Demo2"，选择"属性"选项，弹出"项目属性"对话框，如图 7 - 18 所示。

图 7 - 18　"项目属性"对话框

1）"常规"选项卡

在"项目属性"对话框的"常规"选项卡中，显示项目的类型，此处可以更改项目的类型，更改后，需要关闭项目后再打开项目。在"常规"选项卡中，还显示创建者、创建日期、修改者、上次更改（时间）、版本、指南和注释，如图 7 - 19 所示。

2）"更新周期"选项卡

在"更新周期"选项卡中可以查看 WinCC 项目的画面窗口及画面对象的可设置的更新周期，并且可以自定义 5 个范围在 250 ms ~ 1 h 的项目更新周期，如图 7 - 20 所示。

图 7 - 19 "常规"选项卡

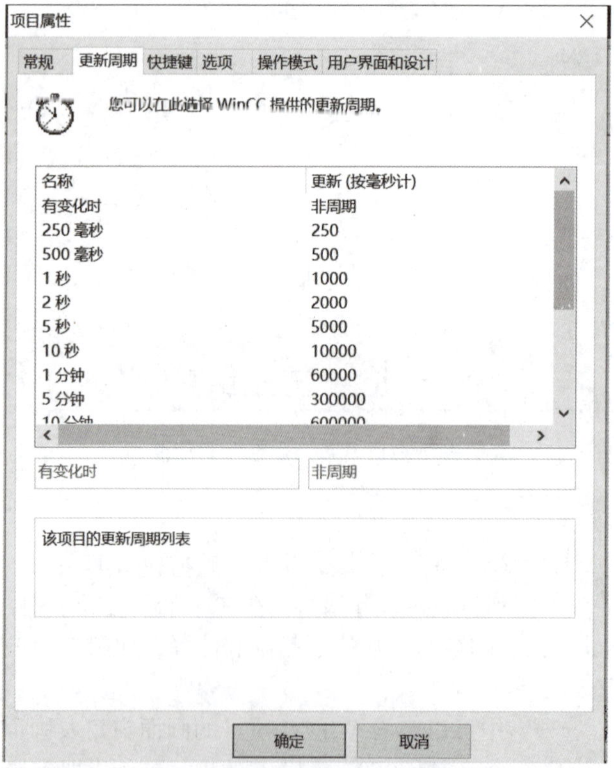

图 7 - 20 "更新周期"选项卡

3）"快捷键"选项卡

在"快捷键"选项卡中可定义 WinCC 用户"登录""注销""硬拷贝"和"运行系统"动作的快捷键，如图 7-21 所示。在"动作"列表框中选择需要分配快捷键的动作，单击后移至"以前分配给"框中，在按下键盘上的功能键的同时单击"分配"按钮即可，如图 7-21 所示。

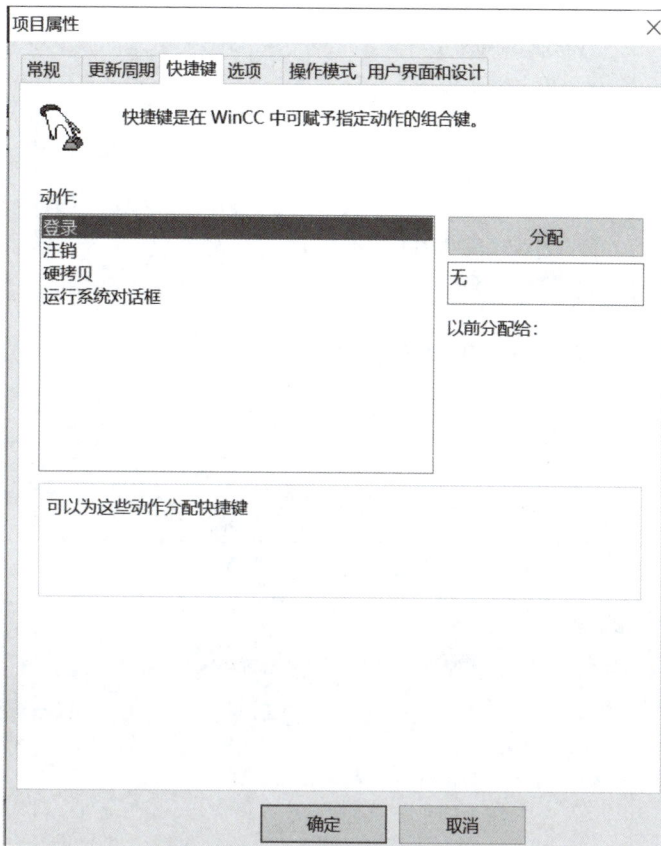

图 7-21 "快捷键"选项卡

在"快捷键"选项卡中，可以为多用户项目分配"登录""注销"快捷键，即在组态一个多用户项目时，如果有操作不是所有用户可用，只为某些用户使用，应为不同的用户分配访问权限。用户在运行状态下可通过"登录"快捷键，输入"登录名"和"登录密码"获得已组态的访问权限。得到访问权限后，如果用户离开或希望退出访问权限时，则使用"注销"快捷键保护操作的安全权限。

4）"选项"选项卡

对于"选项"和"操作模式"两个选项卡，采用其默认选项，即"选项"选项卡中的"运行系统中可使用帮助"复选框（图 7-22）和"操作模式"选项卡中的"标准（兼容模式)"单选按钮（图 7-23）。

5）"操作模式"选项卡

操作模式包含"标准（兼容模式)"和"服务"两种，这里默认为"标准（兼容模式)"，如图 7-23 所示。

图 7 – 22　"选项"选项卡

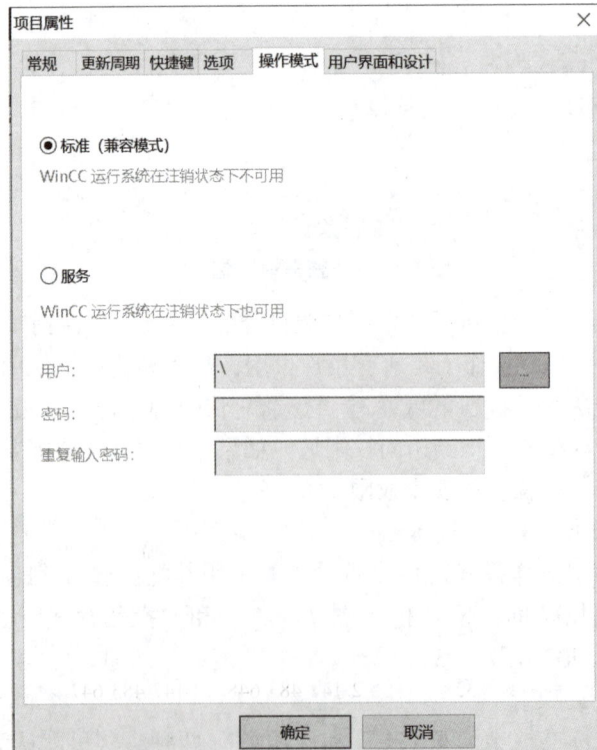

图 7 – 23　"操作模式"选项卡

6）"用户界面和设计"选项卡

在"用户界面和设计"选项卡中，为"中央调色板"集中设计 10 个项目画面中将用到的"调色板"（图 7 – 24）。在画面设计中编辑对象颜色属性时，单击"调色板"即出现在"中央调色板"已集中设计的 20 个项目"调色板"。

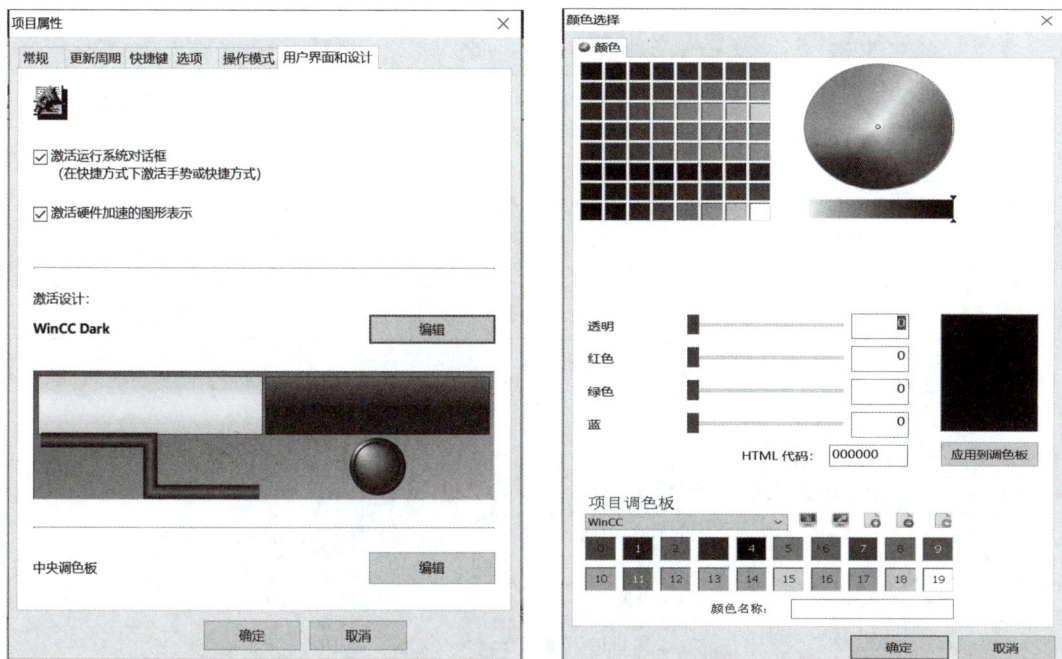

图 7 – 24　"用户界面和设计"选项卡

7.1.2　认识 WinCC 变量管理

1．内部变量

WinCC 项目中的变量分为外部变量和内部变量两大类。不管是内部变量还是外部变量，都需要指定变量的数据类型。WinCC 中变量的数据类型见表 7 – 2。

表 7 – 2　WinCC 中变量的数据类型

类型	关键字	长度/位	取值范围/格式示例	说明
整型	BYTE	8	16#0 ~ 16#FF	字节
	WORD	16	16#0 ~ 16#FFFF	字
	DWORD	32	16#0 ~ 16#FFFFFFFF	双字
	SINT	8	– 128 ~ 127	8 位有符号整数
	INT	16	– 32 768 ~ 32 767	16 位有符号整数
	DINT	32	– 2 147 483 648 ~ 2 147 483 647	32 位有符号整数

续表

类型	关键字	长度/位	取值范围/格式示例	说明
布尔型	BOOL	1	1 或 0	布尔变量
整型	USINT	8	0 ~ 255	8 位无符号整数
	UINT	16	0 ~ 65 535	16 位无符号整数
	UDINT	32	0 ~ 4 294 967 295	32 位无符号整数
实型	REAL	32	—	—
时间型	TIME	32	T# - 24d20h31m23s648ms ~ T# + 24d20h31m23s648ms	
字符型	Char	8	ASCII 字符集	字符
	WCHAR	16	Unicode 字符集	宽字符

内部变量列表如图 7 - 25 所示。

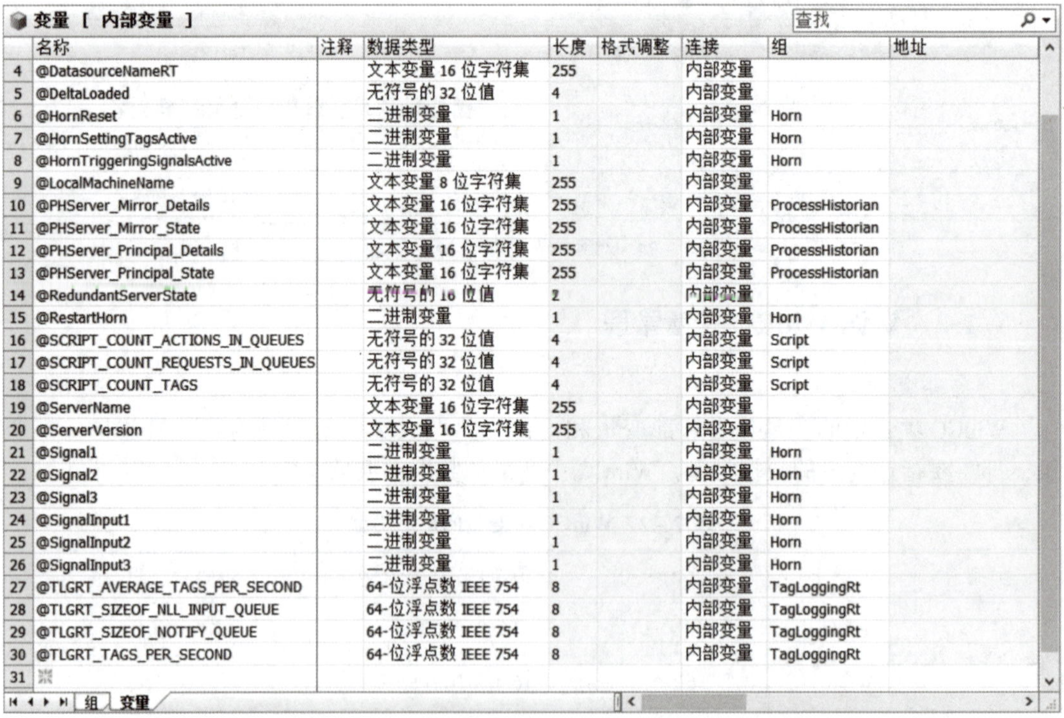

变量 [内部变量]　查找

	名称	注释	数据类型	长度	格式调整	连接	组	地址
4	@DatasourceNameRT		文本变量 16 位字符集	255		内部变量		
5	@DeltaLoaded		无符号的 32 位值	4		内部变量		
6	@HornReset		二进制变量	1		内部变量	Horn	
7	@HornSettingTagsActive		二进制变量	1		内部变量	Horn	
8	@HornTriggeringSignalsActive		二进制变量	1		内部变量	Horn	
9	@LocalMachineName		文本变量 8 位字符集	255		内部变量		
10	@PHServer_Mirror_Details		文本变量 16 位字符集	255		内部变量	ProcessHistorian	
11	@PHServer_Mirror_State		文本变量 16 位字符集	255		内部变量	ProcessHistorian	
12	@PHServer_Principal_Details		文本变量 16 位字符集	255		内部变量	ProcessHistorian	
13	@PHServer_Principal_State		文本变量 16 位字符集	255		内部变量	ProcessHistorian	
14	@RedundantServerState		无符号的 16 位值	2		内部变量		
15	@RestartHorn		二进制变量	1		内部变量	Horn	
16	@SCRIPT_COUNT_ACTIONS_IN_QUEUES		无符号的 32 位值	4		内部变量	Script	
17	@SCRIPT_COUNT_REQUESTS_IN_QUEUES		无符号的 32 位值	4		内部变量	Script	
18	@SCRIPT_COUNT_TAGS		无符号的 32 位值	4		内部变量	Script	
19	@ServerName		文本变量 16 位字符集	255		内部变量		
20	@ServerVersion		文本变量 16 位字符集	255		内部变量		
21	@Signal1		二进制变量	1		内部变量	Horn	
22	@Signal2		二进制变量	1		内部变量	Horn	
23	@Signal3		二进制变量	1		内部变量	Horn	
24	@SignalInput1		二进制变量	1		内部变量	Horn	
25	@SignalInput2		二进制变量	1		内部变量	Horn	
26	@SignalInput3		二进制变量	1		内部变量	Horn	
27	@TLGRT_AVERAGE_TAGS_PER_SECOND		64-位浮点数 IEEE 754	8		内部变量	TagLoggingRt	
28	@TLGRT_SIZEOF_NLL_INPUT_QUEUE		64-位浮点数 IEEE 754	8		内部变量	TagLoggingRt	
29	@TLGRT_SIZEOF_NOTIFY_QUEUE		64-位浮点数 IEEE 754	8		内部变量	TagLoggingRt	
30	@TLGRT_TAGS_PER_SECOND		64-位浮点数 IEEE 754	8		内部变量	TagLoggingRt	
31								

组　变量

图 7 - 25　内部变量列表

用鼠标右键单击“变量管理”项目，选择“打开”选项（或双击“变量管理”项目），显示“变量管理”窗口，如图 7 - 26 所示。

用鼠标右键单击“变量管理”→“内部变量”项目，选择“新建组”选项，生成“NewGroup_1”变量组，可以对变量名进行修改，如图 7 - 27 所示。

图 7 – 26 "变量管理"窗口

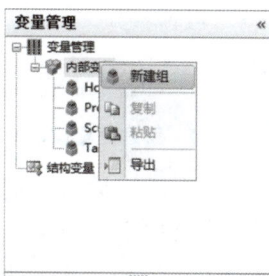

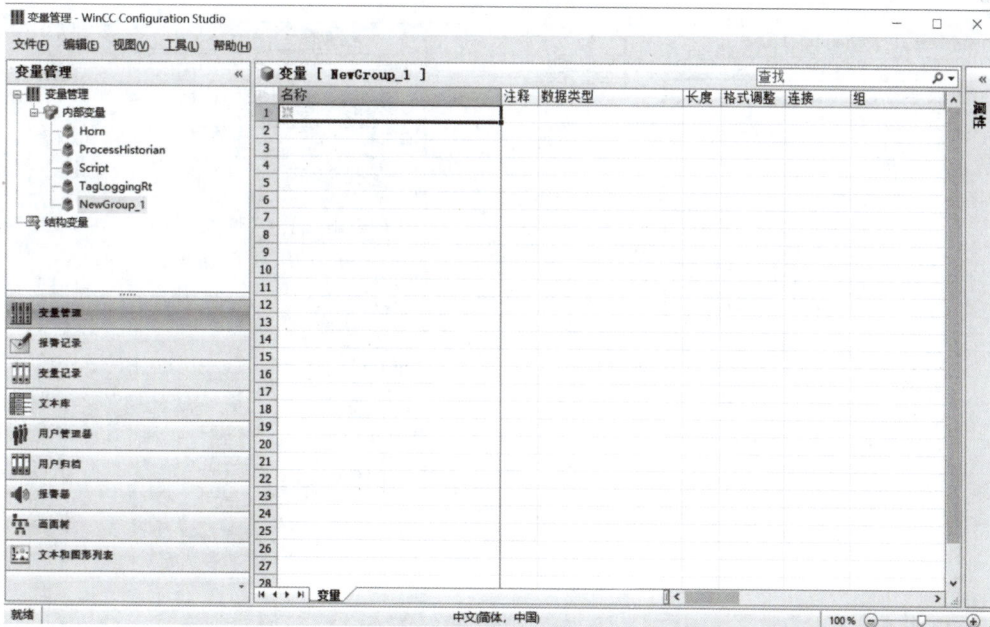

图 7 – 27 变量组窗口

选择变量组，在变量组窗口中创建一个二进制变量"temp1"，如图 7 - 28 所示。

图 7 - 28　新建变量窗口

选择变量"temp1"，单击鼠标右键选择"属性"选项，出现变量属性窗口，包含"选择""常规""分配""线性标定""限制值""使用替换值""选项""各种""结构变量元素"等内容，如图 7 - 29 所示。

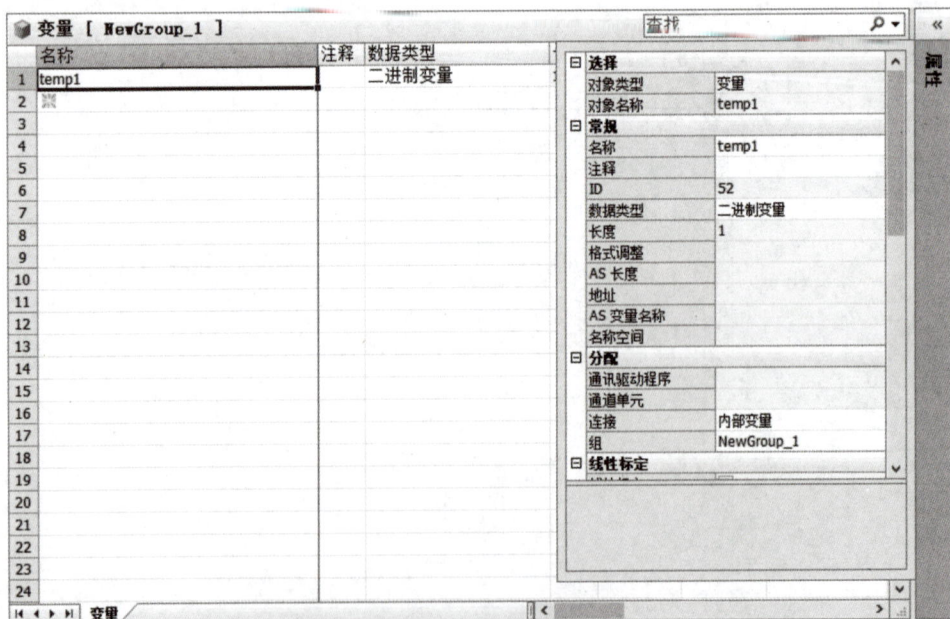

图 7 - 29　变量属性窗口

2. 外部变量

用鼠标右键单击"变量管理"项目，选择"添加新的驱动程序"→"SIMATIC S7 - 1200，S7 - 1500 Channel"选项，添加后的变量管理目录如图 7 - 30 所示。单击所显示的驱动程序前的"+"，将显示当前驱动程序所有可用的通道单元。通道单元可用于建立与多个自动化系统的逻辑连接。逻辑连接表示与单个已定义的自动化系统通信的接口。

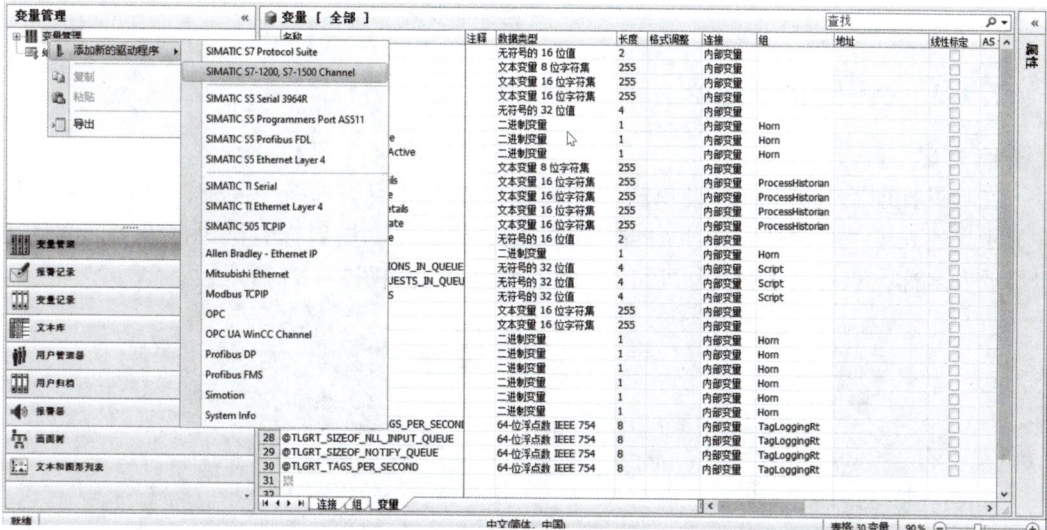

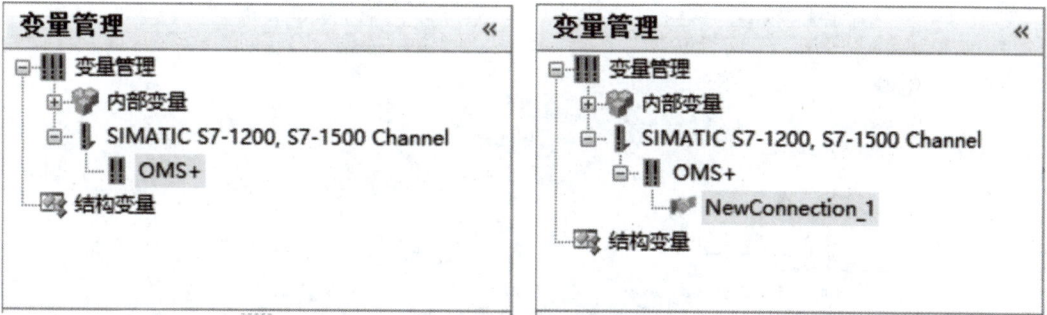

图 7 - 30 变量管理目录

此处以 OMS + 通信方式为例介绍外部变量的建立。选择"OMS +"项目，单击鼠标右键选择"新建连接"选项，输入新变量的名称，这里默认为"NewConnection_1"，如图 7 - 31 所示。

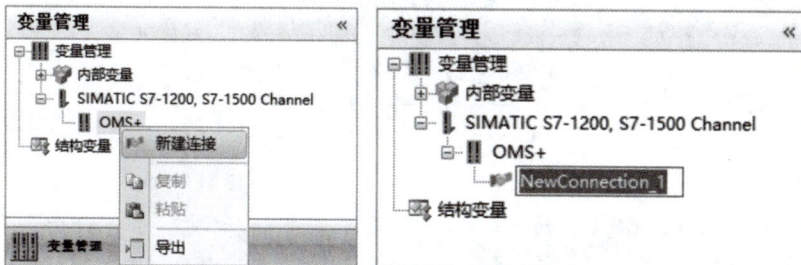

图 7 - 31 新建连接

在"NewConnection_1"中添加"Start""Stop""Light"3 个二进制变量，如图 7-32所示。

图 7-32　添加外部变量

7.1.3　认识图形管理器

1. 新建画面

在项目管理器中用鼠标右键单击"图形编辑器"项目，选择"新建画面"选项，即在显示区建立了一个名称为"NewPdl0. Pdl"的画面文件，用鼠标右键单击该画面文件可以修改其名称，双击该画面文件即可启动图形编辑器，如图 7-33 所示。

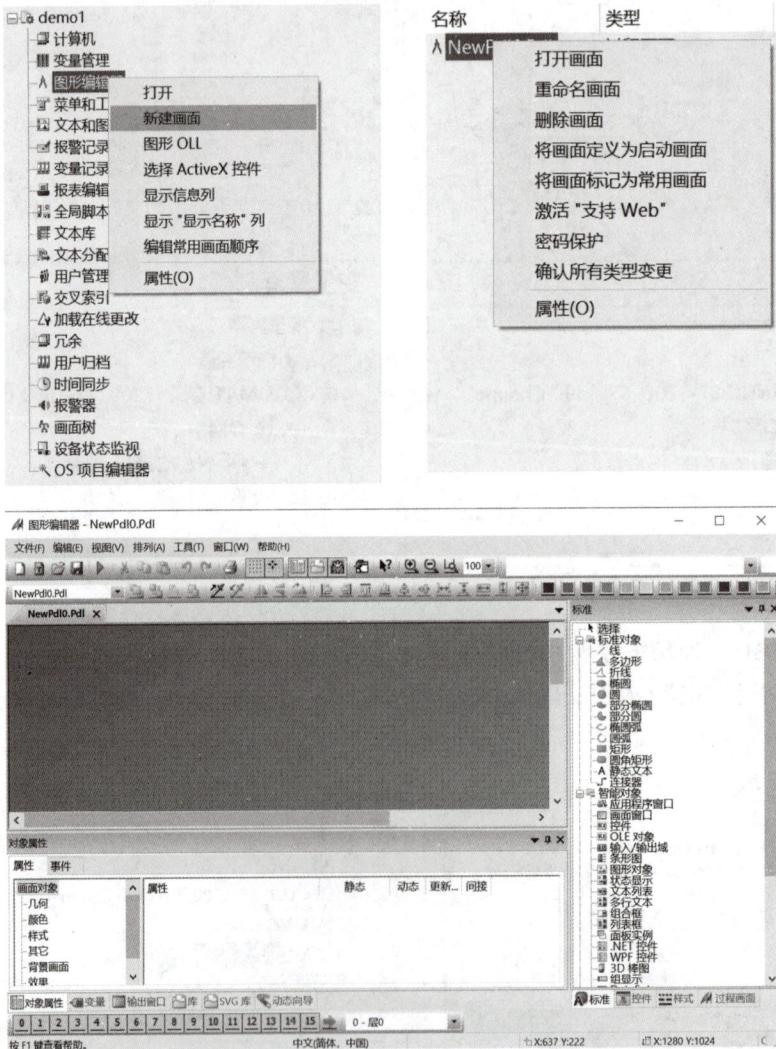

图 7-33　新建画面文件并启动图形编辑器

2. 添加按钮对象

在"标准"窗口中选择"窗口对象"→"按钮"选项，在需要放置的位置单击，出现"按钮组态"对话框，在"文本"框中更改按钮对象名称为"启动"，如图 7 - 34 所示。

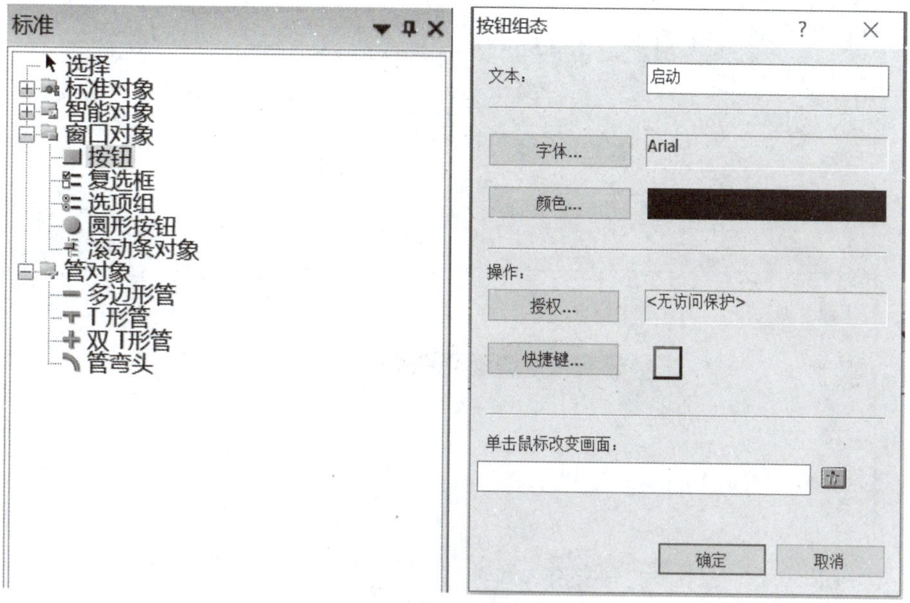

图 7 - 34　添加按钮对象

成功创建一个按钮对象后，可以拖拉目标框边角的小黑点改变按钮对象的大小。双击按钮对象，打开"对象属性"对话框（图 7 - 35）。"对象属性"对话框中包含"属性"和"事件"选项卡，在"属性"选项卡中包含"几何""颜色""样式""字体""闪烁""其它""填充""画面""效果"选项；在"事件"选项卡中包含"鼠标""键盘""焦点""其它""属性主题"选项。

在"对象属性"对话框的"属性"选项卡中选择"几何"选项，可以修改对象的"位置 X""位置 Y""宽度""高度"，将"宽度"从"50"修改为"100"，如图 7 - 35 所示。

在"对象属性"对话框的"属性"选项卡中选择"字体"选项，可以修改按钮对象的"文本""字体""字体大小""粗体""斜体""下划线""文本方向""X 对齐""Y 对齐"，将"字体大小"从"12"修改为"24"，并将"粗体"从"否"修改为"是"，如图 7 - 36 所示。

在"对象属性"对话框的"事件"选项卡中选择"鼠标"选项，其包含"单击鼠标""按左键""释放左键""按右键""释放右键"5 个事件类型。选择"按左键"事件类型，在窗口空白处单击鼠标右键，在出现的菜单中选择"直接连接"选项，出现"直接连接"对话框，如图 7 - 37 所示。

在"直接连接"对话框中进行对象与变量的连接。在"目标"区域，单击"变量"单选按钮，单击右侧文件夹图标按钮，连接对应的二进制变量"Start"；在"来源"区域，单击"常数"单选按钮，填入值"1"，如图 7 - 38 所示。

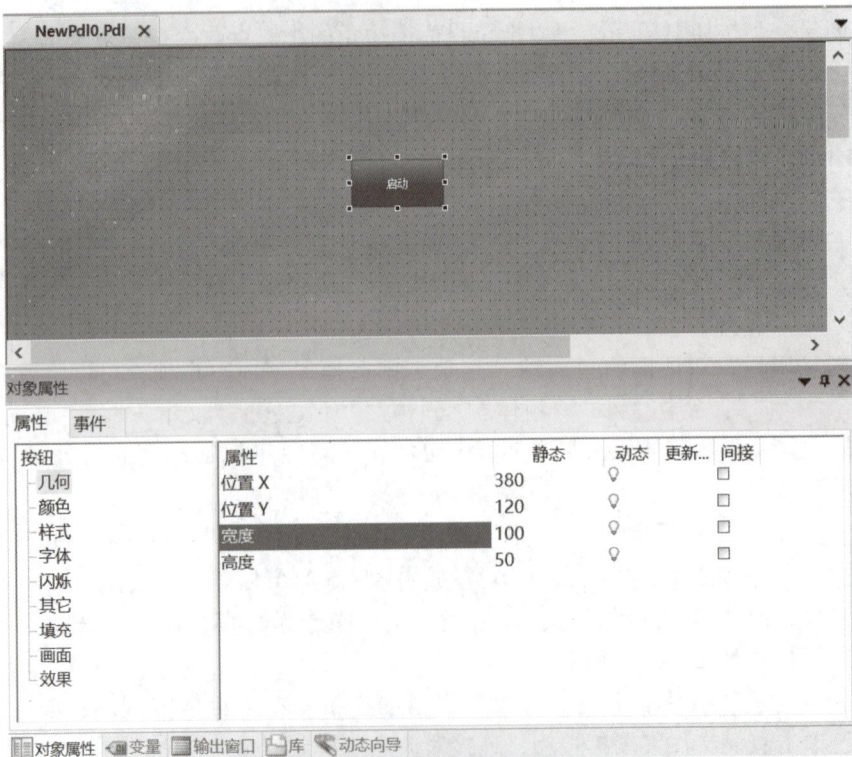

图 7-35　修改按钮对象的"几何"属性

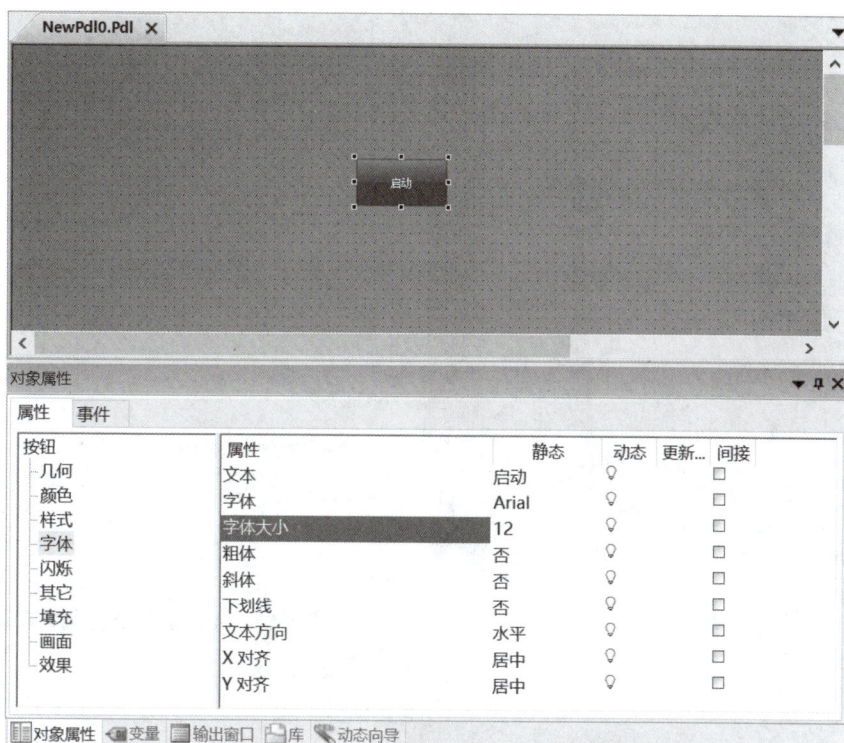

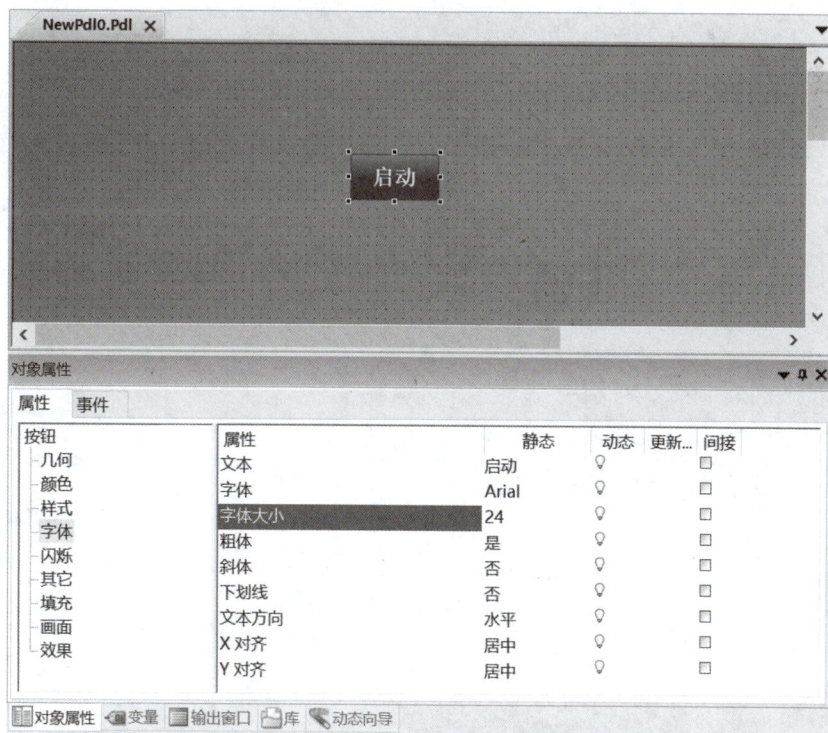

图 7-36 修改按钮对象的"字体"属性

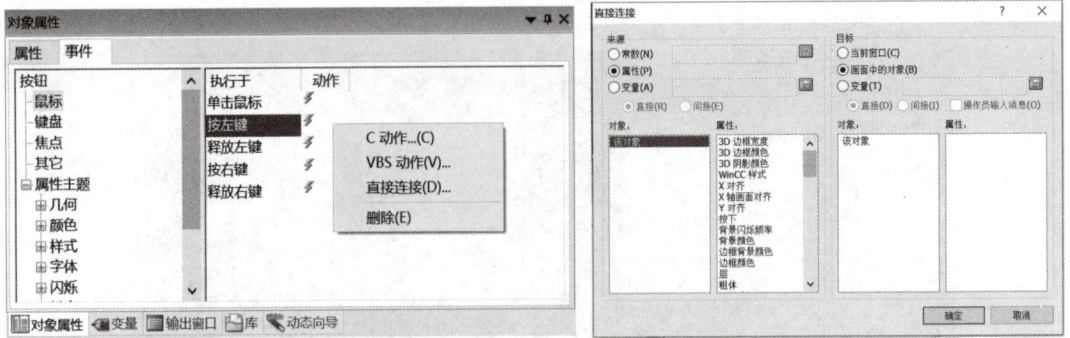

图 7 – 37　"直接连接"对话框

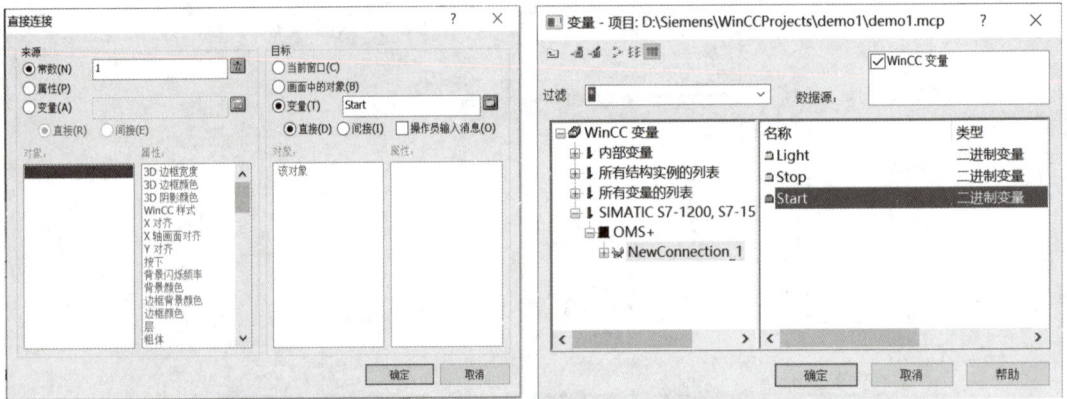

图 7 – 38　"启动"按钮的变量连接，定义"按左键"事件类型

选择"释放左键"事件类型，在窗口空白处单击鼠标右键，在出现的菜单中选择"直接连接"选项，出现"直接连接"对话框。在"直接连接"对话框中进行对象与变量的连接。在"目标"区域，单击"变量"单选按钮，单击右侧文件夹图标按钮，连接对应的二进制变量"Start"，在"来源"区域，单击"常数"单选按钮，填入值"0"，如图 7 – 39 所示。

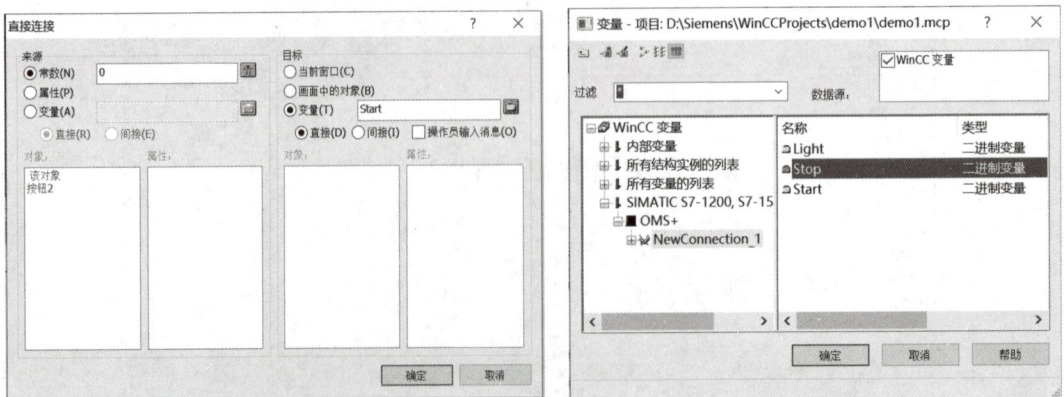

图 7 – 39　"启动"按钮的变量连接，定义"释放左键"事件类型

"停止"按钮对象的添加方式与"启动"按钮一致，只需要将连接的变量更改为"Stop"即可，如图 7 - 40 所示。

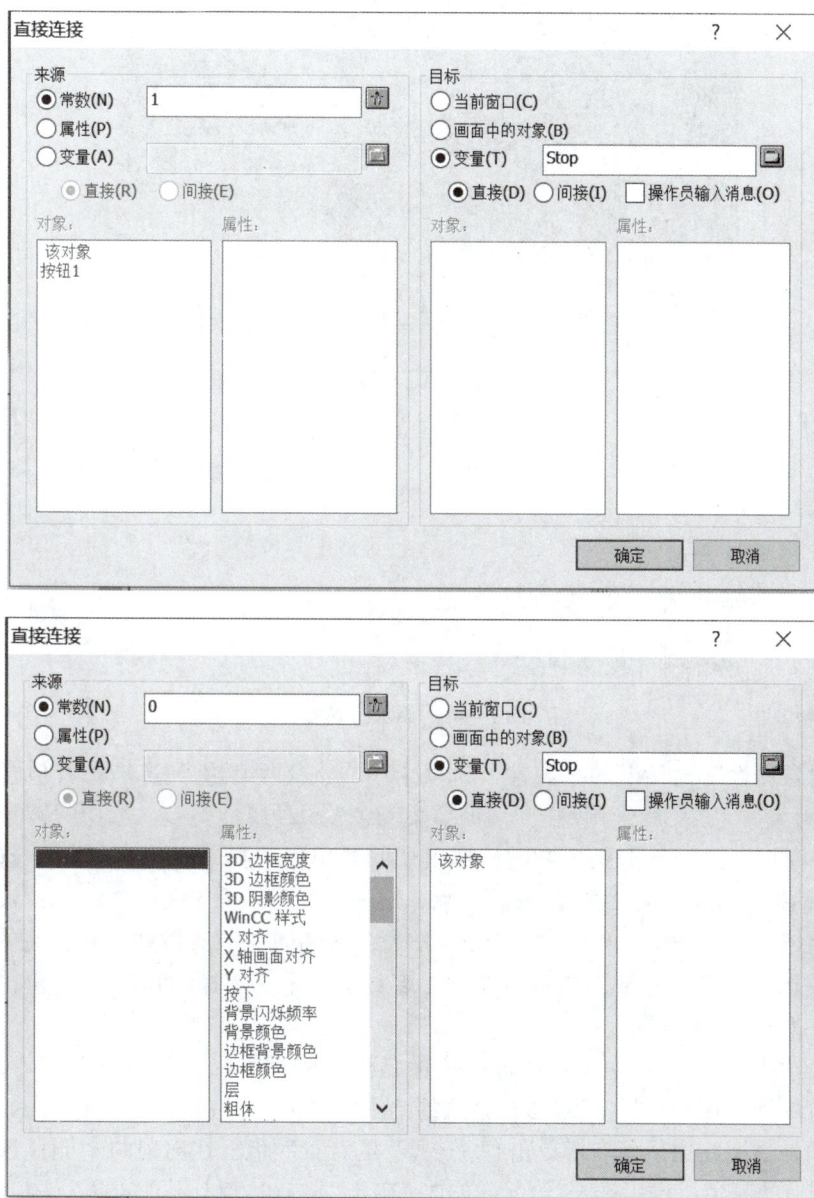

图 7 - 40　"停止"按钮的变量连接

3. 添加灯对象

在"标准"窗口中选择"标准对象"→"圆"选项，在需要放置的位置单击，单击"圆"对象，出现"对象属性"对话框，选择"属性"选项卡，将"对象名称"修改为"灯"，如图 7 - 41 所示。

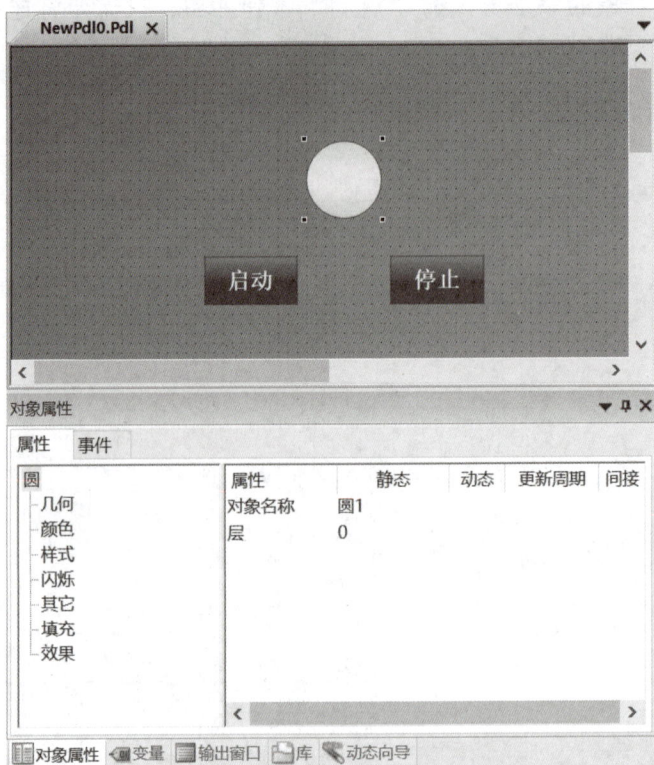

图 7-41　添加灯对象

在"对象属性"对话框的"属性"选项卡中，选择"颜色"选项，其包含"边框颜色""边框背景颜色""背景颜色""填充图案颜色"4 种属性类型。选择"背景颜色"属性类型，在窗口空白处单击鼠标右键，在出现的菜单中选择"动态对话框"选项，出现"值域"对话框，如图 7-42 所示。

在"值域"对话框中，单击"表达式/公式"右侧的"…"按钮，在出现的菜单中选择"变量"选项，出现变量连接对话框。在该对话框中，选择"Light"变量，单击"确定"按钮，如图 7-43 所示。

在"表达式/公式"框中出现添加的变量名称。将"值域"对话框中的"数据类型"修改为"布尔量（B）"。在"表达式/公式的结果"区域，"有效范围"包含"是/真"和"否/假"两种情况，用鼠标右键单击"是/真"的背景颜色，在出现的"颜色选择"对话框中选择相应颜色，这里选择绿色，单击"确定"按钮。利用同样的方法，修改"否/假"的背景颜色，如图 7-44 所示。

在"对象属性"对话框的"属性"选项卡中选择"效果"选项，出现"全局阴影""全局颜色方案""对象透明"3 个属性类型。需要更改灯对象显示的颜色，需要将"全局颜色方案"中"静态"的值由"是"修改为"否"。然后，选择"颜色"选项，将"背景颜色"修改为"否/假"所对应的颜色，如图 7-45 所示。

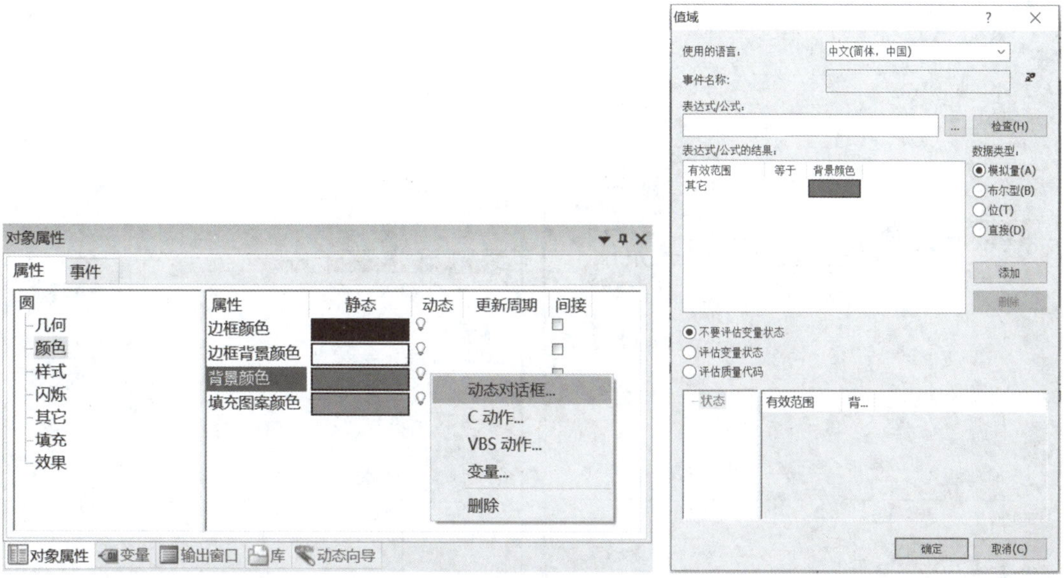

图 7 – 42　"值域"对话框

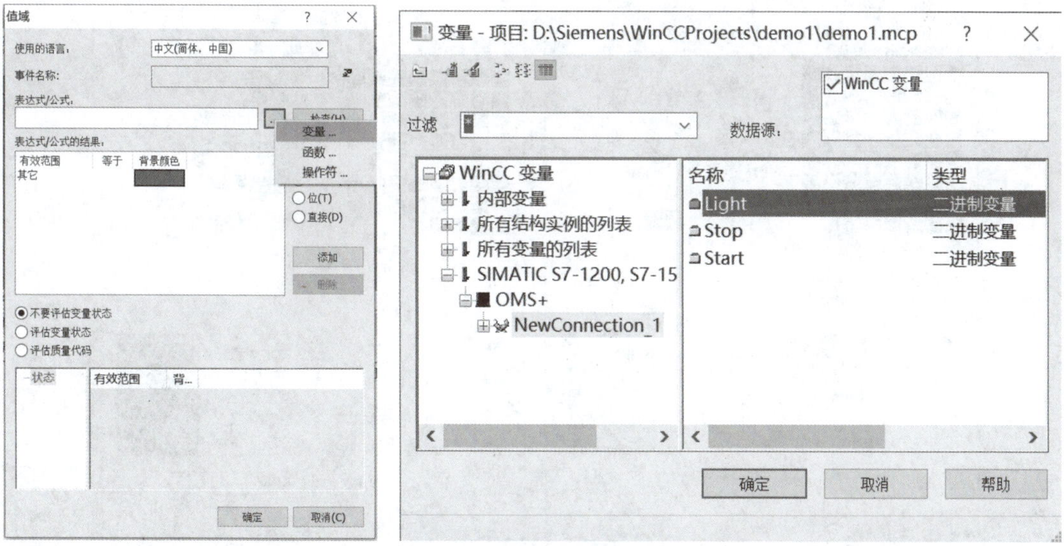

图 7 – 43　变量连接对话框

值域	? ✕
使用的语言：	中文(简体，中国) ▽
事件名称：	变量

表达式/公式：

'Light' [...] [检查(H)]

表达式/公式的结果：

有效范围	背景颜色		数据类型：
是 / 真			○ 模拟量(A)
否 / 假		编辑...	○ 布尔型(B)
			○ 位(T)
			○ 直接(D)

[添加]
[删除]

◉ 不要评估变量状态
○ 评估变量状态
○ 评估质量代码

有效范围	背...

[确定] [取消(C)]

值域	? ✕
使用的语言：	中文(简体，中国) ▽
事件名称：	变量

表达式/公式：

'Light' [...] [检查(H)]

表达式/公式的结果：

有效范围	背景颜色	数据类型：
是 / 真		○ 模拟量(A)
否 / 假		◉ 布尔型(B)
		○ 位(T)
		○ 直接(D)

[添加]
[删除]

◉ 不要评估变量状态
○ 评估变量状态
○ 评估质量代码

有效范围	背...

[确定] [取消(C)]

颜色选择 ✕

● 颜色　▰ 调色板

透明	0
红色	0
绿色	255
蓝	0

HTML 代码： 00FF00

[确定] [取消]

颜色选择 ✕

● 颜色　▰ 调色板

透明	0
红色	0
绿色	84
蓝	0

HTML 代码： 005400

[确定] [取消]

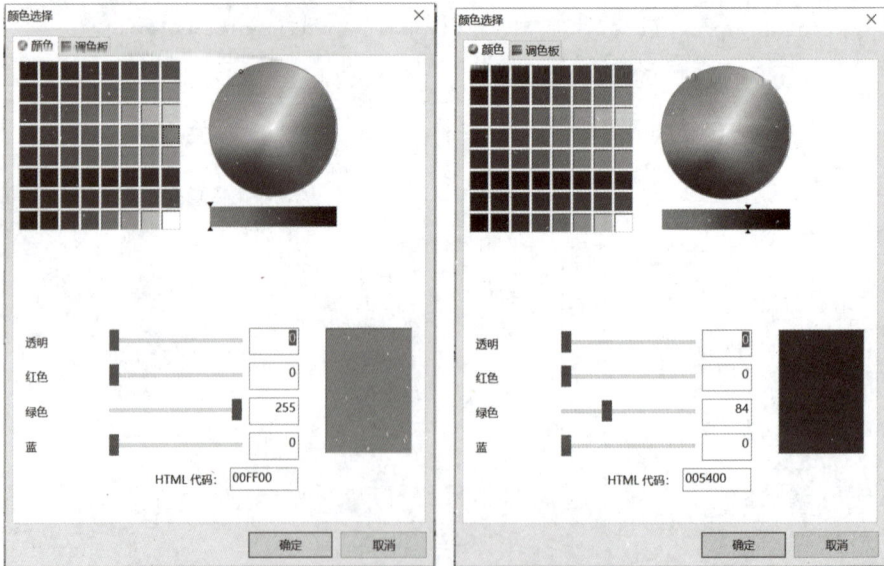

图 7－44　修改灯对象的"值域"属性

图 7-45　修改灯对象的外观颜色

【任务评价】

任务评价见表 7-3。

表 7-3　任务评价

评价内容	评价细则	占比/%	完成情况
项目管理器	启动项目管理器	5	
	新建项目	10	
	打开项目	5	
变量管理	添加内部变量	10	
	添加外部变量	15	
图形管理器	新建画面	5	
	添加按钮对象	25	
	添加灯对象	25	

7.2　WinCC 通信与运行

WINCC 通信与运行

7.2.1　PLC 程序设计

在博途软件中创建 PLC 项目，添加 CPU，在 Main 函数中编写梯形图程序，实现"启保停"功能。功能描述：按下启动按钮时，灯亮；按下停止按钮，灯灭。"启保停"梯形图程序如图 7 - 46 所示。

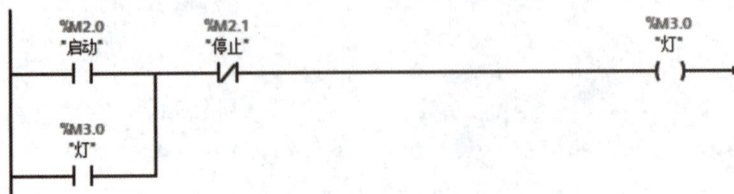

图 7 - 46　"启保停"梯形图程序

7.2.2　WinCC 通信

PLC 程序编写完成后，将 PLC 与 WinCC 连接，实现 WinCC 项目的控制。PLC 的 IP 地址为 192.168.0.1，将 PLC 与 WinCC 进行通信。在"变量管理"窗口中，用鼠标右键单击"变量管理"→"SIMATIC S7 - 1200，S7 - 1500 Channel"→"OSM + "→"NewConnection_1"选项，选择"连接参数"选项，出现"连接"对话框，如图 7 - 47 所示。输入 PLC 的 IP 地址、访问点、产品系列等，根据相应的配置输入正确的参数，如图 7 - 48 所示。

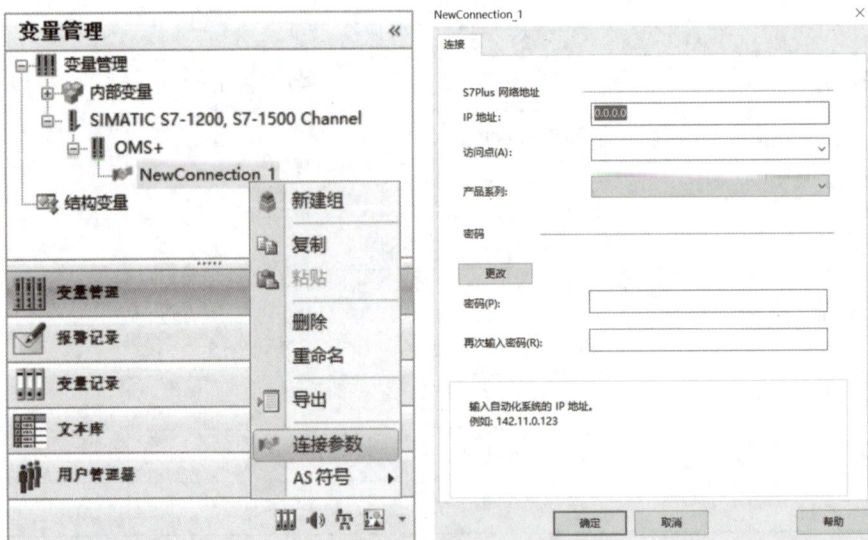

图 7 - 47　"连接"对话框

连接成功后，"变量管理"→"SIMATIC S7 - 1200，S7 - 1500 Channel"→"OMS + "→"NewConnection_1"显示连接成功，如图 7 - 49 所示。

在"NewConnection_1"中添加"Start""Stop""Light"3 个二进制变量，并将 3 个二进制变量的地址分别设置为 M2.0、M2.1、M3.0。WinCC 中外部变量的地址应与 PLC 程序中对应数据的地址相同，如图 7 - 50 所示。

图 7 – 48　通信连接参数设置

图 7 – 49　通信连接成功

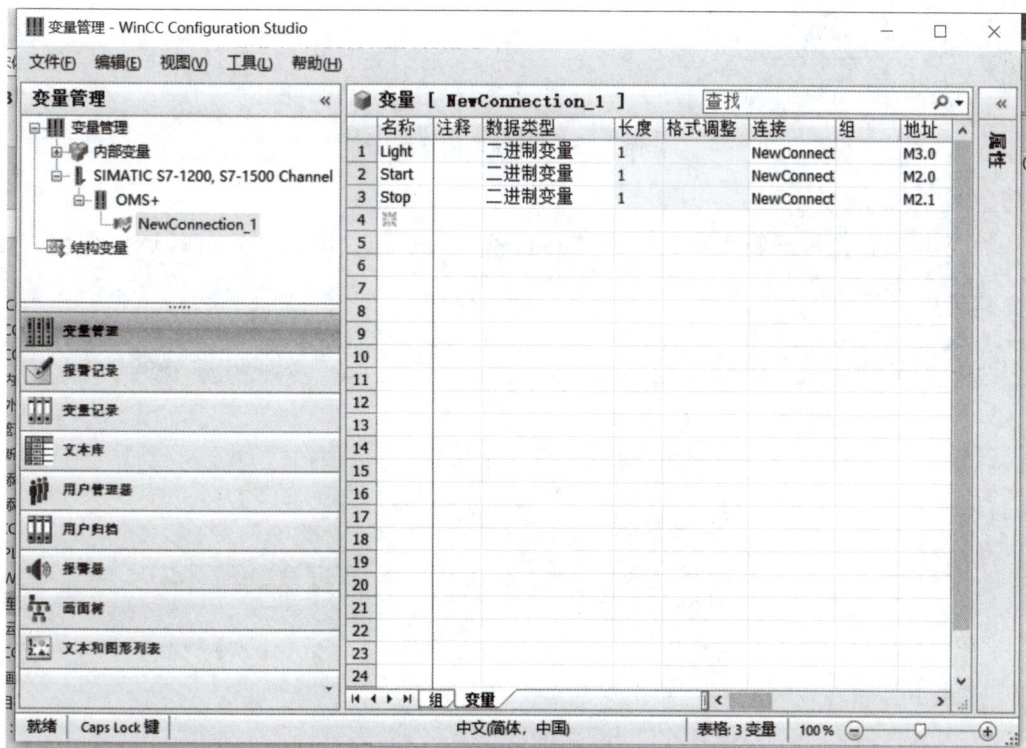

图 7 – 50　添加外部变量

7.2.3　WinCC 运行监控

1. 运行 PLC 程序

在博途软件中编译 PLC 程序，编译无误后将 PLC 程序下载到 PLC 中，如图 7 – 51 所示。下载完成后，将 PLC 转至在线，启动 CPU，并启动监视，如图 7 – 52 所示。

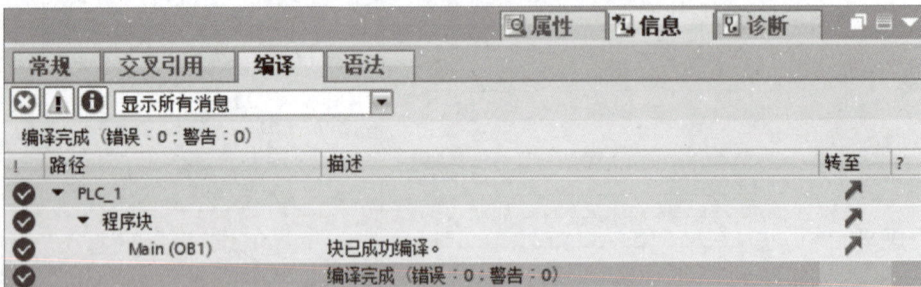

图 7 – 51　PLC 程序编译界面

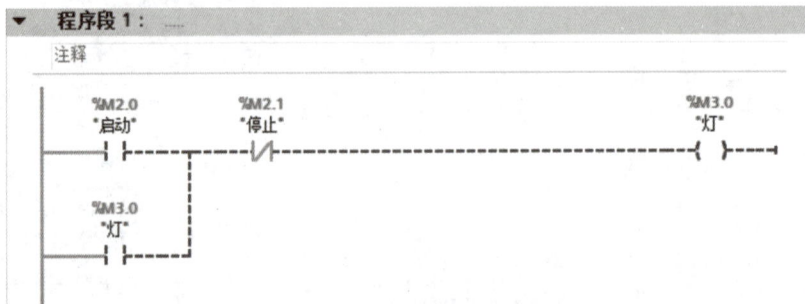

图 7 – 52　程序监视界面

2. 运行 WinCC

在 WinCC 的图形编辑器中，单击"运行系统"按钮，出现"WinCC 运行系统"窗口，如图 7 – 53 所示。

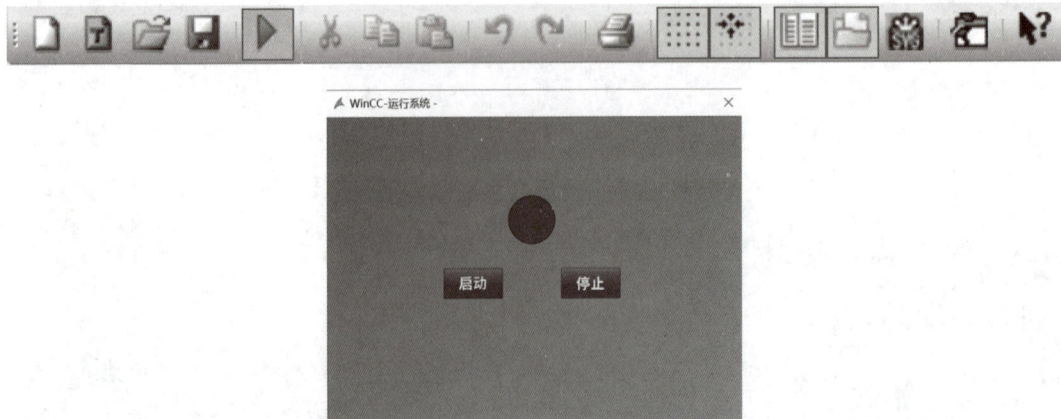

图 7 – 53　"WinCC 运行系统"窗口

单击"启动"按钮,"灯"亮,并保持;单击"停止"按钮,"灯"灭,如图 7 – 54 所示。

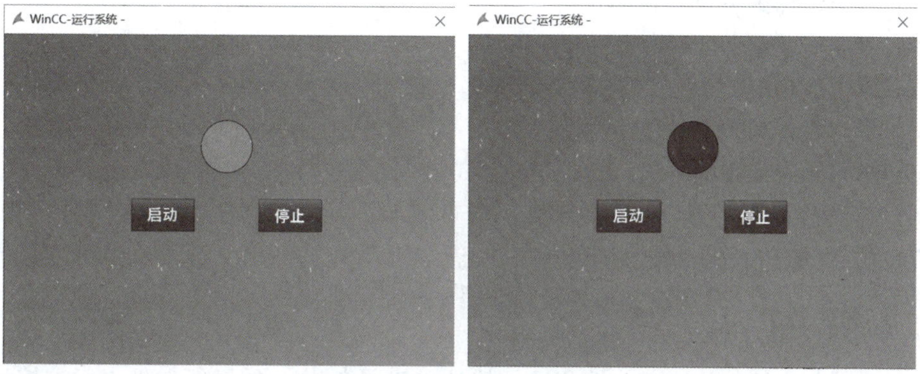

图 7 – 54　WinCC 运行效果

【任务评价】

任务评价见表 7 – 4。

表 7 – 4　任务评价

评价内容	评价细则	占比/%	完成情况
PLC 组态与通信及编程	创建 PLC 项目	5	
	PLC 组态与通信	10	
	PLC 编程	15	
WinCC 组态与通信	WinCC 通信	15	
	添加 WinCC 变量	10	
	WinCC 画面组态	20	
WinCC 监控运行	PLC 程序编译,下载,转至在线	5	
	WinCC 运行画面	10	
	监控测试	10	

7.3　WinCC 应用实例

【任务引入】

在 WinCC 中可以对画面进行组态,设计不同的功能界面。根据实际的任务要求,添加不同的对象,实现需要的功能。

【任务目标】

（1）学习添加多个对象并对齐的方法。

（2）学习对象属性的更改方法。

（3）学习使用滚动条。

（4）学习文本列表框的使用方法。

（5）学习动态组态的方法。

（6）养成独立完成任务的职业习惯。

（7）树立认真、敬业的职业态度。

【任务准备】

WinCC 的基本组件是组态软件和运行软件。使用 WinCC 的运行软件，可监控生产过程。在运行项目前需要先组态一个项目，步骤如下。

（1）启动 WinCC，即启动项目管理器。

（2）选择项目类型。

（3）选择及安装通信驱动程序。

（4）定义变量。

（5）建立和编辑过程画面。

（6）组态过程值归档。

（7）指定 WinCC 运行系统的属性。

（8）对于多用户系统设置安全权限。

（9）运行 WinCC 项目（激活画面）。

（10）使用变量模拟器测试过程画面。

【任务实施】

7.3.1　实例1：添加多个对象并对齐

WINCC 组态实例1 -
添加多个对象并对齐

在图层 0 中添加标准对象矩形，在图层 1 中添加标准对象圆，并将圆和矩形居中对齐。

【示例】在"标准"对话框中选择"标准对象"→"矩形"对象并拖动到画面编辑区后释放，即可在画面上绘制一个矩形图案，如图 7 - 55 所示，可以用鼠标拖动其到理想的位置。

在图像编辑器中画面由 32 个可放置对象的图层组成，对象总是添加到激活的图层中，可以通过修改对象的"图层"属性将其放置于其他图层。打开画面时，32 个图层全部显示，如图 7 - 56 所示。数字符号是蓝色时表示按下状态，画面显示，在右侧的下拉列表中显示激活的图像，当前激活的图层为图层 0。

用同样的方法绘制圆对象，设置圆对象的图层为图层 1，如图 7 - 57 所示。在图像编辑器中单击数字符号"1"，蓝色变为白色，此时图层 1 被隐藏，则当前的画面中只显示矩形对象。

项目七　WinCC 项目

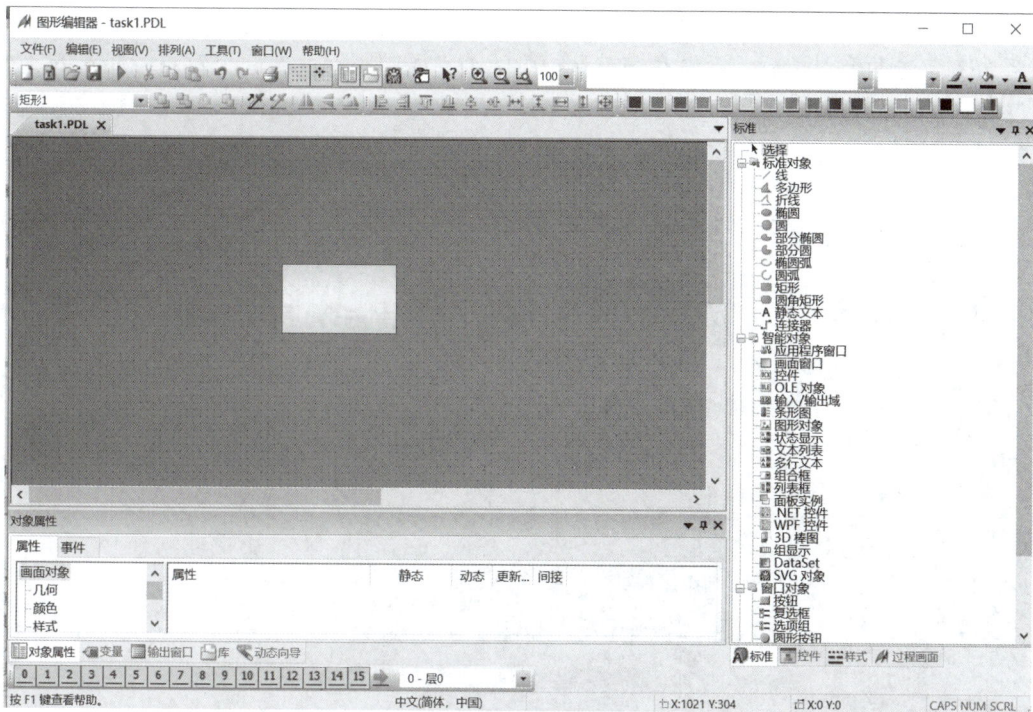

图 7 - 55　添加矩形对象

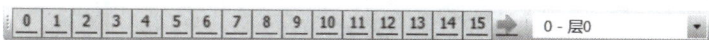

图 7 - 56　图像编辑器图层

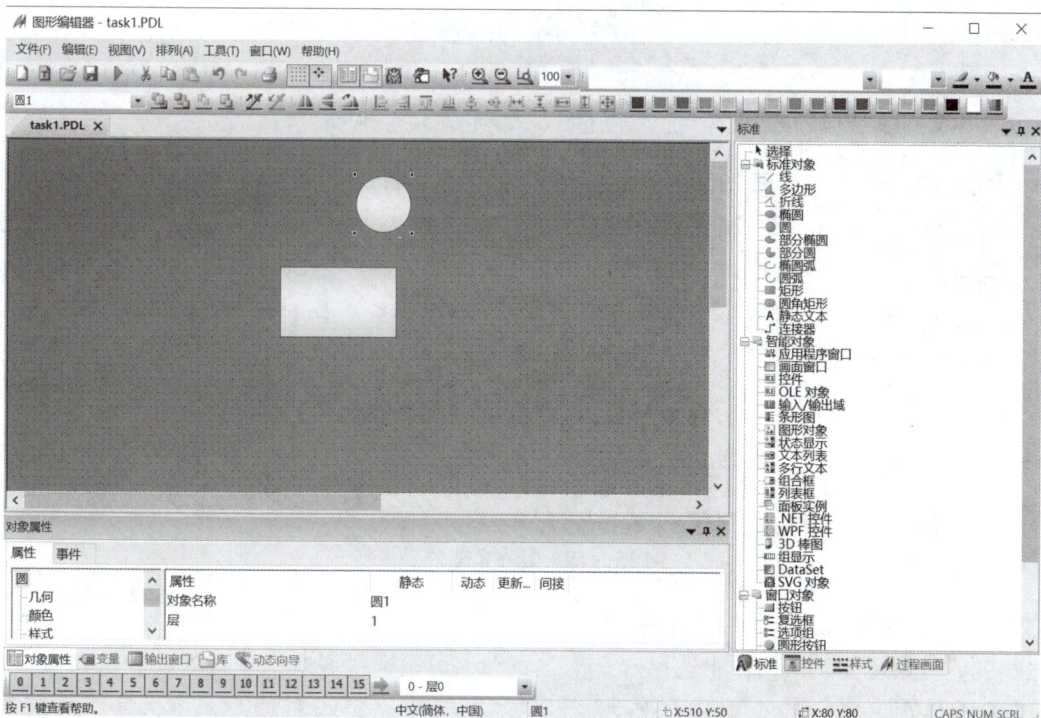

图 7 - 57　添加圆对象

下面将圆对象和矩形对象对齐，按住鼠标左键拖动选中两个对象，或者按住 Shift 键，然后分别单击两个对象后，单击对齐工具栏中的水平居中图标，使两个对象中间对齐，如图 7 - 58 所示。

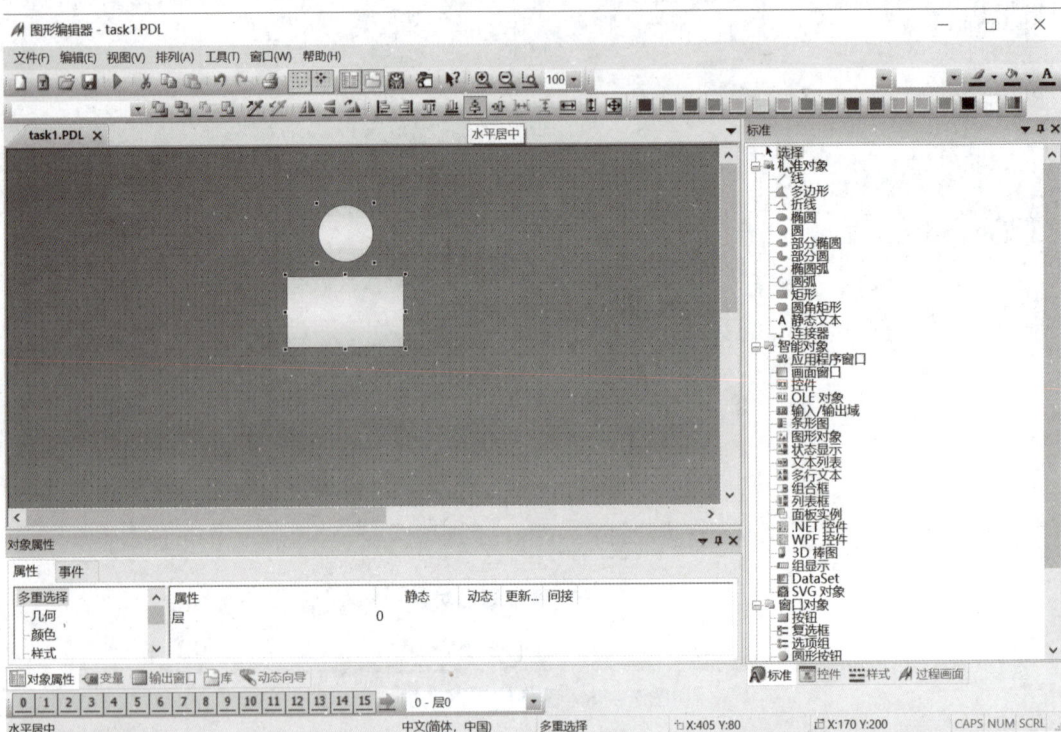

图 7 - 58　对齐对象

7.3.2　实例 2：更改静态属性值（按照要求添加标题）

添加标题，并按照要求美化。标题样式要求如下：位置坐标为（450，20），边框大小为（250，40）；背景颜色为白色，边框颜色为浅蓝色，字体颜色为调色板 8 号蓝色；边框粗细线宽为 3；字体大小为 24，粗体并居中，效果如图 7 - 59 所示。注意：在"对象属性"对话框中将"效果"→"全局颜色方案"设置为"否"。

**WINCC 组态实例 2 -
更改静态属性值**

图 7 - 59　标题样式效果

【示例】选择标准对象中的静态文本，在"对象属性"对话框中修改静态文本的属性。在"对象属性"对话框中选择"几何"选项，可以通过修改"位置 X"和"位置 Y"更改对象所在位置，通过修改"宽度"和"高度"可以更改对象的大小，具体修改如图 7 - 60 所示。

图 7-60 修改静态文本的"几何"属性

在"对象属性"对话框中选择"颜色"选项，可以修改对象的"边框颜色""边框背景颜色""背景颜色""填充图案颜色"和"字体颜色"，具体修改如图 7-61 所示。

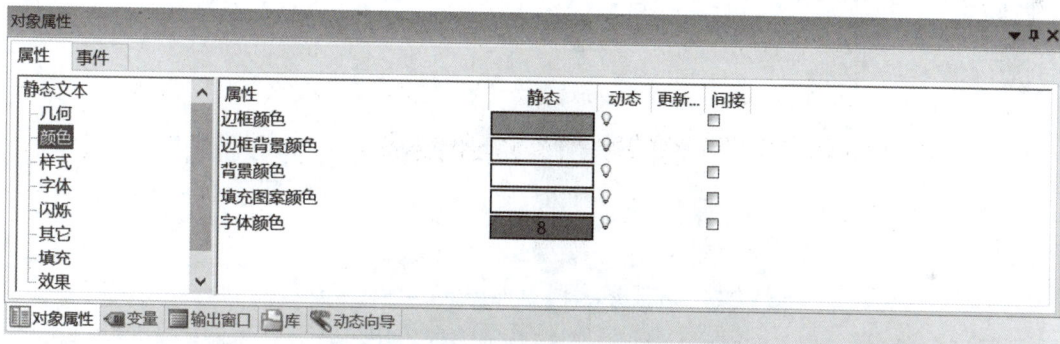

图 7-61 修改静态文本的"颜色"属性

在"对象属性"对话框中选择"样式"选项，可以修改静态文本的"线宽""线型""填充图案"和"绘制内部边框"，这里将"线宽"修改为"3"，如图 7-62（a）所示。用同样的方法，可以修改静态文本的"字体"属性，如图 7-62（b）所示。

7.3.3 实例3：组态对话框（滚动条和文本列表）

（1）添加一个滚动条，并实时显示当前数值，滚动条作为输入。数值可输入，并与滚动条联动，滚动条作为输出，限值在 0~100 范围内。滚动条效果如图 7-63 所示。

WINCC 组态实例3-组态对话框（滚动条）

【示例】在画面上组态一个滚动条，从"标准"对话框中的"窗口对象"中拖动"滚动条"对象到画面编辑区时，自动出现图 7-64 所示的组态对话框，在组态对话框中输入期望连接的变量、更新周期、滚动条的限制值及方向等。

（2）添加文本列表，输入当前车间温度值

文本列表显示内容为：

当温度≤25，显示为加热模式；

当26≤温度≤35，显示为停机模式；

当温度≥36，显示为制冷模式。

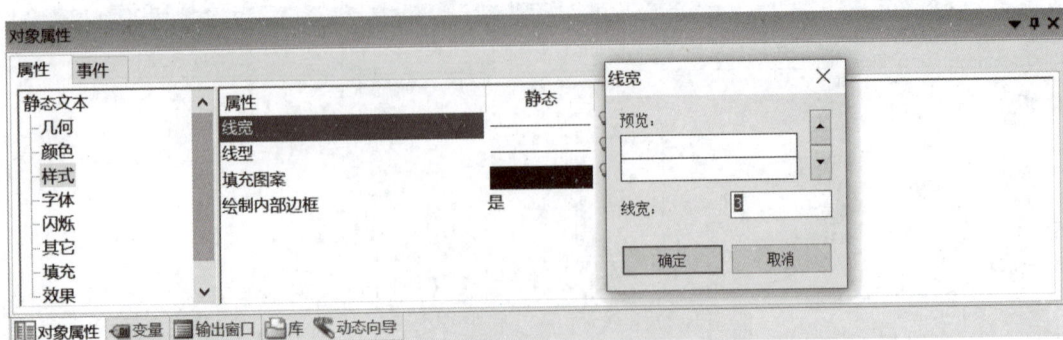

（a）

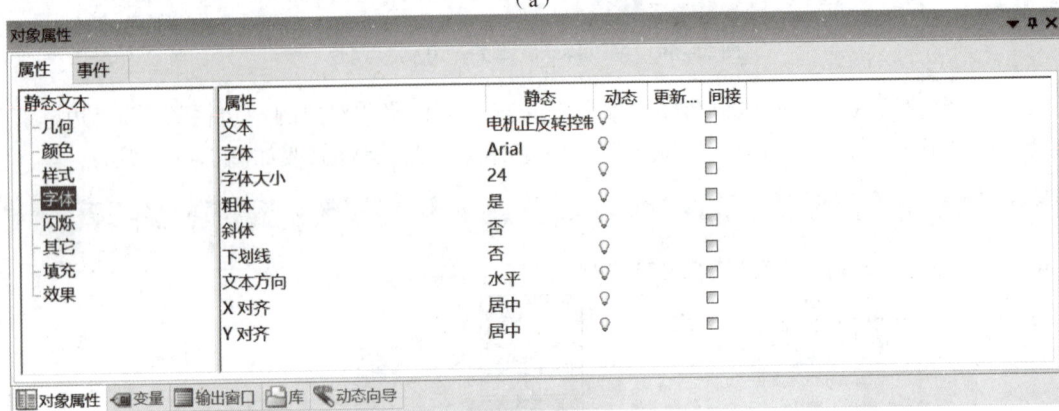

（b）

图 7 - 62　修改静态文本的"样式""字体"属性
（a）"样式"属性；（b）"字体"属性

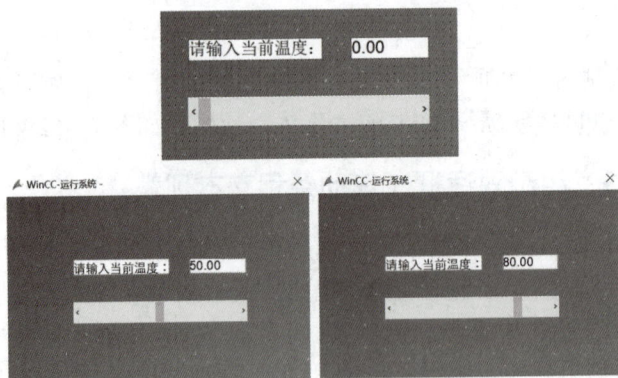

图 7 - 63　滚动条效果

当 $26 \leqslant T \leqslant 35$ 时为停机模式；

当 $T \geqslant 36$ 时为制冷模式。

注意：文本列表作为输出的同时，还可以作为输入使用，注意根据需求选择类型。文本列表效果如图 7 - 65 所示。

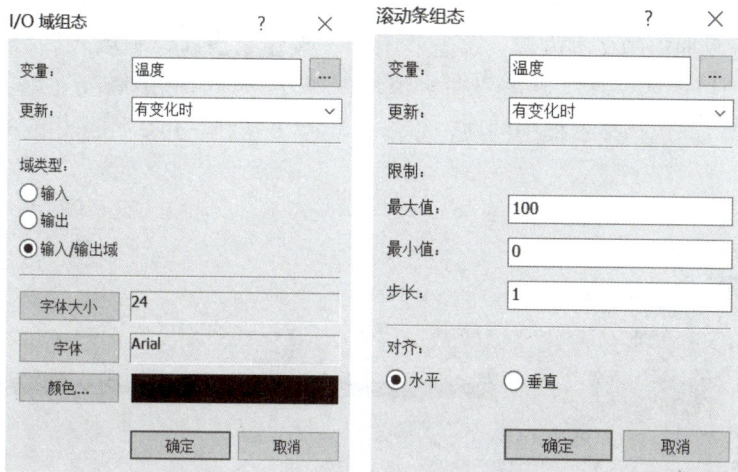

图 7-64　组态 I/O 域和滚动条

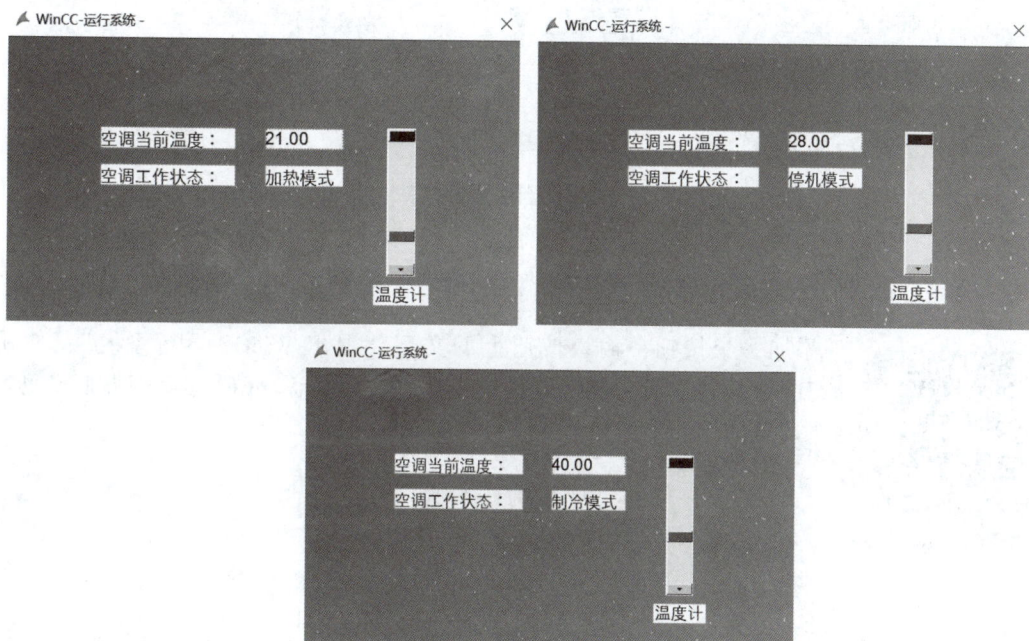

图 7-65　文本列表效果

【示例】使用文本列表，当变量温度≤25 时，显示文本"加热模式"，当 26≤温度≤35 时，显示"停机模式"，当温度≥36 时，显示"制冷模式"。

新建变量温度，在画面编辑区插入文本列表，按照图 7-66 所示组态文本列表。

WINCC 组态实例 3 － 组态对话框（文本列表）

在属性编辑栏中选择"输出/输入"→"分配"选项，双击打开图 7-66 所示的"文本列表分配"对话框。"范围类型"分为"单一值""从数值""到数值""取值范围"。"单一值"相当于" ＝ "，"从数值"相当于"≥"，"到数值"相当于"≤","取值范围"相当于"≤x≤"。在相应的"值范围"框中输入期望的数值，在"文本"框中输入期望的文本内容，单击"附加"按钮将当前设置填入显示框，若需要修改显示框中的值范围或文本，则需要在"值范围属性"对话框中修改（单击"更改"按钮进行更新修改）。选择显示框中的项，单击"删除"按钮，可以删除相应的项。

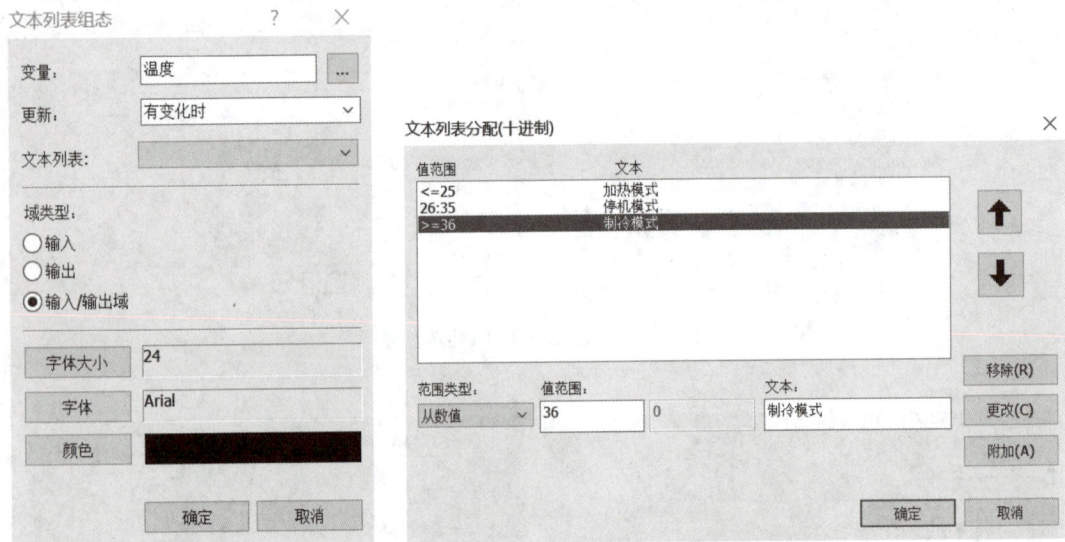

图 7-66　组态文本列表

7.3.4　实例4：组态"动态向导"（添加功能按钮）

添加一个按钮，输入按钮上的文字"退出 WinCC 运行系统"；使用"动态向导"将按钮功能配置为单击后系统退出 WinCC 运行。功能按钮效果如图 7-67 所示。

WINCC 组态实例4-动态向导组态

图 7-67　功能按钮效果

【示例】打开"动态向导"：选择"视图"→"工具栏"→"动态向导"选项，如图 7-68 所示。

在"标准"对话框中选择"窗口对象"→"按钮"选项，将按钮对象添加到画面中的合适位置，修改文本为"退出 WinCC 运行系统"，如图 7-69 所示。

在"动态向导"中选择"系统函数"选项，双击"退出 WinCC 运行系统"，出现动态向导选项框，如图 7-70 所示。

如图 7-71（a）所示，在"欢迎来到动态向导"对话框中，选择语言为"中文（简体，中国）"，单击"下一步"按钮，出现"选择触发器"对话框；如图 7-71（b）所示，定义触发器，选择"鼠标点击"选项，也可选择其他触发器，选择好后，单击"下一步"按钮，出现"完成！"对话框，确认无误后，单击"完成"按钮，如图 7-71（c）所示。

7

图 7 - 68　打开"动态向导"

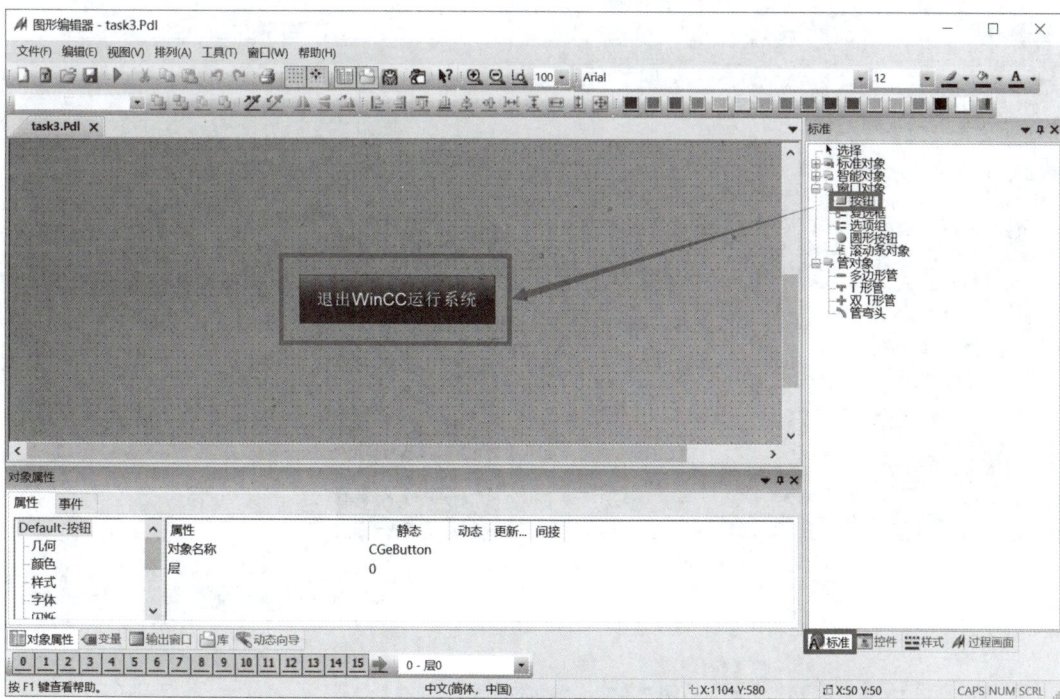

图 7 - 69　添加按钮对象

图 7 - 70　添加系统函数

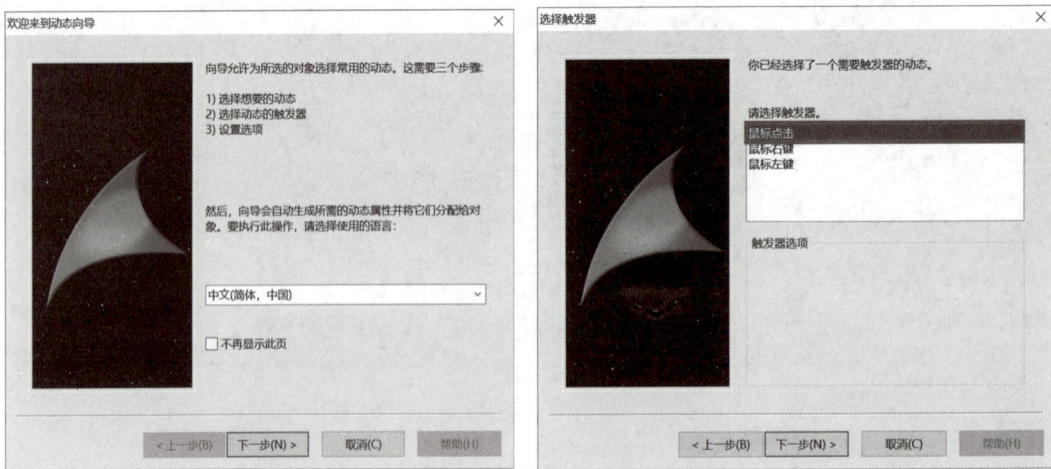

（a）　　　　　　　　　　　　　（b）

图 7 - 71　"动态向导"组态

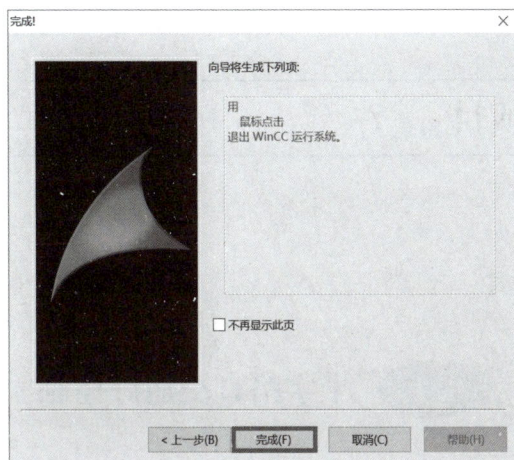

（c）

图 7−71 "动态向导"组态（续）

【任务评价】

任务评价见表 7−5。

表 7−5 任务评价

评价内容	评价细则	占比/%	完成情况
实例 1	在图层 0 中添加矩形对象	10	
	在图层 1 中添加圆对象	10	
	圆对象和矩形对象居中对齐	5	
实例 2	添加标准对象静态文本	5	
	修改静态文本的属性	20	
实例 3	添加滚动条	5	
	添加文本列表	20	
实例 4	添加按钮对象	5	
	组态动态向导	20	

项目八 HMI 项目

8.1 十字路口交通灯控制

【任务引入】

交通灯在现代交通中有着越来越重要的作用，设计可靠、安全、便捷的交通灯控制系统有极大的现实必要性。利用 PLC 设计稳定可靠、功能强大、能够控制流量和联网的交通灯控制系统是其发展趋势。十字路口交通灯通常设置红、黄、绿 3 种颜色。现有一个十字路口，东西和南北方向每个路口都设有红、黄和绿交通灯。红灯表示停止，黄灯表示警告，绿灯表示通行。

十字路口交通灯
控制项目

【任务目标】

（1）能实现 PLC 的组态与网络配置。

（2）能实现十字路口交通信号控制的 PLC 程序设计。

（3）能实现 HMI 的组态与网络配置。

（4）能实现 PLC 和 HMI 的通信。

（5）能实现 HMI 的画面设计。

（6）能利用 HMI 控制十字路口交通灯，实现任务要求的功能。

（7）养成独立完成任务的职业习惯。

（8）树立认真、敬业的职业态度。

【任务准备】

1. HMI 的定义

HMI 是 Human Machine Interface 的缩写，即人机接口，也叫作人机界面，是系统和用户之间进行交互和信息交换的媒介。HMI 产品由硬件和软件两部分组成。

HMI 硬件包括处理器、显示单元、输入单元、通信接口、数据存储单元等，其中处理器的性能决定了 HMI 产品的性能，是 HMI 产品的核心单元。根据 HMI 产品的等级不同，可分别选用 8 位、16 位、32 位的处理器。

HMI 软件一般分为两部分，即运行于 HMI 硬件中的系统软件和运行于 PC Windows 操作系统中的画面组态软件。操作者必须先使用 HMI 的画面组态软件制作"工程文件"，再通过 PC 和 HMI 产品的通信接口，把编制好的"工程文件"下载到 HMI 的处理器中运行。

HMI 的广义的解释是"使用者与机器间沟通、传达及接收信息的接口"。举个例子来说，在一座工厂里，收集工厂各个区域的温度、湿度以及工厂中机器的状态等信息，通过一台主控器监视并记录这些信息，并在发生意外状况的时候能够对这些信息进行处理。这便是一个很典型的 SCADA/HMI 的运用。一般而言，HMI 系统必须具有如下几项基本功能。

（1）实时的资料趋势显示——把收集的资料立即显示在屏幕上。

（2）自动记录资料——自动将资料存储存至数据库中，以便日后查看。

（3）历史资料趋势显示——把数据库中的资料进行可视化的呈现。

（4）报表的产生与打印——能把资料转换成报表的形式并打印出来。

（5）图形接口控制——操作者能够通过图形接口直接控制相关装置。

（6）警报的产生与记录——操作者可以定义一些警报产生的条件，例如温度过高或压力超过临界值，在这样的条件下系统会产生警报，通知操作者处理。

2. HMI 的工作原理

工业触摸屏是通过触摸式工业显示器把人和机器连为一体的智能化界面。它是替代传统控制按钮和指示灯的智能化操作显示终端。它可以用来设置参数、显示数据、监控设备状态、以曲线/动画等形式描绘自动化控制过程。它方便、快捷、表现力强，并可简化为 PLC 控制程序，创造了友好的人机界面。工业触摸屏作为一种特殊的计算机外设，是目前最简单、方便、自然的一种人机交互设备。它赋予了多媒体崭新的面貌，是极富吸引力的全新多媒体交互设备。

工业触摸屏的工作原理如下。

工业触摸屏系统一般包括触摸屏控制器（卡）和触摸检测装置两个部分。触摸屏控制器（卡）的主要作用是从触摸点检测接收的触摸信息，并将它转换成触点坐标，再送给 CPU，它同时能接收 CPU 发来的命令并执行。触摸检测装置一般安装在显示器的前端，其主要作用是检测用户的触摸位置，并传送给触摸屏控制器（卡）。工业触摸屏具有很强的灵活性，可以按照设计要求更改或增加功能模块，扩展性强，可以满足复杂的工艺控制要求，甚至可以直接通过网络系统和 PLC 通信，大大方便了控制数据的处理与传输，减小了维护工作量。

HMI 人与计算机之间建立联系、交换信息的输入/输出设备的接口，这些输入/输出设备包括键盘、显示器、打印机、鼠标器等。

在工业场合中，HMI 能助力人们实现自动化控制。HMI 通常以屏幕的形式出现，如计算机屏幕，但更多的是触摸屏。操作者或维护人员可以通过 HMI 操作和监视设备。通过特定的软件和硬件支撑，在 HMI 界面上可以调节或监控温度、压力、工艺步骤和材料计数等参数，显示容器中精确的液面高度和设备的精确位置，同时查看多个设备的数据等。

在控制系统运行时，HMI 和 PLC 之间进行通信以交换信息，从而实现 HMI 的各种功能。将 HMI 上的图形对象与 PLC 变量的地址联系起来，就可以实现控制系统运行时 PLC 与 HMI 之间的自动数据交换。因此，需要在博途软件上对 HMI 进行组态，并实现 PLC 与 HMI 之间的通信。

HMI 与 PLC 的网络连接如图 8-1 所示。

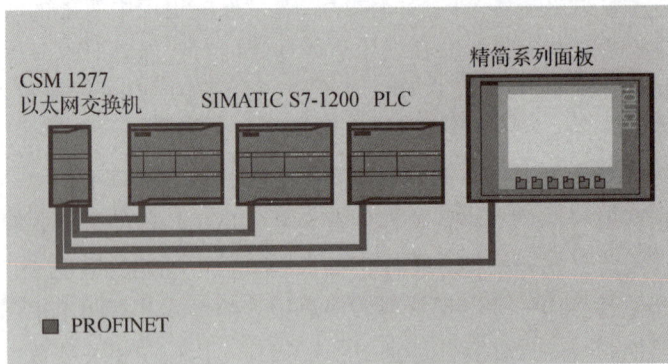

图 8-1　HMI 与 PLC 的网络连接

3. PROFINET 通信接口

S7-1200 CPU 本体上集成了一个 PROFINET 通信接口（CPU 1211C ~ CPU 1214C）或者两个 PROFINET 通信接口（CPU 1215C ~ CPU 1217C），支持以太网和基于 TCP/IP 和 UDP 的通信标准。这个 PROFINET 通信接口是支持 10 或 100 Mbit/s 的 RJ-45 接口，支持电缆交叉自适应，因此标准的或交叉的以太网线都可以用于这个接口。使用这个通信接口可以实现 S7-1200 CPU 与编程设备的通信、与 HMI 触摸屏的通信，以及与其他 CPU 的通信。

【任务实施】

8.1.1　交通灯控制

1. 明确控制要求

十字路口交通灯的控制要求如下。

（1）按下"启动"按钮时，交通灯控制系统开始工作，红、绿、黄灯按一定时序轮流发亮。

（2）首先南北方向绿灯亮 5 s，闪烁 3 s 后，黄灯亮 2 s 灭，红灯亮 10 s，循环。

（3）南北方向绿灯、黄灯亮时，东西方向红灯亮 10 s；南北方向红灯亮时，东西绿灯亮 5 s，闪烁 3 s 后，黄灯亮 2 s 灭，循环。

（4）按下"停止"按钮时，所有交通灯熄灭。

根据交通灯信号变化规律，将交通灯控制系统的工作过程分为 4 个依照设定时间顺序循环执行的阶段，如图 8-2 所示。

2. 绘制交通灯信号时序图

根据控制要求绘制交通灯信号时序图，如图 8-3 所示。

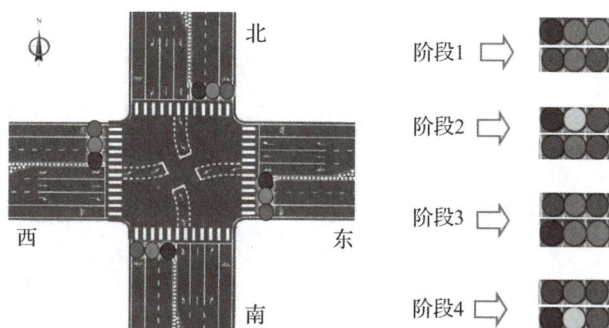

图 8-2　十字路口交通灯控制系统工作过程的 4 个阶段

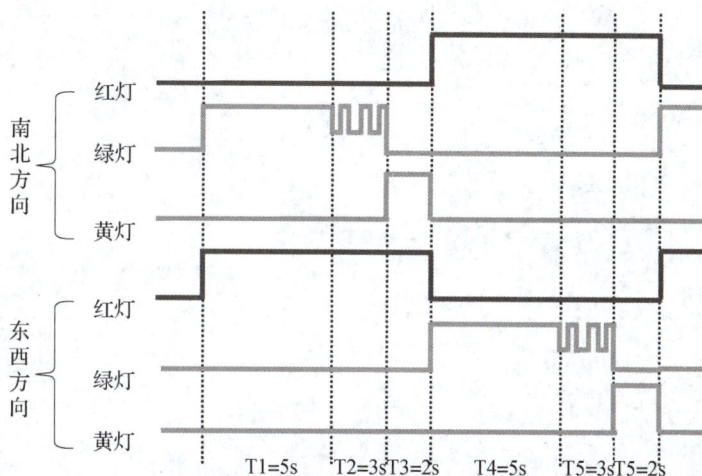

图 8-3　交通灯信号时序图

3. 绘制 IO 分配表

根据控制要求，绘制 IO 分配表。输入有"启动"按钮和"停止"按钮，输出为南北方向和东西方向的绿灯、黄灯、红灯，具体见表 8-1。

表 8-1　交通灯信号控制 IO 分配表

输入			输出		
器件	说明	地址	器件	说明	地址
I1	启动按钮	M2.1	Q1	G1 南北绿灯	M5.0
I2	停止按钮	M2.2	Q2	Y1 南北黄灯	M5.1
—	—	—	Q3	R1 南北红灯	M5.2
—	—	—	Q4	G2 东西绿灯	M5.3
—	—	—	Q5	Y2 东西黄灯	M5.4
—	—	—	Q6	R2 东西红灯	M5.5

8.1.2　PLC 组态

1. PLC 项目创建

在博途软件中可以对 PLC 和 HMI 硬件进行组态。首先，在博途软件中创建交通灯的 PLC 控制实验项目。打开博途软件，在 Portal 视图中单击"创建新项目"按钮，弹出"创建新项目"对话框，在该对话框的"项目名称"框中输入项目名称"交通灯的 PLC 控制实验"（图 8 – 4）。项目的默认保存路径为"C：\Users\Administrator\Documents"，可更改项目保存路径，单击"路径"框右边的"…"按钮，弹出"选择文件夹"对话框，选择项目存放的位置，这里选择"C：\Users\Administrator\Desktop\教材 \ 示例程序"（图 8 – 5）。完成后，单击"创建"按钮，创建项目。

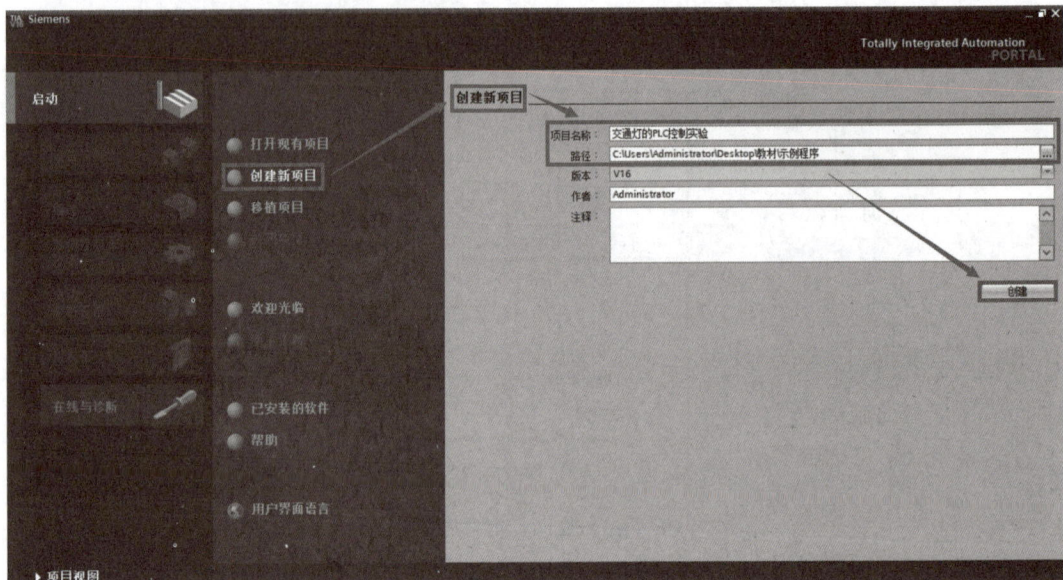

图 8 – 4　创建新项目

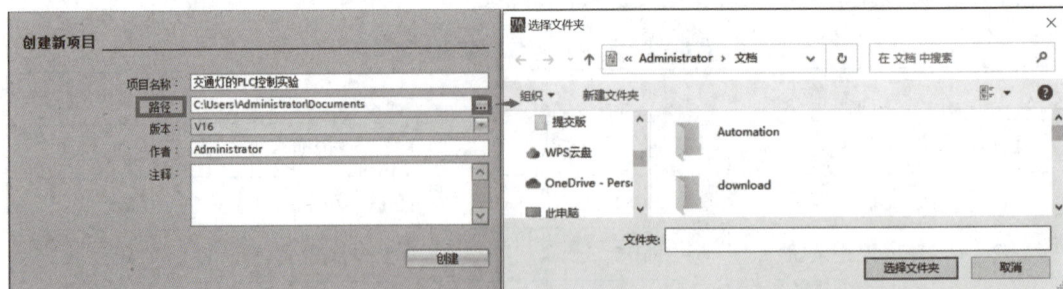

图 8 – 5　更改项目保存路径

项目创建成功后，自动进入"新手上路"界面，选择"打开项目视图"选项，可以切换到"项目视图"界面；或者单击 Portal 视图左下角的"项目视图"按钮，也可以切换到"项目视图"界面，如图 8 – 6、图 8 – 7 所示。

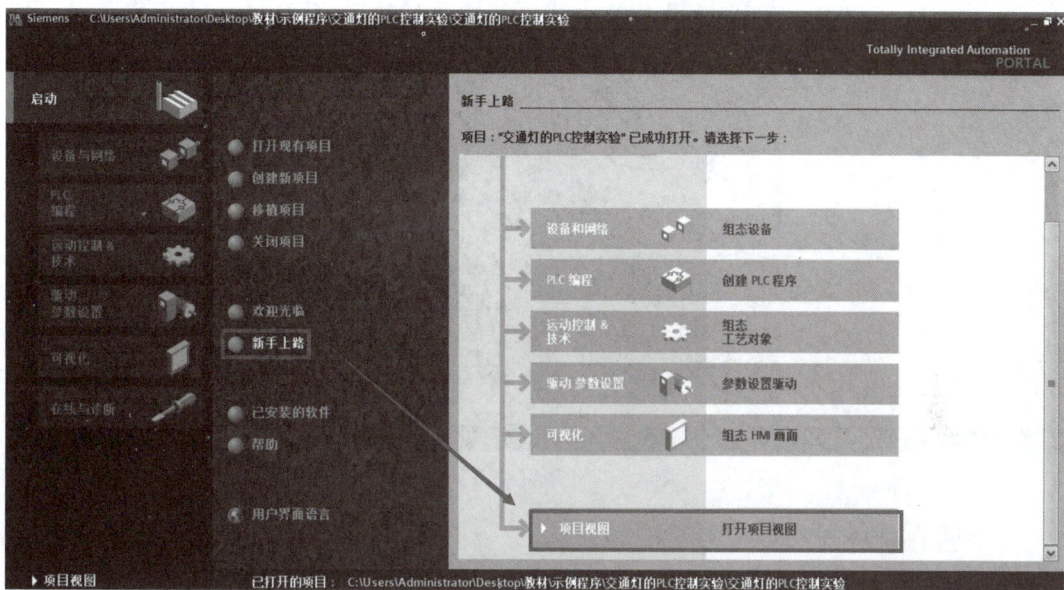

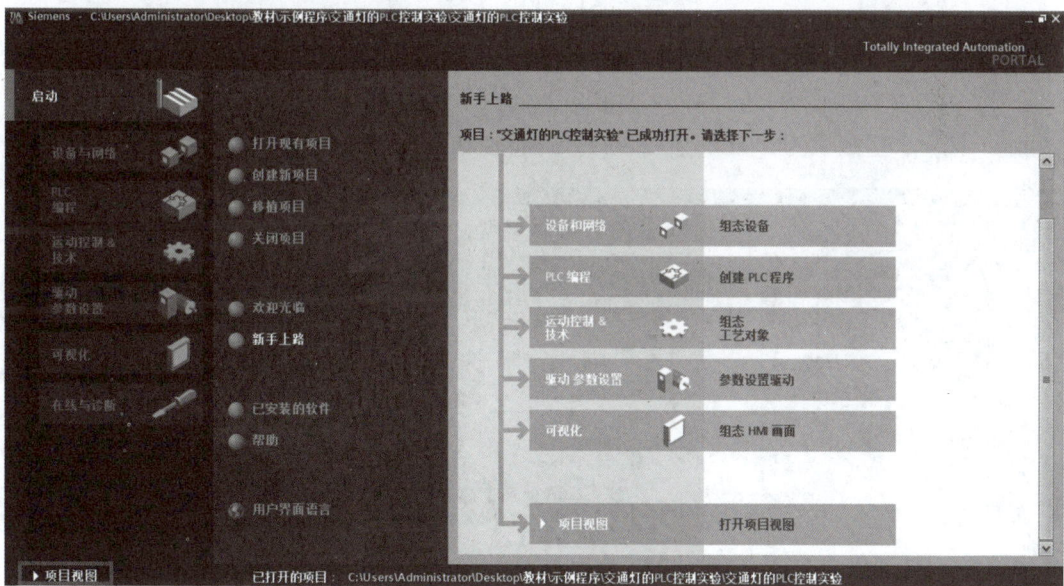

图 8 - 6　打开"项目视图"界面

图 8 – 7　"项目视图"界面

2. PLC 硬件组态

创建项目后，在项目中添加 PLC 的 CPU 设备。在"项目视图"界面的项目树中找到创建的"交通灯的 PLC 控制实验"项目，单击"添加新设备"按钮，出现"添加新设备"对话框。单击该对话框中的"控制器"按钮，选择"SIMATIC S7 – 1200"→"CPU"选项，选择要添加的 CPU 型号，这里 CPU 型号为"CPU 1214C DC/DC/DC"；然后选择 CPU 订货号，这里 CPU 订货号为"6ES7 214 – 1AG40 – 0XB0"，版本为"V4.4"；最后，单击"确定"按钮，生成名为"PLC_1"的 CPU 设备，如图 8 – 8、图 8 – 9 所示。

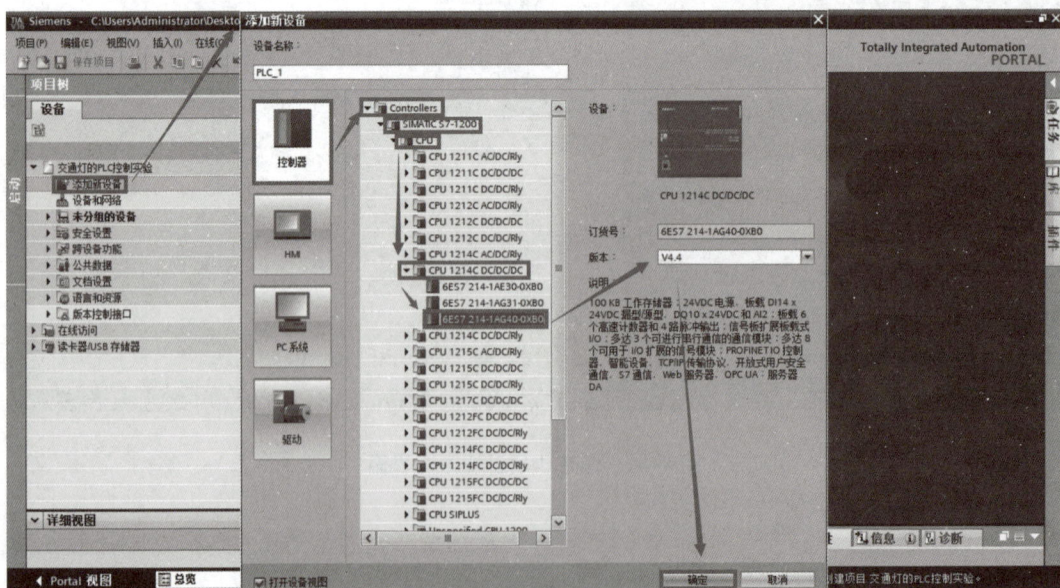

图 8 – 8　添加 CPU 设备

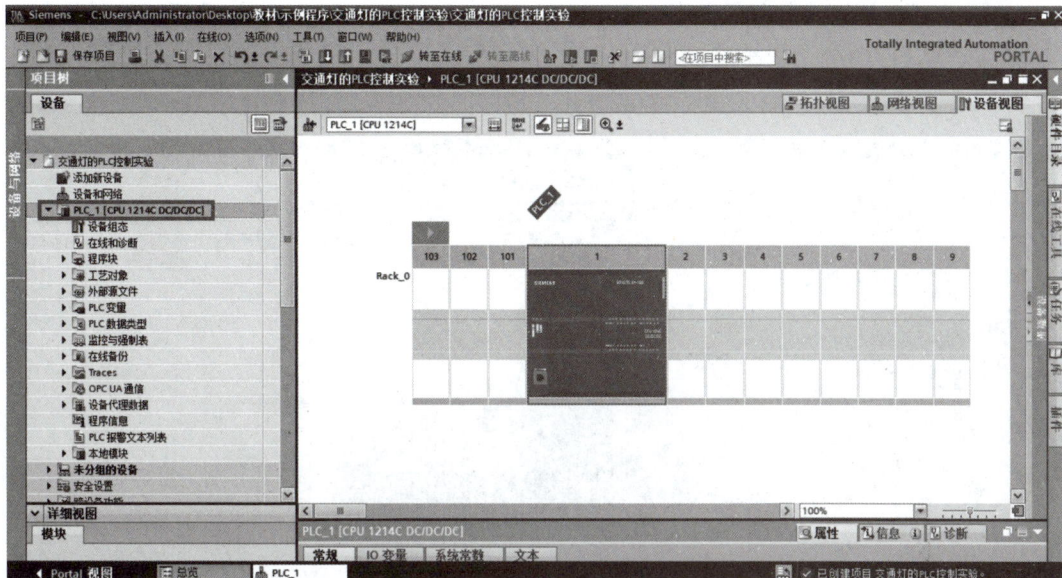

图 8-9　CPU 设备视图界面

添加 CPU 后，根据实际的硬件设备组态其他 PLC 设备，包括 IO 模块和通信模块。这里添加 3 个 IO 模块，分别为 16 位输入和输出的 DI/DQ 模块（电源为 DC×DC）、8 位输入和输出的 DI/DQ 模块（电源为 DC×RLY）、4 个通道输入和 2 个通道输出的 AI/AQ 模块，通信模块为 RS 422/485。

（1）添加 16 位输入和输出的 DI/DQ 模块。在"硬件目录"对话框中选择"DI/DQ"→"DI 16/DQ 16×24VDC"选项，订货号为 6ES7 223-1BL32-0XB0，如图 8-10 所示。

图 8-10　添加 IO 模块（1）

（2）添加 8 位输入和输出的 DI/DQ 模块。在"硬件目录"对话框中选择"DI/DQ"→"DI 8×24VDC/DQ 8×Relay"选项，订货号为 6ES7 223-1PH32-0XB0，如图 8-11 所示。

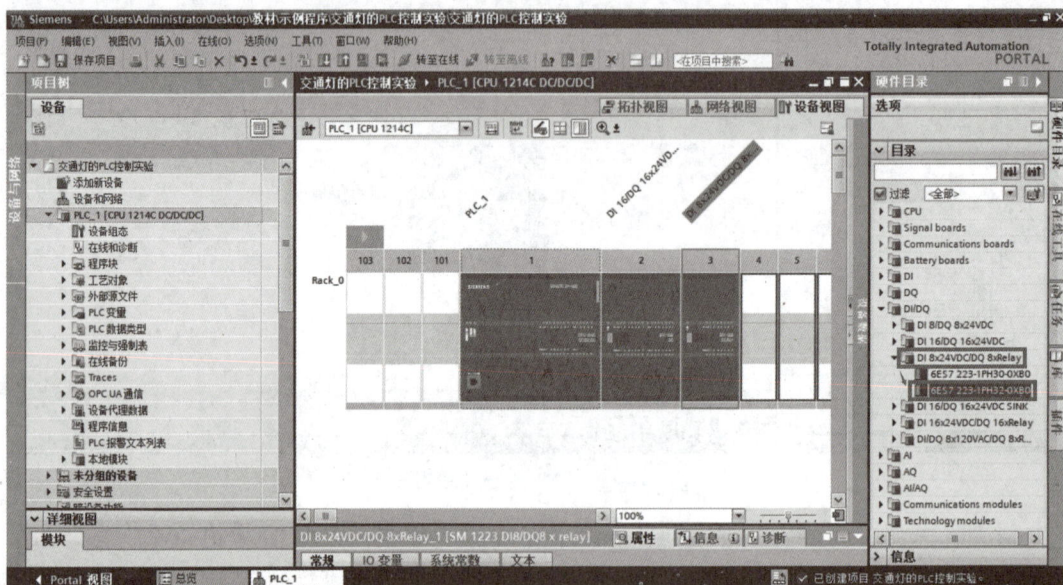

图 8-11　添加 IO 模块（2）

（3）添加 4 个通道输入和 2 个通道输出的 AI/AQ 模块。在"硬件目录"对话框中选择"AI/AQ"→"AI 4×13BIT/AQ 2×14BIT"选项，订货号为 6ES7 234-4HE32-0XB0，如图 8-12 所示。

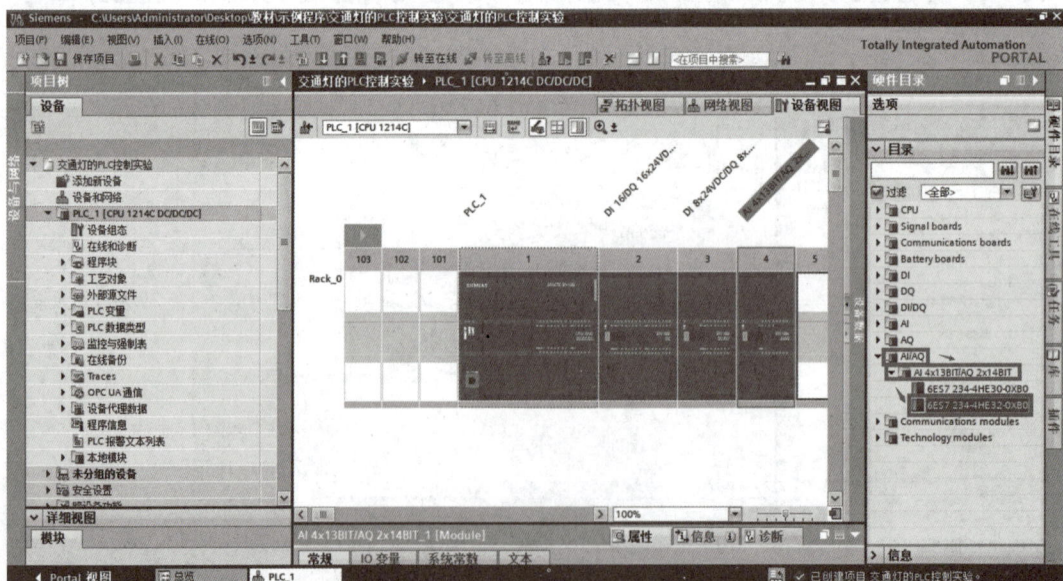

图 8-12　添加 IO 模块（3）

（4）添加通信模块。在"硬件目录"对话框中选择"Communication modules"→"Point–to–point"→"CM 1241（RS422/485）"选项，订货号为6ES7 241–1CH32–0XB0，如图8–13所示。

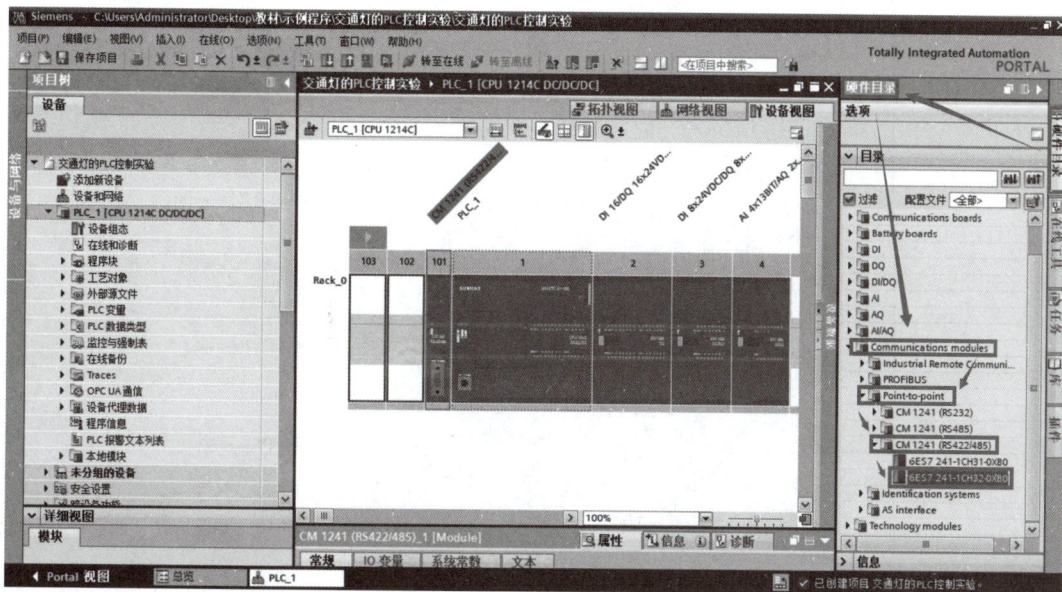

图8–13　添加通信模块

8.1.3　PLC程序设计

在"PLC_1"中打开"程序块"，双击"Main［OB1］"选项添加PLC程序，如图8–14所示。

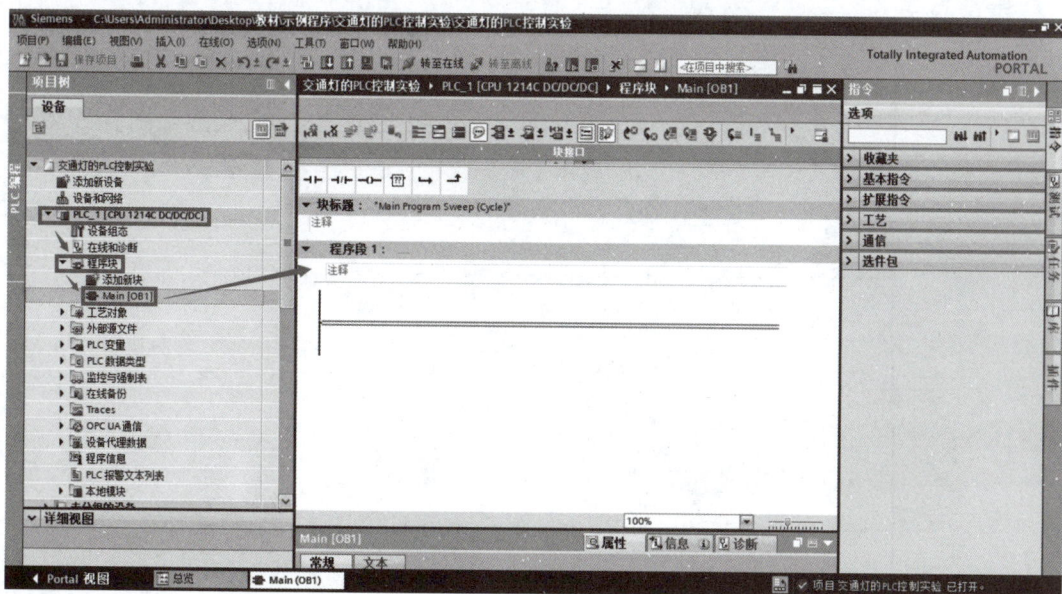

图8–14　PLC编程界面

根据十字路口交通灯控制要求编写PLC程序，具体如图8–15所示。

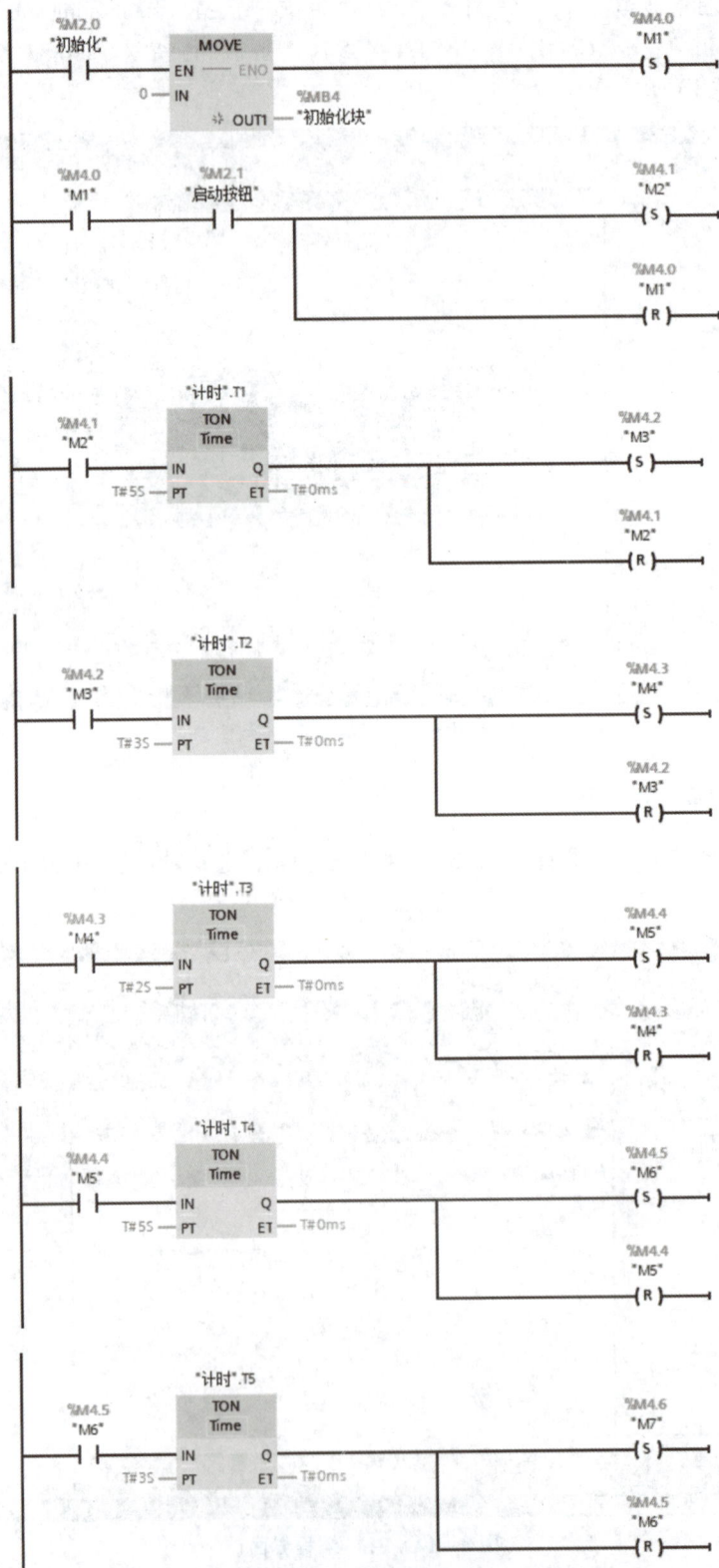

图 8-15 十字路口交通灯控制 PLC 程序

"计时".T6

%M4.6
"M7"

TON
Time

IN　　Q

T#2S — PT　ET — T#0ms

%M4.1
"M2"
(S)

%M4.6
"M7"
(R)

%M4.1
"M2"

%M5.0
"南北绿灯"

%M4.2
"M3"

%M0.5
"Clock_1Hz"

%M4.3
"M4"

%M5.1
"南北黄灯"

%M4.4
"M5"

%M5.2
"南北红灯"

%M4.5
"M6"

%M4.6
"M7"

%M4.4
"M5"

%M5.3
"东西绿灯"

%M4.5
"M6"

%M0.5
"Clock_1Hz"

%M4.6
"M7"

%M5.4
"东西黄灯"

%M4.1
"M2"

%M5.5
"东西红灯"

%M4.2
"M3"

%M4.3
"M4"

%M2.2
"停止按钮"

MOVE

EN　ENO

0 — IN

OUT1 — %MB4
"初始化块"

%M4.0
"M1"
(S)

项目八　HMI 项目

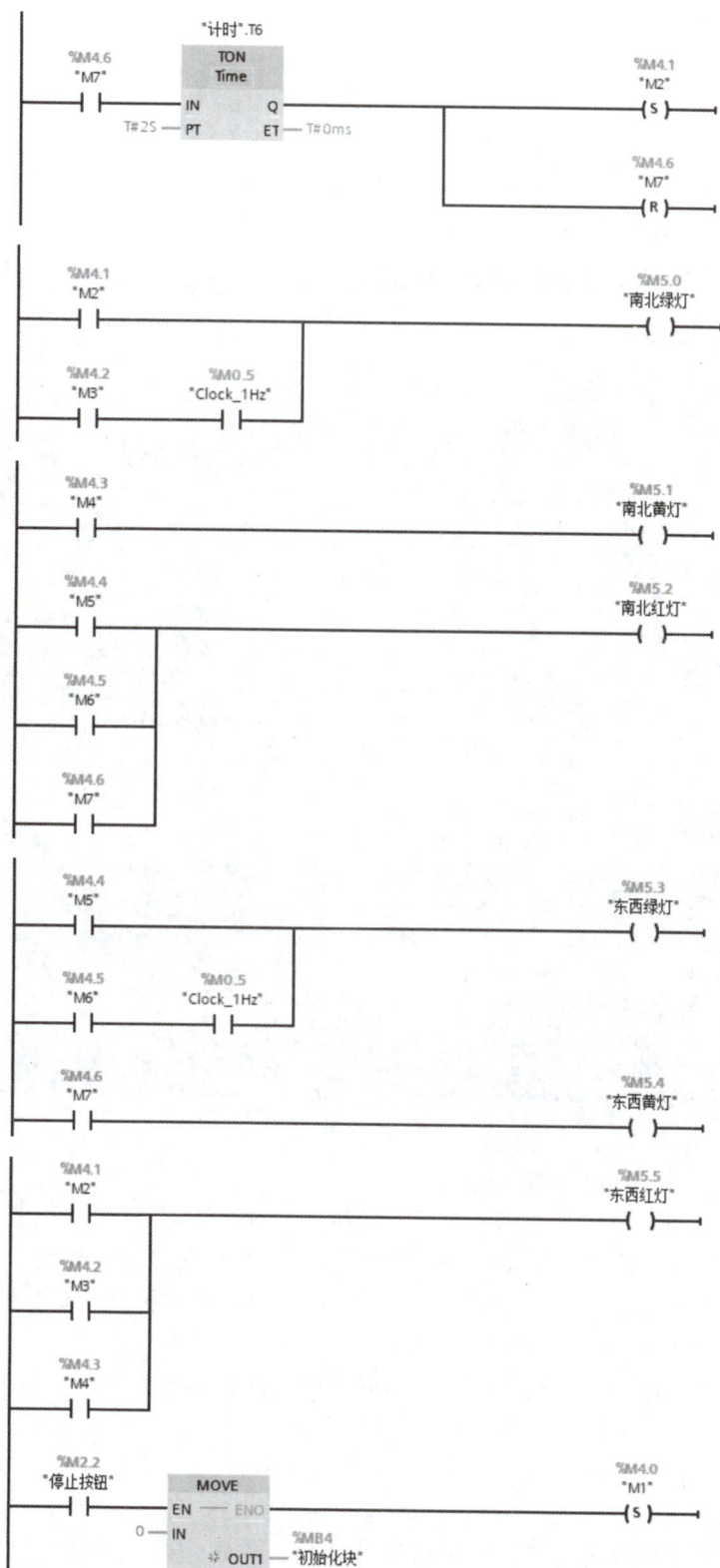

图 8 - 15　十字路口交通灯控制 PLC 程序（续）

8.1.4 HMI 组态与通信

1. HMI 硬件组态

在项目树中单击"添加新设备"按钮，出现"添加新设备"对话框。单击该对话框中的"HMI"按钮，选择 7in 的第二代精智系列面板 TP700，单击"确定"按钮，生成名为"HMI_1"的面板，如图 8-16 所示。

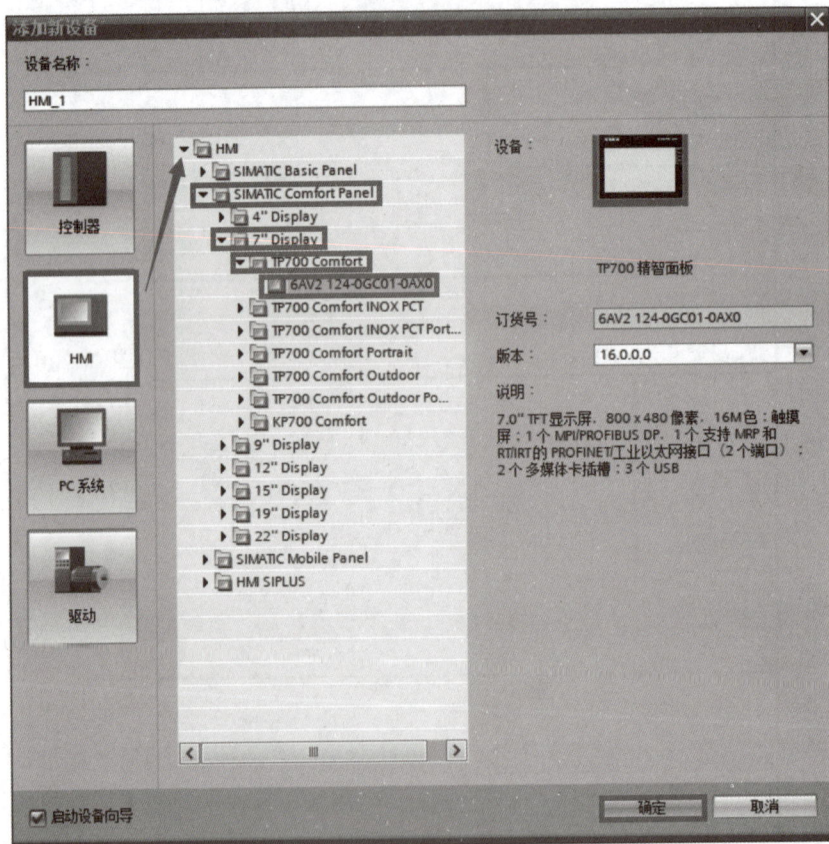

图 8-16　添加 HMI 设备

2. HMI 通信地址配置

触摸屏联网和
基础组态控制

配置 HMI 通信地址。打开项目树中的"PLC_1"，选择"设备组态"选项，打开"设备视图"界面。单击"设备视图"界面中的 HMI 设备，打开 HMI 设备的巡视窗口，选择"属性"选项卡，选择"PROFINET 接口"→"以太网地址"选项。在"以太网地址"区域可以设置 HMI 的 IP 地址和子网掩码，这里选择默认，IP 地址为 192.168.0.2，如图 8-17 所示。

3. PLC 和 HMI 的通信

进行 PLC 和 HMI 的连接。CPU 和 HMI 默认的 IP 地址分别为 192.168.0.1 和 192.168.0.2，子网掩码均为 255.255.255.0。生成 PLC 和 HMI 设备后，打开项目树中的"设备和网络"，打开"网络视图"界面。单击工具栏的"连接"按钮，其右边的选择框显示连接类型为"HMI 连接"，如图 8-18 所示。

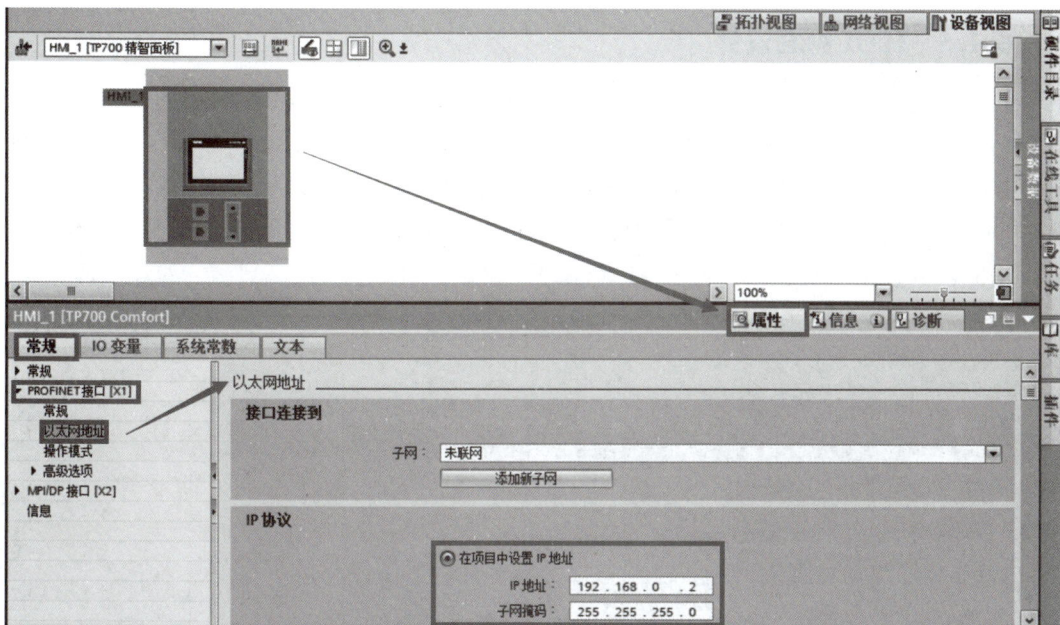

图 8 – 17   配置 HMI 通信地址

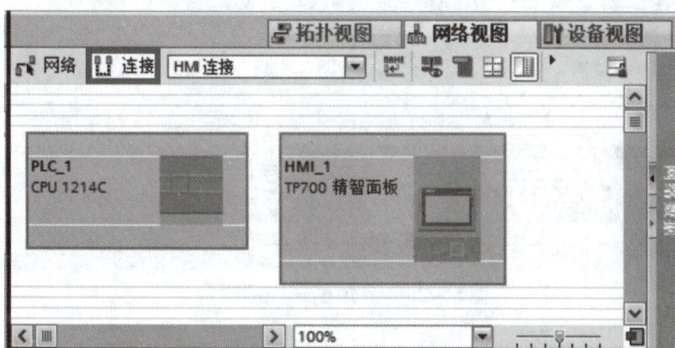

图 8 – 18   "网络视图"界面

单击 PLC 中的以太网接口（绿色小方框），按住鼠标左键，移动鼠标，拖出一条浅蓝色直线。将它拖到 HMI 的以太网接口，松开鼠标左键，生成"HMI_连接_1"，如图 8 – 19 所示。

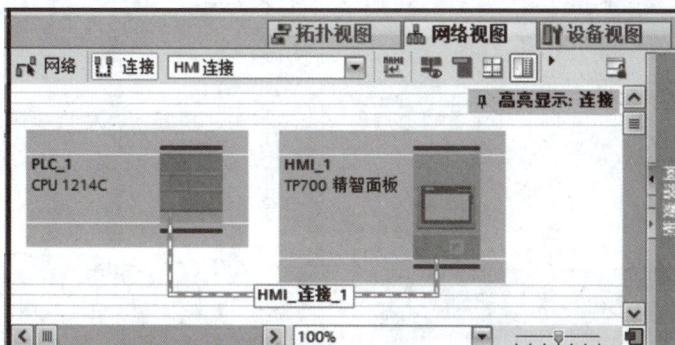

图 8 – 19   HMI 与 PLC 通信连接

8.1.5　HMI 画面设计

1. 添加图形视图

在 HMI 的 "画面" 下，双击 "根画面" 选项，出现 "根画面" 的画面，在画面中进行 HMI 画面设计。单击 HMI 画面右侧栏的 "工具箱" 选项卡，弹出 "工具箱" 窗格。单击 "选项" → "基本对象" → "图形视图" 图标，将图形视图对象放置到画面中的合适位置，如图 8-20 所示。

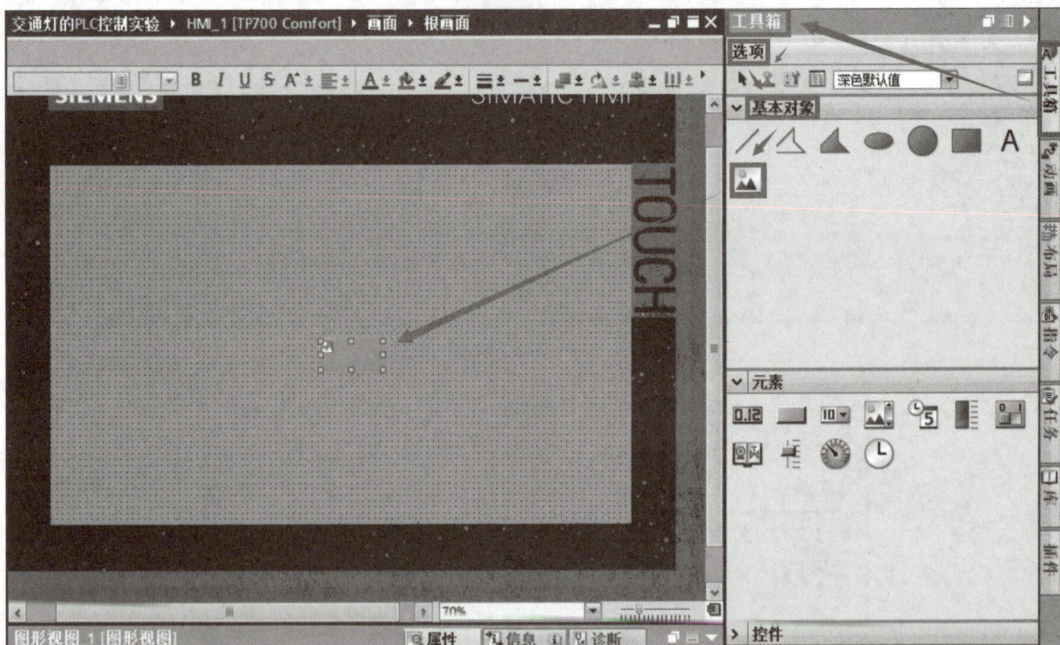

图 8-20　添加图形视图对象

用鼠标右键单击图形视图对象，弹出选项框，选择 "添加图形" 选项，找到图片所在位置，选中图片即可将图片添加到 HMI 画面中。选中图片边框，通过拖拽修改图片大小，如图 8-21 所示。

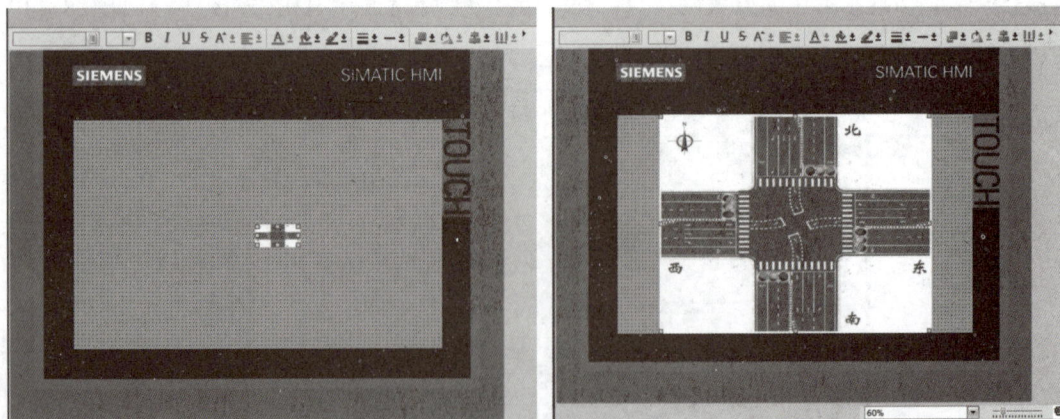

图 8-21　添加图形视图的图片

2. 添加按钮

在画面中添加"启动"按钮，打开"工具箱"窗格，单击"选项"→"元素"→"按钮"图标，将其拖拽到画面中的合适位置，按钮默认名称为"Text"，如图 8 - 22 所示。

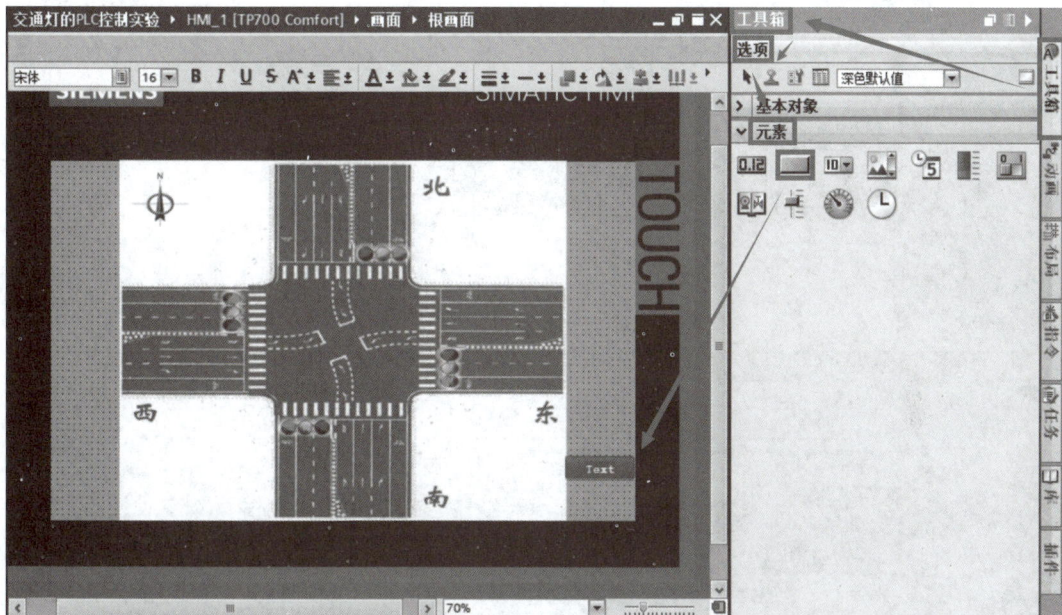

图 8 - 22　添加按钮元素

选中添加的"Text"按钮，在巡视窗口的"属性列表"中可以对按钮文本属性进行修改（图 8 - 23）。选择"常规"选项，将名称删除。

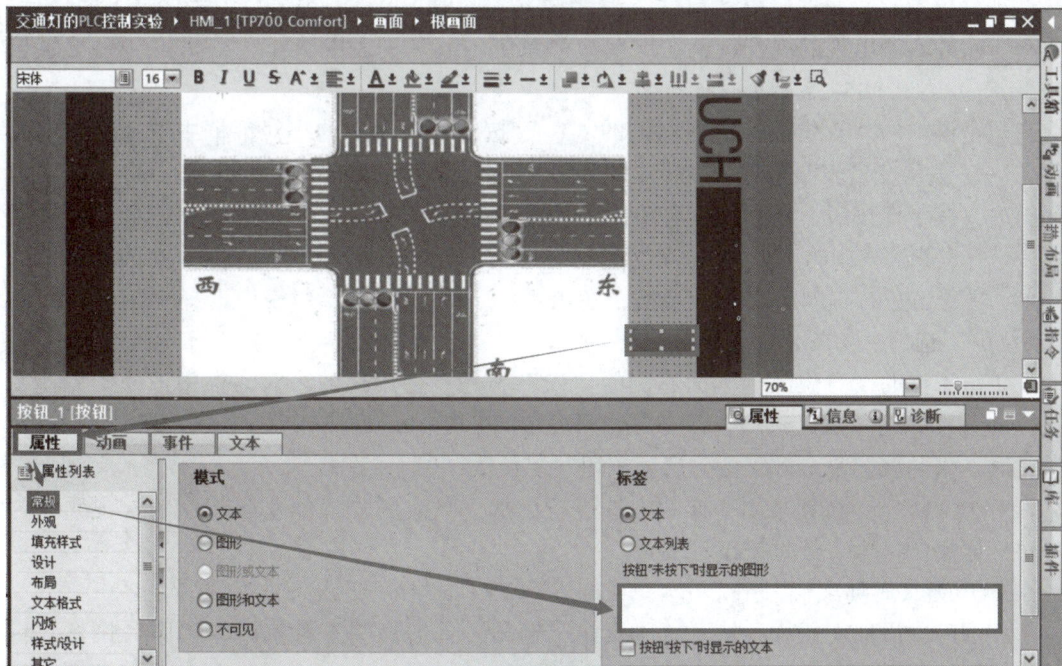

图 8 - 23　修改按钮文本属性

选择"外观"选项，将"填充图案"修改为"实心"，将"颜色"修改为深绿色，如图 8 – 24 所示。

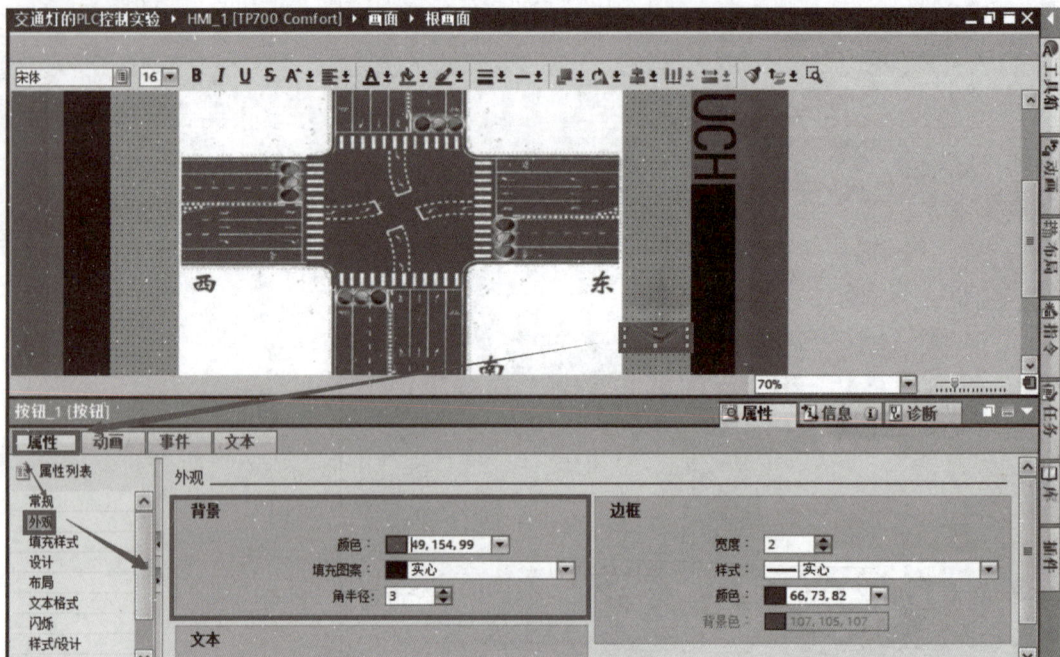

图 8 – 24　修改按钮外观属性

选中按钮，拖拽其外边框将按钮调整到合适的大小。

下面设置按钮的事件功能，并连接对应的 PLC 变量，事件为按下置位，释放复位。选择巡视窗口中的"属性"→"事件"→"按下"选项，单击右边窗口中表格最上面一行，再单击它的右侧出现的展开键，在出现的"系统函数"列表中选择"编辑位"→"置位位"选项，如图 8 – 25 所示。

单击添加的"置位位"下面右侧的"…"按钮，在出现的小对话框中选择"PLC 变量"→"默认变量表"选项，双击右侧列表中的变量"启动按钮"（图 8 – 26）。在 HMI 运行时，按下该按钮，将变量"启动按钮"置位为"1"状态。

选择巡视窗口中的"属性"→"事件"→"释放"选项，单击右边窗口中表格最上面一行，再单击它的右侧出现的展开键，在出现的"系统函数"列表中选择"编辑位"→"复位位"选项，如图 8 – 27 所示。

单击添加的"置位位"下面右侧的"…"按钮，在出现的小对话框中选择"PLC 变量"→"默认变量表"选项，双击右侧列表中的变量"启动按钮"（图 8 – 28）。在 HMI 运行时，松开该按钮，将变量"启动按钮"复位为"0"状态。

对于"停止"按钮采用一样的方法进行添加，只需更改"停止"按钮的外观颜色为红色，连接变量为"停止按钮"变量。

3. 添加交通灯

在画面中添加交通灯，打开"工具箱"窗格，单击"基本对象"→"圆"图标，将其拖拽到画面中的合适位置，如图 8 – 29 所示。

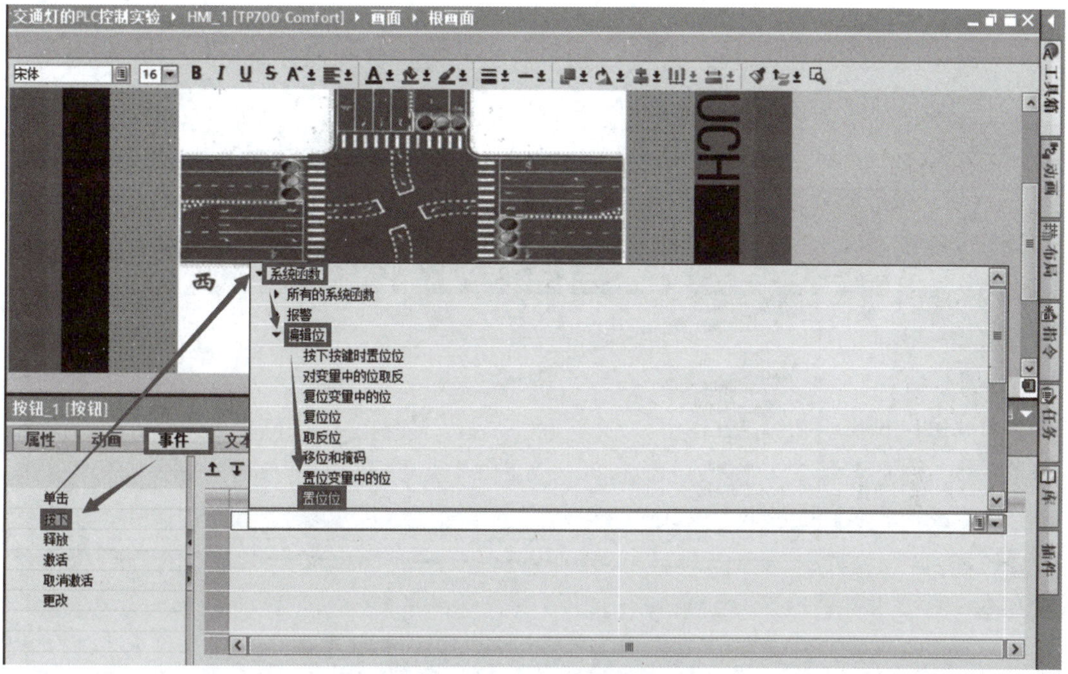

图 8 – 25　定义按钮的按下事件

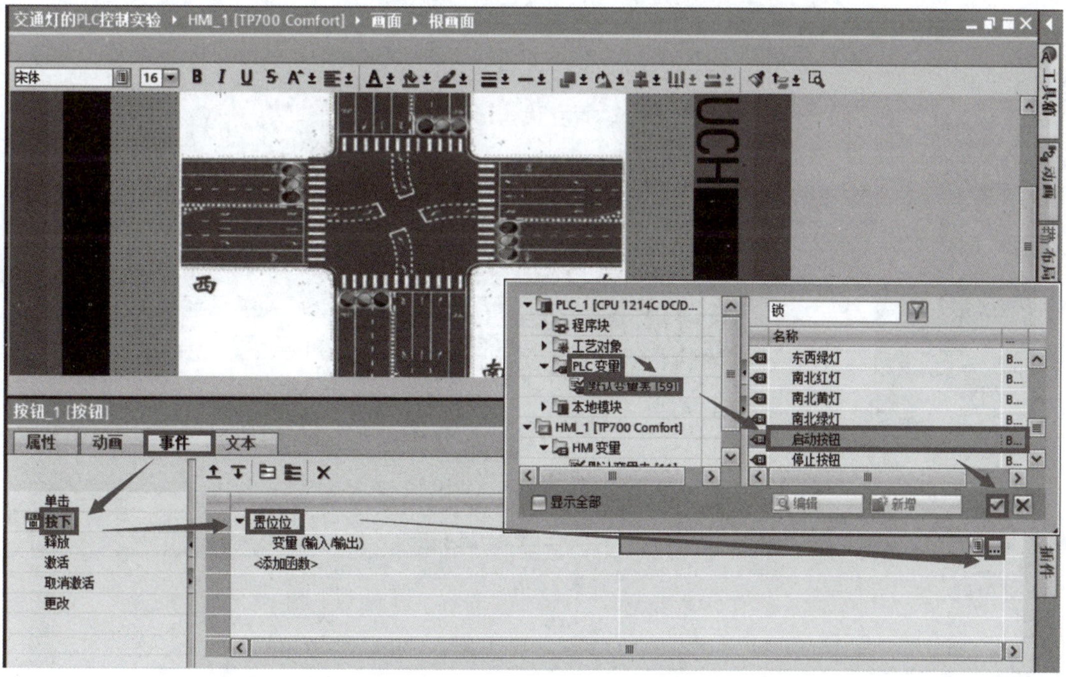

图 8 – 26　连接按下事件的变量

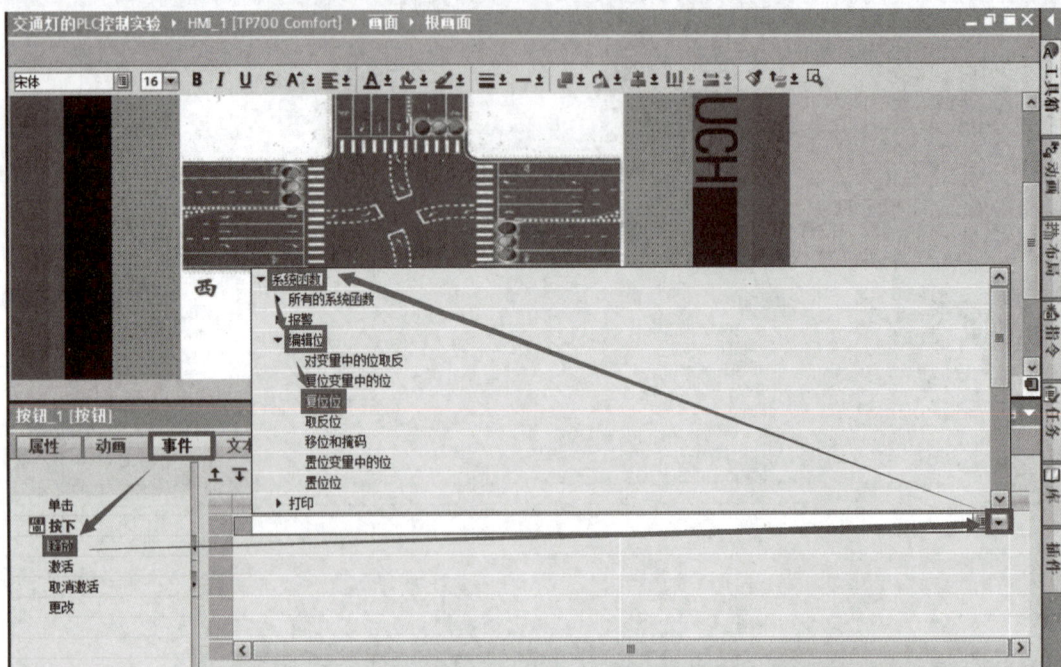

图 8 – 27　定义按钮的释放事件

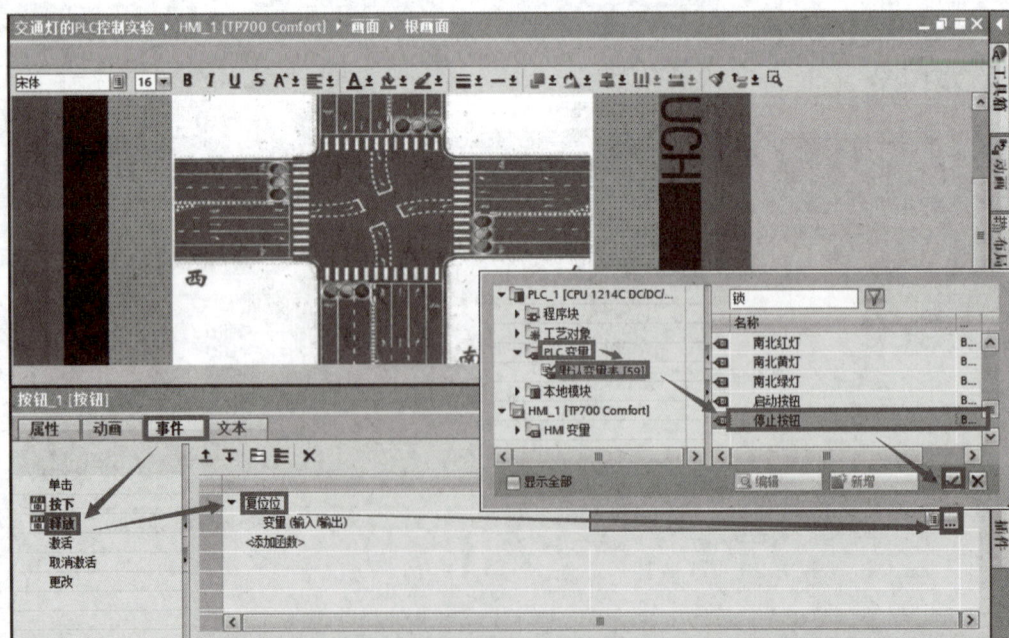

图 8 – 28　连接释放事件的变量

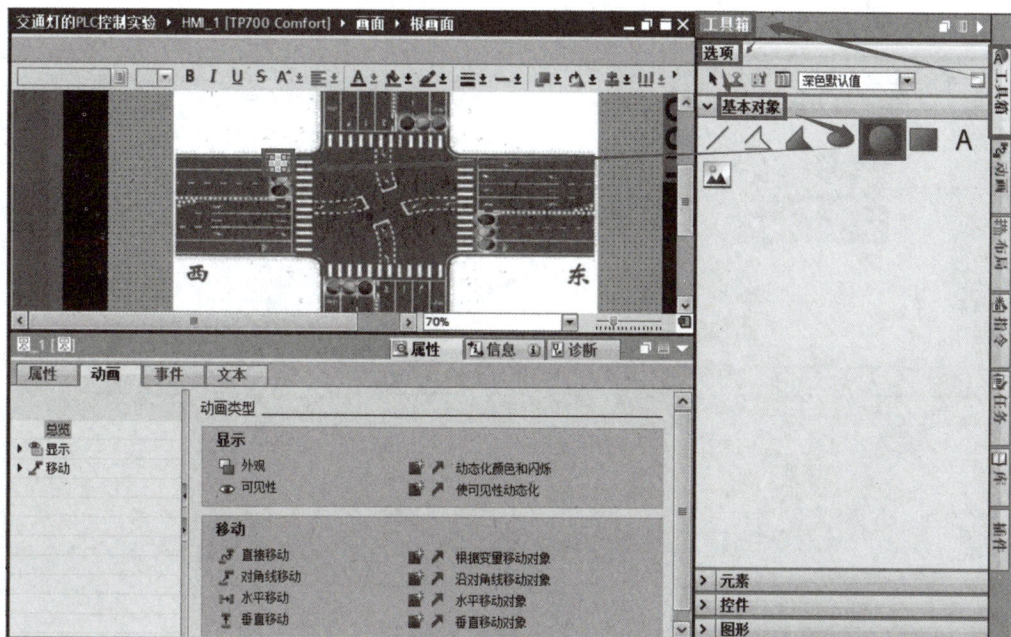

图 8 – 29　添加圆对象

选择巡视窗口中的"属性"→"外观"选项,将"填充图案"修改为"实心",将"颜色"修改为深绿色,如图 8 – 30 所示。

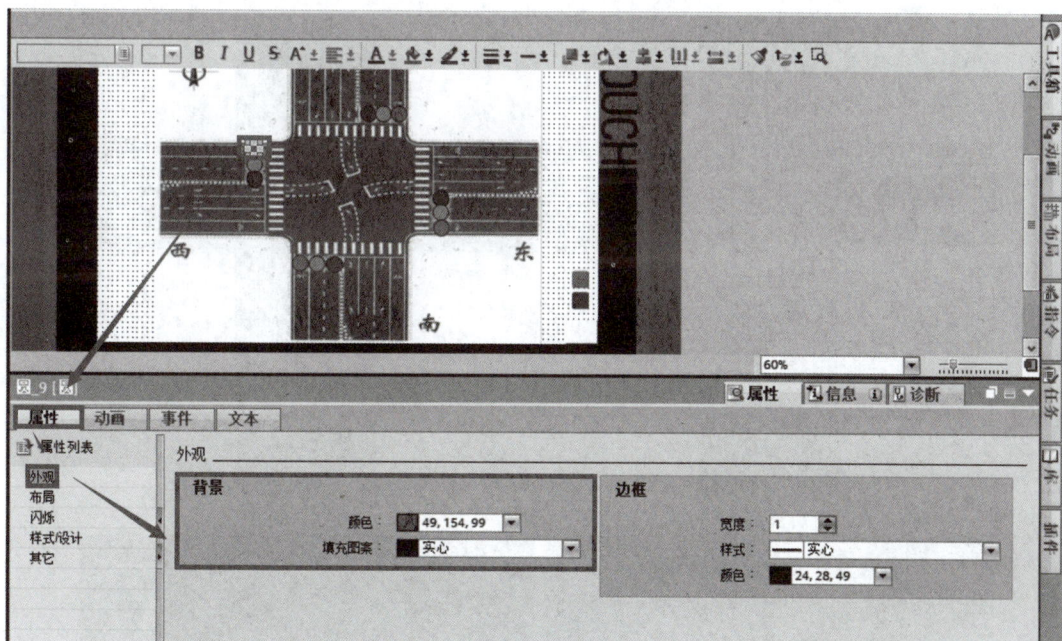

图 8 – 30　连接释放事件的变量

选择巡视窗口中的"属性"→"动画"→"显示"选项,双击"添加新动画"选项,再双击出现的"外观"选项,单击"确定"按钮;设置变量东西方向绿灯值的范围,单击"添加"字样,分别添加"0"和"1",圆的背景色分别为深绿色和浅绿色,对应交通灯的熄灭和点亮（图 8 – 31）。其他交通灯的添加方法一致。

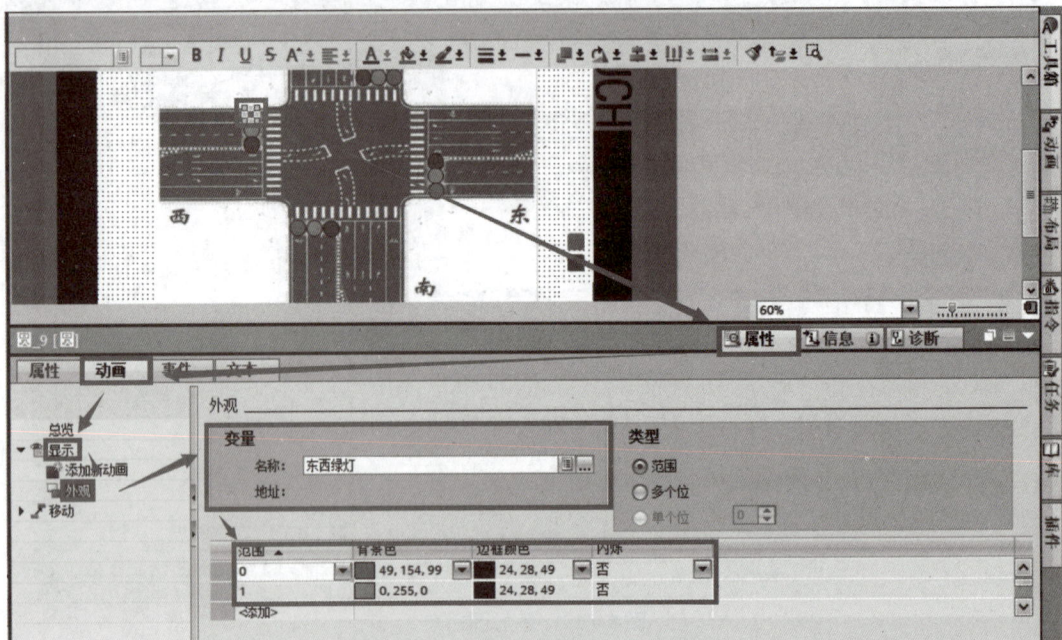

图 8 – 31　设置外观变量值的范围

HMI 运行效果如图 8 – 32 所示。

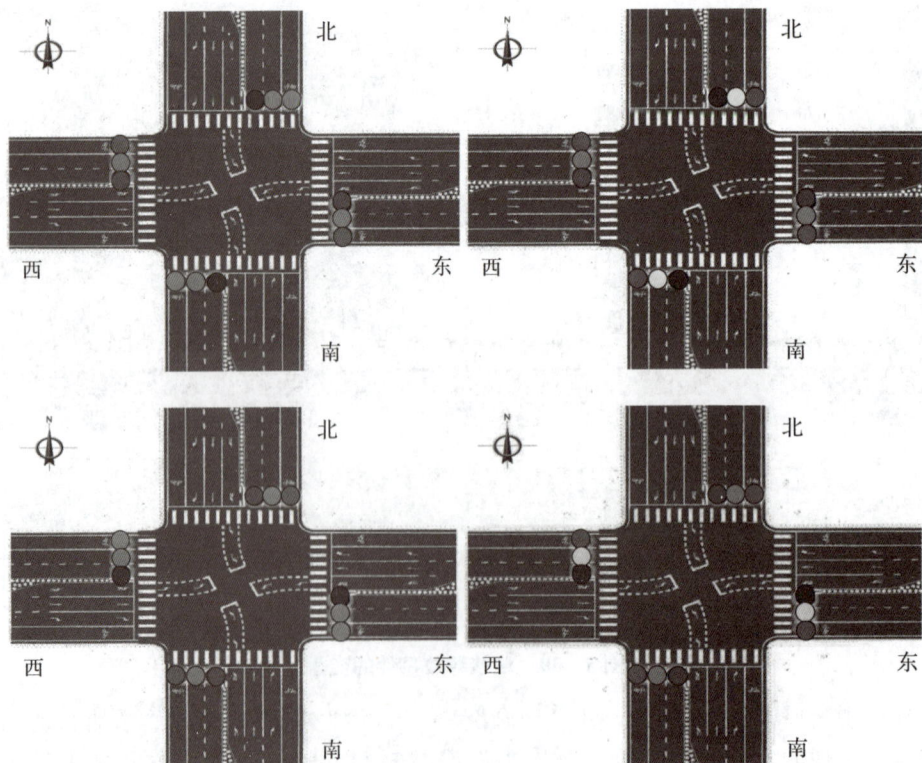

图 8 – 32　HMI 运行效果

【任务评价】

任务评价见表 8 - 2。

表 8 - 2　任务评价

评价内容	评价细则	占比/%	完成情况
PLC 组态与 程序设计	创建 PLC 项目	5	
	PLC 组态与通信	10	
	PLC 程序设计	15	
HMI 硬件组态与 通信地址配置	HMI 硬件组态与通信地址配置	15	
	PLC 与 HMI 通信	5	
	HMI 画面设计	30	
HMI 监控运行	PLC 程序编译、下载、转至在线	5	
	HMI 运行画面	5	
	监控测试	10	

8.2　S7 通信组网与调试项目

【任务引入】

S7 通信组网与调试项目

通过 S7 连接可以实现两台 S7 - 1200 PLC 间的通信。首先创建 PLC 与 PLC 之间的通信，CPU 可通过 PROFINET 或 PROFIBUS DP 接口与一个或多个 HMI 设备进行数据交换，进行操作员监控，然后通过 HMI 连接进行数据交换。要实现 PLC 与 HMI 的通信，可以在 HMI 设备的通信配置上进行设置。在博途软件中，可以对 PLC 和 HMI 分别进行组态，并将 PLC 和 HMI 连接，即可实现通信。PLC 与 PLC 的网络硬件连接如图 8 - 33 所示。

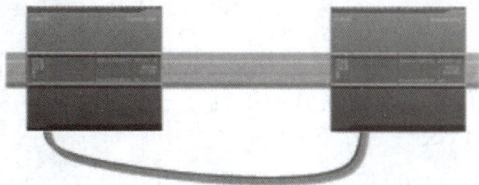

图 8 - 33　PLC 与 PLC 的网络硬件连接

【任务目标】

（1）能简单使用博途软件。
（2）能实现两台 S7 - 1200 PLC 通信的网络配置。

（3）能利用博途软件正确编写 S7 通信程序。

（4）利用 PLC 软/硬件实现两台 S7－1200 PLC 的 S7 通信。

（5）能实现 HMI 的组态与通信。

（6）能利用 HMI 实现 S7 通信功能。

（7）养成独立完成任务的职业习惯。

（8）树立认真、敬业的职业态度。

【任务准备】

1. S7 协议

S7 协议是专门为西门子控制产品优化设计的通信协议，它是面向连接的协议，在进行数据交换之前，必须与通信伙伴建立连接。面向连接的协议具有较高的安全性。

连接是指两个通信伙伴之间为了执行通信任务而建立的逻辑链路，而不是指两个站点之间用物理媒体（例如电缆）实现的连接。S7 连接是需要组态的静态连接，静态连接要占用 CPU 的连接资源。基于连接的通信分为单边通信和双边通信，S7－1200 PLC 仅支持 S7 单边通信。

2. S7 通信的特点

S7－1200 PLC 的 PROFINET 通信接口可以作 S7 通信的服务器端或客户端（CPU V2.0 及以上版本）。S7－1200 PLC 仅支持 S7 单边通信，需要在客户端单边组态连接和编程，而服务器端只准备好通信的数据即可。

单边通信中的客户机是向服务器请求服务的设备，客户机调用 GET/PUT 指令读、写服务器的存储区。服务器是通信中的被动方，用户不用编写服务器的 S7 通信程序。

【任务实施】

8.2.1　两台 PLC 的 S7 通信

两台 S7－1200 PLC 间 S7 通信的任务是：S7－1200 客户机将发送数据块 DB1 中的 10 个字节的数据发送到 S7－1200 服务器的接收数据块 DB1 中；S7－1200 客户机将 S7－1200 服务器发送数据块 DB2 中的 10 个字节的数据读到 S7－1200 客户机的接收数据块 DB2 中。

1. 创建项目

创建一个新项目，在项目中添加两个 S7－1200 PLC，分别为客户机和服务器。首先，在博途软件中创建一个新项目，命名为"S7 通信"；然后，在"S7 通信"中通过"添加新设备"按钮组态 S7－1200 客户机，选择 CPU1214C DC/DC/DC（客户机 IP 地址为 192.168.0.10），接着组态 S7－1200 服务器，选择 CPU1214C DC/DC/DC（服务器 IP 地址为 192.168.0.12），如图 8－34、图 8－35 所示。

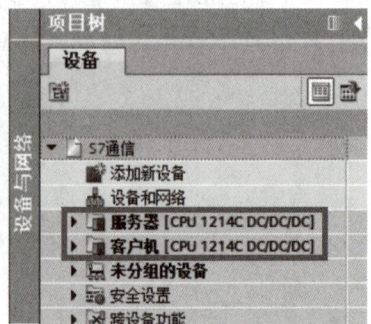

图 8－34　添加客户机和服务器

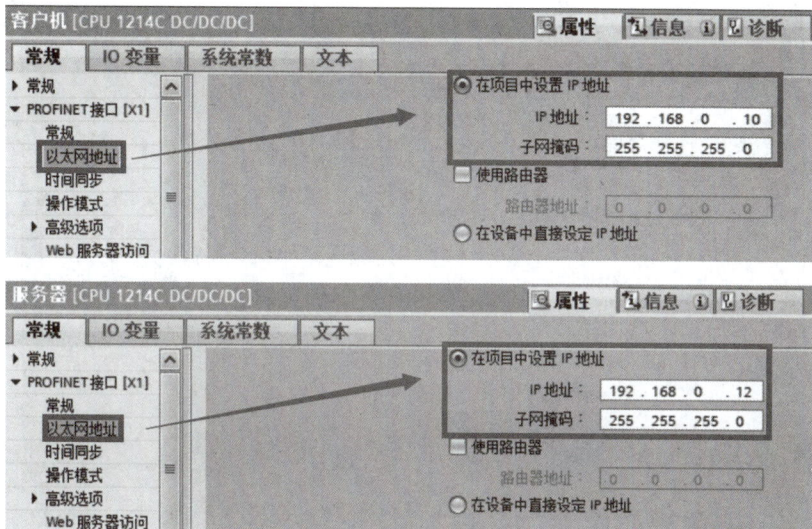

图 8-35　设置客户机和服务器的 IP 地址

如果使用固件版本为 V4.0 以上的 S7-1200 CPU 作为服务器，则需要如下额外设置才能保证 S7 通信正常。

打开作为服务器的 S7-1200 CPU 的设备组态界面，选择"属性"→"常规"选项卡中的"防护与安全"→"连接机制"选项，勾选"允许来自远程对象的 PUT/GET 通信访问"复选框（图 8-36）。组态好后，分别对客户机和服务器的 PLC 进行编译和下载。

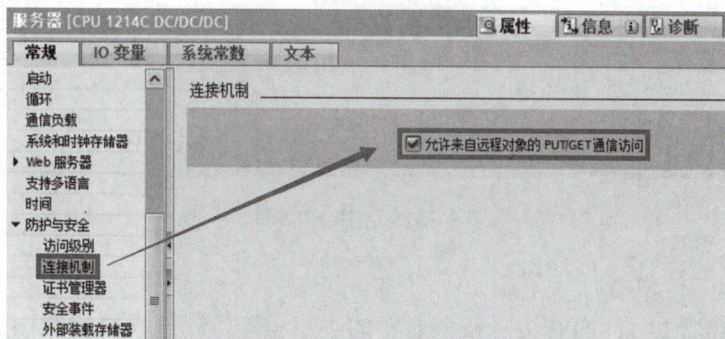

图 8-36　设置连接机制

2. 创建 S7 连接

1）S7 连接

PLC 组态成功后，创建 S7 连接。在设备组态的"网络视图"界面进行配置网络，单击左上角的"连接"按钮，在下拉列表中选择"S7 连接"选项，然后选中客户机，单击鼠标右键选择"添加新连接"选项，在"添加新连接"对话框中选择连接对象"服务器"，勾选"主动建立连接"复选框，单击"添加"按钮建立新连接，新连接为"S7_连接_1"，如图 8-37 所示。

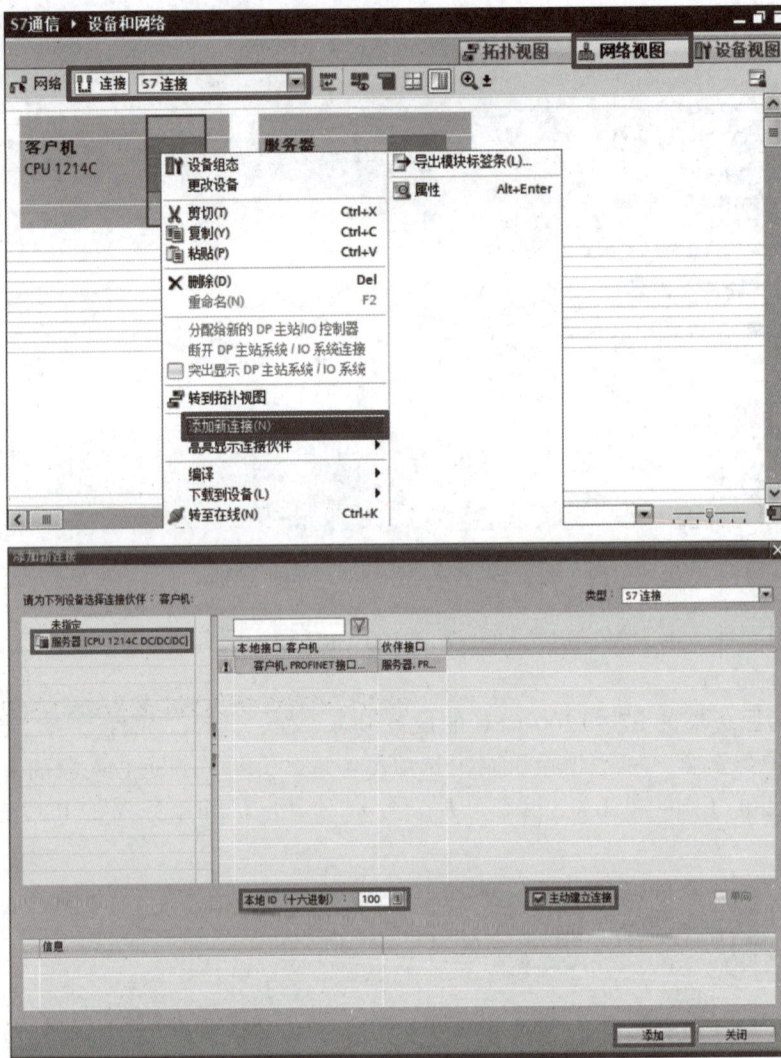

图 8-37　创建 S7 连接

2）S7 连接属性说明

单击"网络视图"界面右边竖条上向左的小三角形按钮，在弹出视图的"连接"选项卡中可以看到生成的 S7 连接的详细信息，如图 8-38 所示。

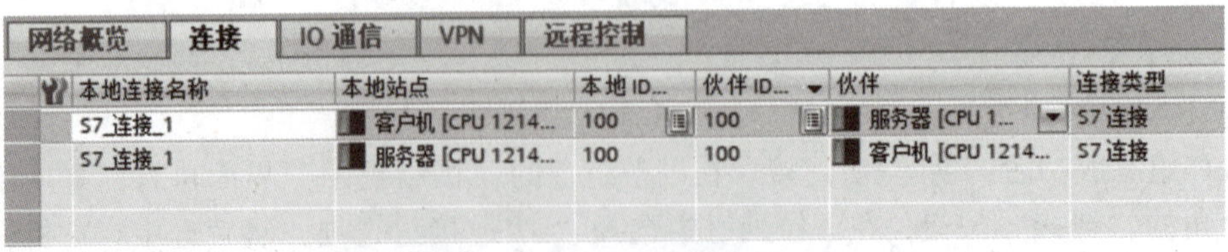

图 8-38　S7 连接的详细信息

单击"S7_连接_1"连接，可在"属性"界面中查看各参数，在"常规"区域显示连接双方的设备及 IP 地址，如图 8-39 所示。

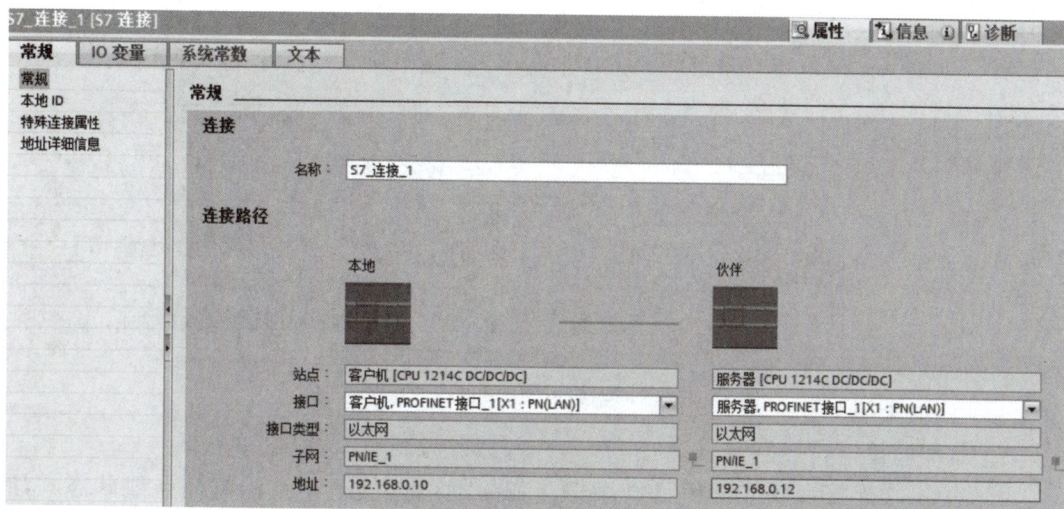

图 8 – 39　S7 连接的 "常规" 区域

在 "本地 ID" 区域，显示通信连接的 ID 号，这里 ID = W#16#100（编程使用），如图 8 – 40 所示。

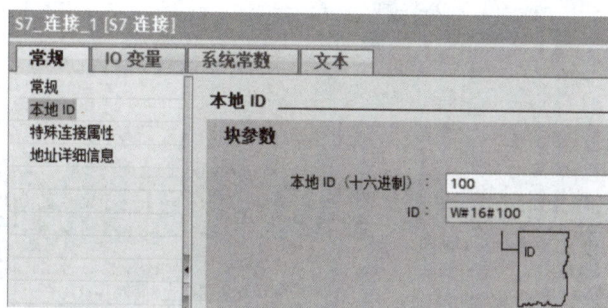

图 8 – 40　S7 连接的 "本地 ID" 区域

在 "特殊连接属性" 区域，可以选择是否主动建立连接，这里客户机（client V4.1）是主动建立连接，如图 8 – 41 所示。

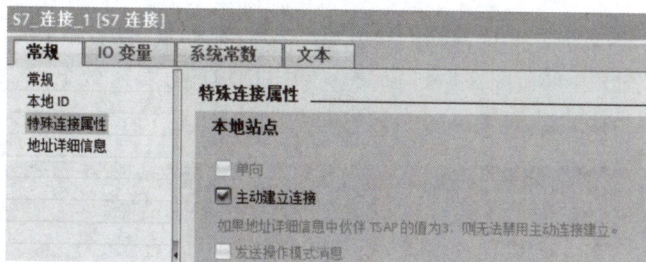

图 8 – 41　S7 连接的 "特殊连接属性" 区域

在 "地址详细信息" 区域，定义通信双方的 TSAP 号，这里不需要修改，如图 8 – 42 所示。

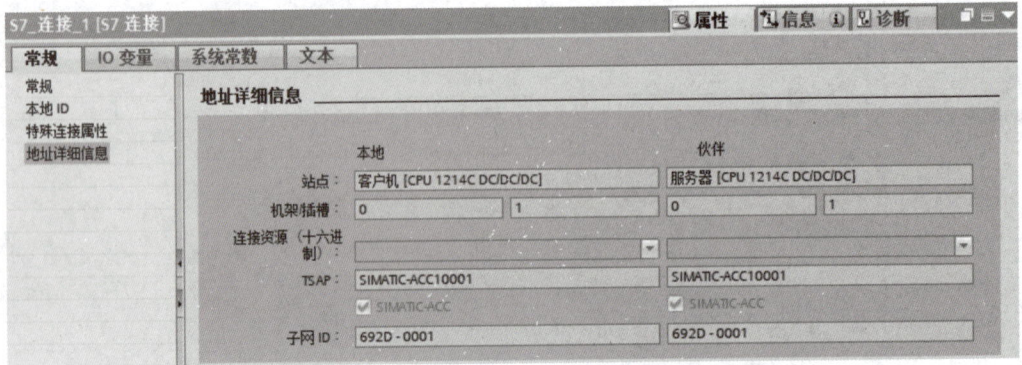

图 8 - 42　S7 连接的 "地址详细信息" 区域

3）在线监控

配置完网络连接，双方都编译并下载。如果通信连接正常，则监控在线状态，如图 8 - 43 所示。

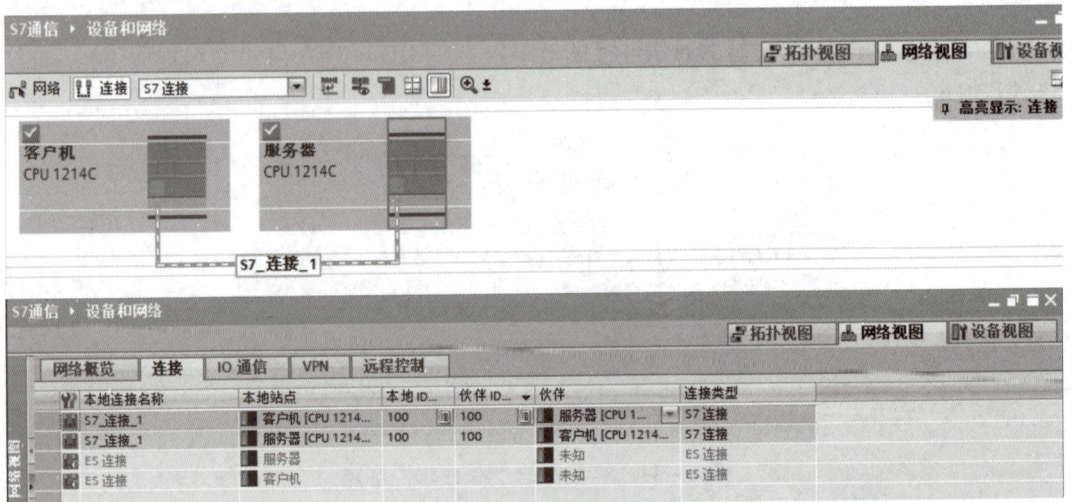

图 8 - 43　在线状态监控

3. S7 通信编程

1）创建数据块

在 PLC 客户机和服务器中，分别创建发送和接收数据块 DB1 和 DB2，定义包含 10 个字符数据的数组（图 8 - 44、图 8 - 45）。客户机的 DB1 为发送数据块，DB2 为接收数据块；服务器的 DB1 为接收数据块，DB2 为发送数据块。

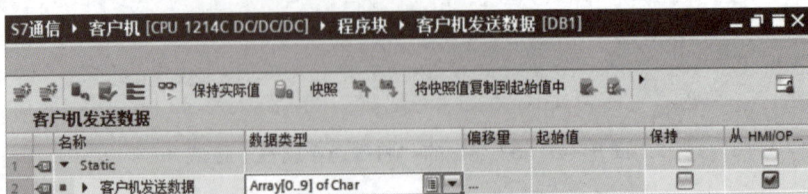

图 8 - 44　创建客户机的发送和接收数据块

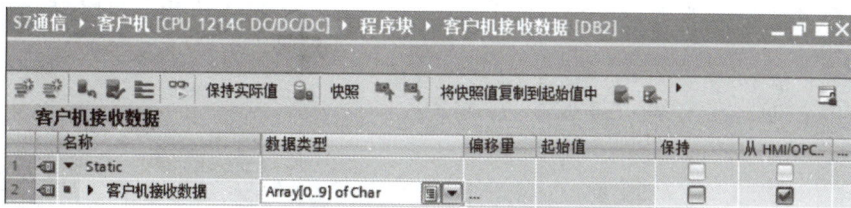

图 8-44 创建客户机的发送和接收数据块（续）

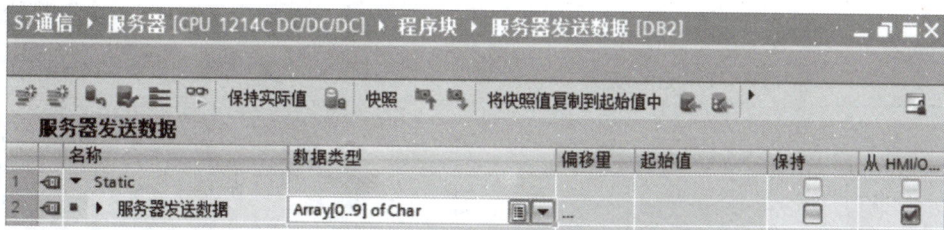

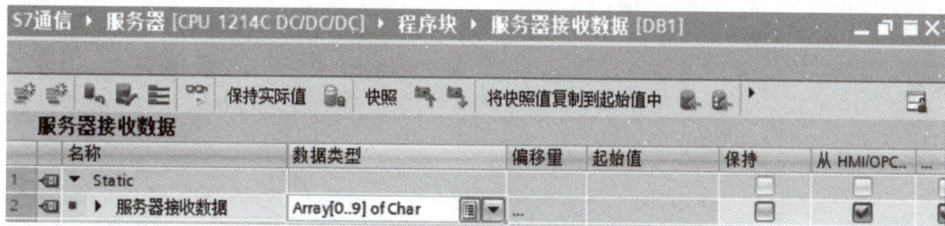

图 8-45 创建服务器的发送和接收数据块

注意：数据块的"属性"区域，需要取消勾选"非优化的块访问"复选框，如图 8-46 所示。

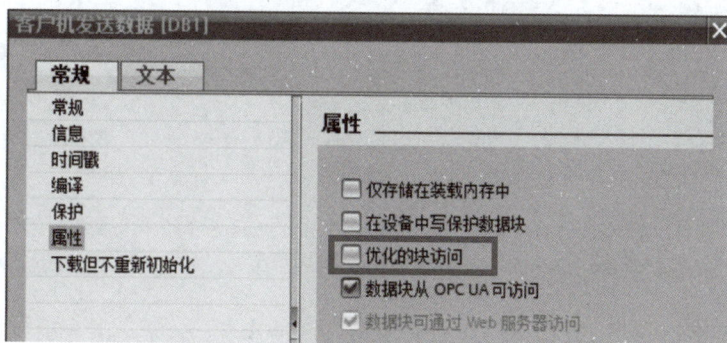

图 8-46 数据块设置优化的块访问

2）编写 S7 通信程序

在主动建立连接的客户机中进行编程，在客户机的 Main 函数中，选择"指令"→"通信"→"S7 通信"选项，调用 GET、PUT 通信指令；双击或拖动 PUT/GET 指令至某个程序段中，自动生成 PUT_DB 和 GET_DB 的背景数据块，如图 8-47 所示。

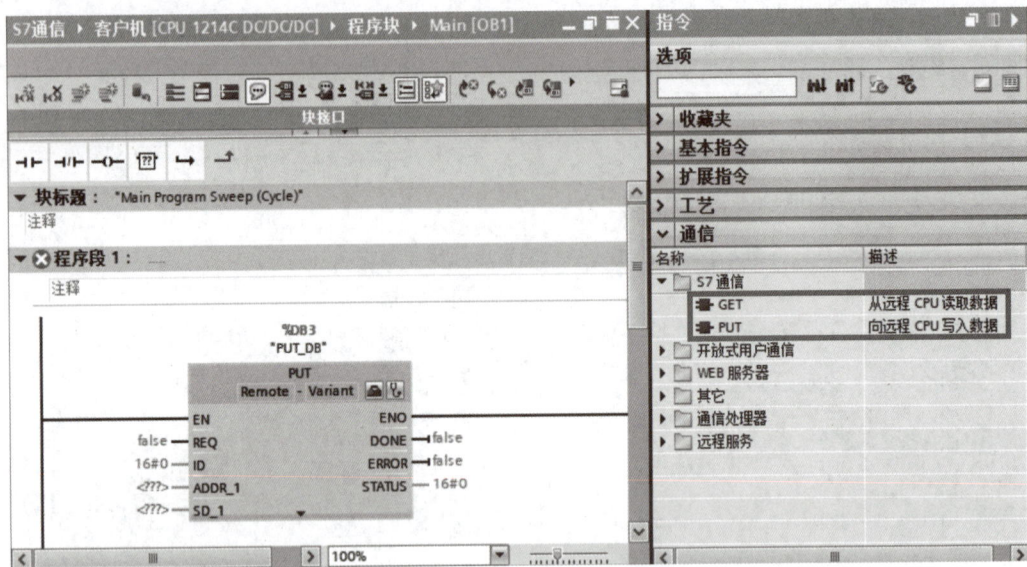

图 8-47　在客户机中添加 S7 通信程序

在 S7 通信中，作为服务器的 PLC 不用编写调用指令 GET 和 PUT 的程序。PUT 和 GET 指令参数的意义如下。

```
CALL   "PUT",%DB1   // 调用 PUT 指令,使用背景数据块 DB1
REQ:   =%M20.0      //上升沿触发
ID:    =W#16#100    // 连接号,要与连接配置中一致,创建连接时的本地连接号
DONE:  =%M2.0       // 为1时,发送完成
ERROR: =%M2.1       // 为1时,有故障发生
STATUS: %MW100// 状态代码
ADDR_1: = P#DB1.DBX0.0 CHAR 10 // 发送到通信伙伴接收数据区的地址
SD_1:   = P#DB1.DBX0.0 CHAR 10 // 本地发送数据区
CALL   "GET",%DB2   //调用 GET 指令,使用背景数据块 DB2
REQ:   =%M20.1      //上升沿触发
ID:    =W#16#100    //连接号,要与连接配置中一致,创建连接时的本地连接号
NDR:   =%M2.2       //为1时,接收到新数据
ERROR: =%M2.3       //为1时,有故障发生
STATUS: =%MW102     //状态代码
ADDR_1: = P#DB2.DBX0.0 CHAR 10  //从通信伙伴发送数据区读取数据的地址
RD_1:   = P#DB2.DBX0.0 CHAR 10  //本地接收数据地址
```

根据控制要求以及参数表，编写的 S7 通信程序如图 8-48、图 8-49 所示。

4. 通信监控

通过在 S7-1200 客户机中编程进行 S7 通信，实现客户机和服务器之间的数据交换，在监控表中监控通信数据，客户机依次发送数字 1~10 给服务器；同时，服务器依次发送数字 10~1 给客户机。通信监控结果如图 8-50 所示。

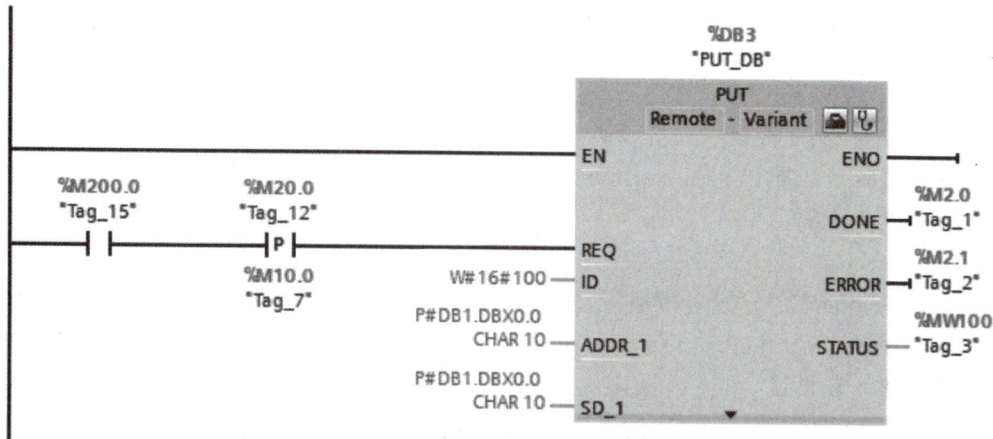

图 8 – 48　客户机发送数据程序

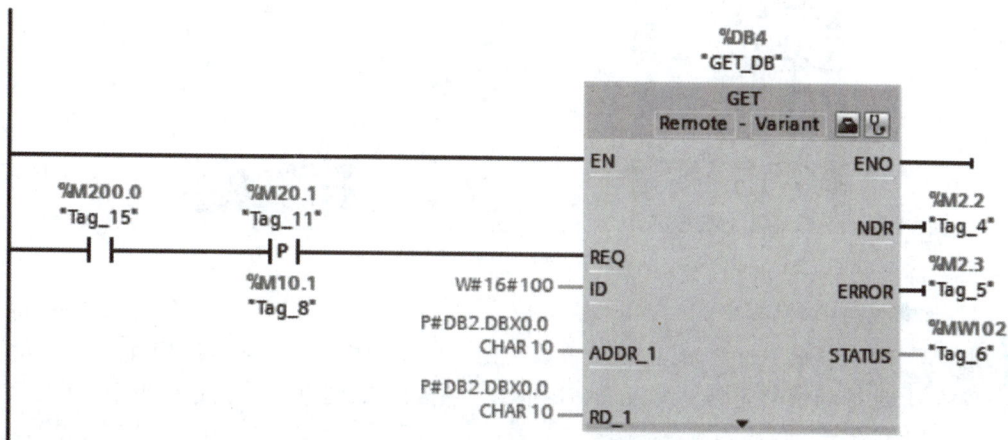

图 8 – 49　客户机接收数据程序

图 8 – 50　通信监控结果

8.2.2　PLC 与 HMI 的通信

1. HMI 设备通信配置

用 HMI 的控制面板设置通信参数。精智面板 TP700 通电，结束启动过程后，屏幕显示 Windows CE 的桌面中间是 Start Center（启动中心）。"Transfer"（传输）按钮用于将 HMI 设备切换到传输模式。"Start"（启动）按钮用于打开保存在 HMI 设备中的项目并显示启动画面。

单击"Settings"（设置）按钮，打开 HMI 的控制面板；双击"Transfer"（传输）按钮，打开"Transfer Settings"（传输设置）对话框，单击"Automatic"（自动传输）单选按钮，如图 8 – 51 所示。

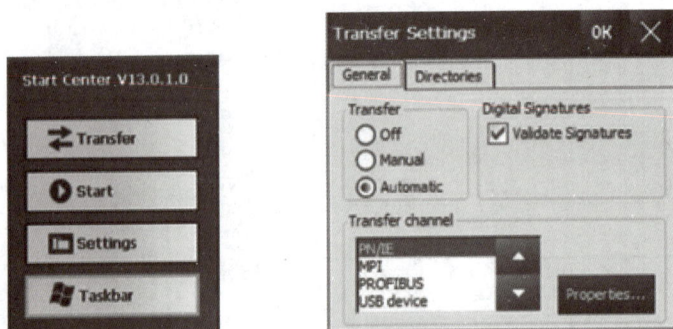

图 8 – 51　HMI 网络

双击网络连接对话框中的"PN_X1"（以太网接口）图标，打开"'PN_X1'Settings"对话框，单击"Specify an IP address"单选按钮，由用户设置 PN_X1 的 IP 地址。用屏幕键盘输入 IP 地址和子网掩码，"Default Gateway"是默认的网关，设置好后单击"OK"按钮退出，如图 8 – 52 所示。

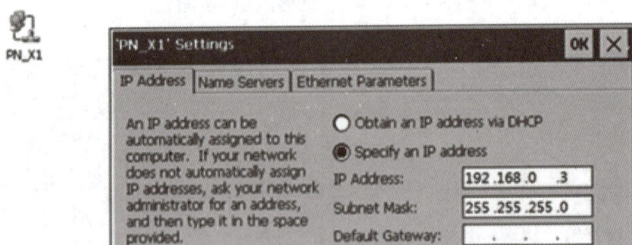

图 8 – 52　"'PN_X1'Settings"对话框

设置好 HMI 的通信参数之后，用"设置 PG/PC 接口"对话框设置应用程序访问点为实际使用的计算机网卡和通信协议。设置计算机的以太网卡的 IP 地址为 192.168.0.x，第 4 个字节的值 x 不能与其他设备相同，子网掩码为 255.255.255.0。

2. HMI 的组态与通信

1）HMI 设备组态

对 HMI 硬件进行组态。在项目树中单击"添加新设备"按钮，出现"添加新设备"对话框。单击该对话框中的"HMI"按钮，选中 7in 的第二代精智系列面板 TP700，单击"确定"按钮，生成名为"HMI_1"的面板，如图 8 – 53 所示。

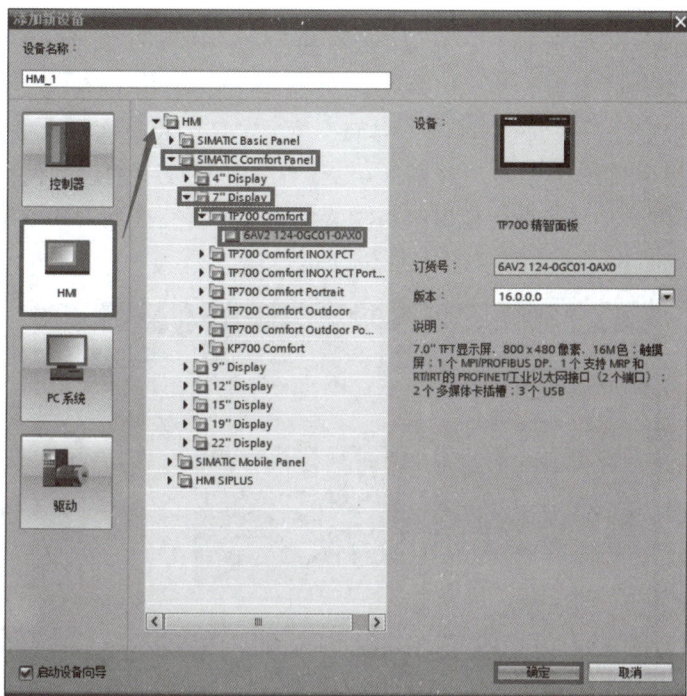

图 8 – 53　添加 HMI 设备

2）HMI 通信地址设置

配置 HMI 的通信地址。打开项目树中的"PLC_1"选择"设备组态"选项，打开"设备视图"界面。单击"设备视图"界面中的 HMI 设备，打开 HMI 设备的巡视窗口，选择"属性"→"PROFINET 接口"→"以太网地址"选项。在"以太网地址"区域，可以设置 HMI 的 IP 地址和子网掩码，这里选择默认，IP 地址为 192.168.0.2（图 8 – 54）。

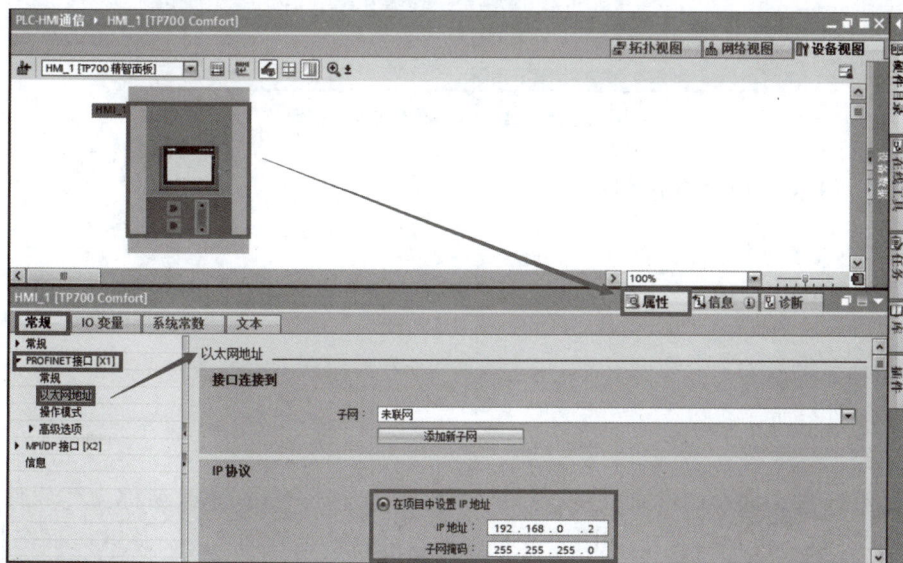

图 8 – 54　配置 HMI 通信地址

3. PLC 和 HMI 的通信

将 PLC 和 HMI 进行连接。CPU 和 HMI 默认的 IP 地址分别为 192.168.0.10 和 192.168.0.2，子网掩码均为 255.255.255.0。生成 PLC 和 HMI 设备后，双击项目树中的"设备和网络"选项，打开"网络视图"界面。单击工具栏的"连接"按钮，其右边的选择框显示连接类型为"HMI 连接"（图 8-55）。选中 PLC 中的以太网接口（绿色小方框），按住鼠标左键，移动鼠标，拖出一条浅蓝色直线。将它拖到 HMI 的以太网接口，松开鼠标左键，生成图 8-56 中的"HMI_连接_1"。

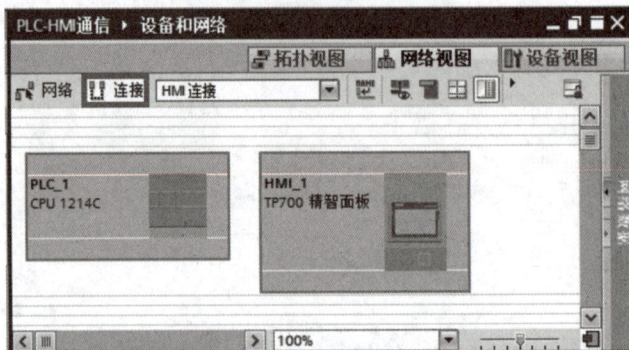

图 8-55　"网络视图"界面

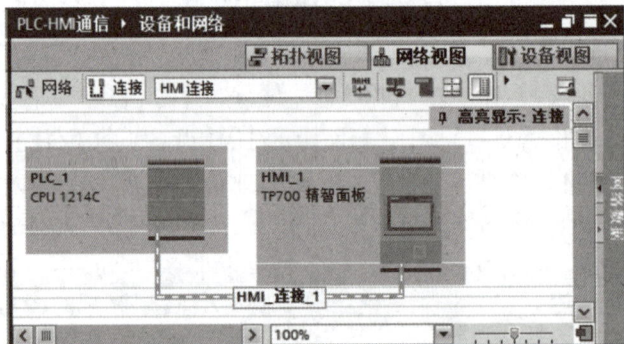

图 8-56　HMI 与 PLC 通信连接

8.2.3　HMI 的画面设计

1. 添加 HMI 画面

组态 3 个 HMI 画面，分别命名为"软件界面""登录界面""聊天界面"，如图 8-57 所示。

2. HMI 画面组态

1）"软件界面"组态

（1）添加标题。

在 HMI_1 中，选择"画面"→"添加新画面"选项，分别修改名称为"软件界面""登录界面"和"聊天界面"，如图 8-58 所示。可以单击画面名称，修改画面名称，也可用鼠标右键单击画面名称，在弹出的快捷菜单中选择"重命名"选项，对画面名称进行修改。

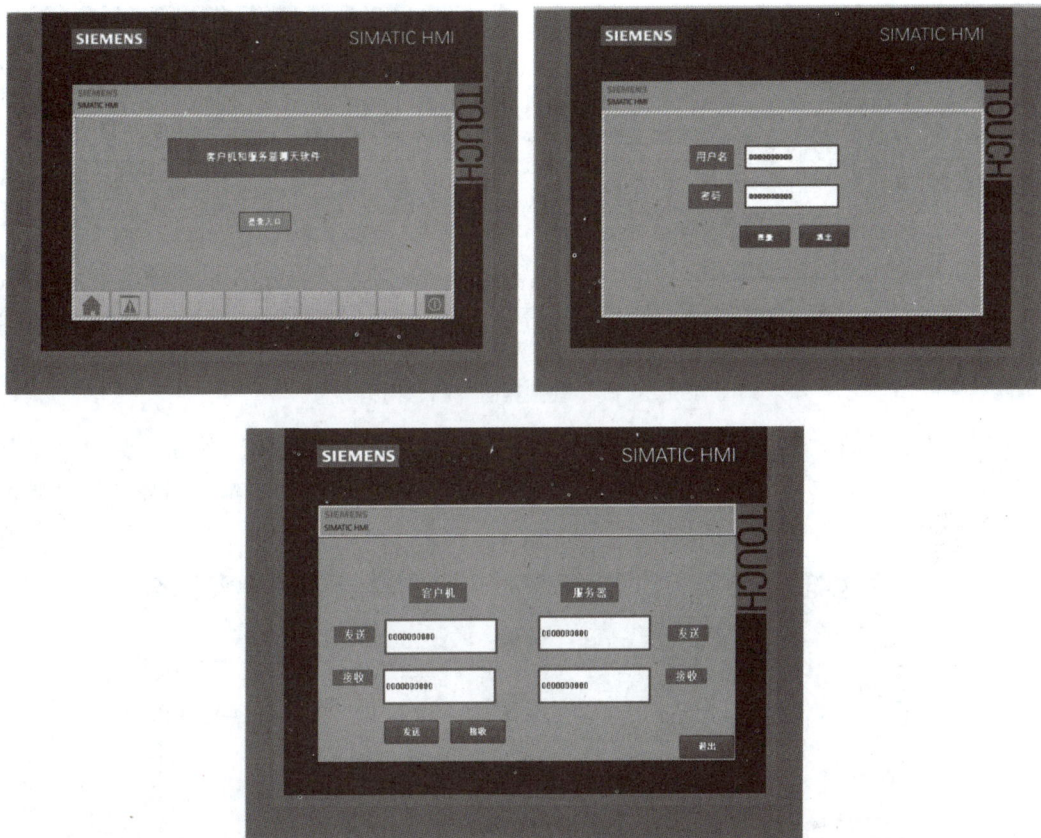

图 8 – 57　HMI 画面

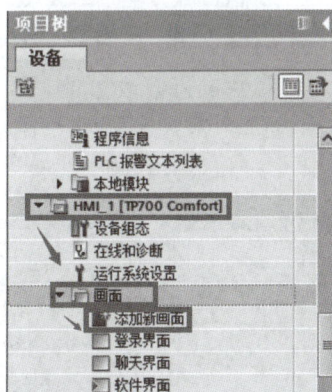

图 8 – 58　添加 HMI 画面

　　双击"软件界面"，右侧弹出"软件界面"的画面，在画面中进行组态设计。修改画面背景，单击画面，弹出"软件界面"窗格，在"属性"选项卡的"属性列表"中选择"常规"选项，在"常规"→"样式"区域对"网格颜色"进行修改，修改为与背景色一致，如图 8 – 59 所示。

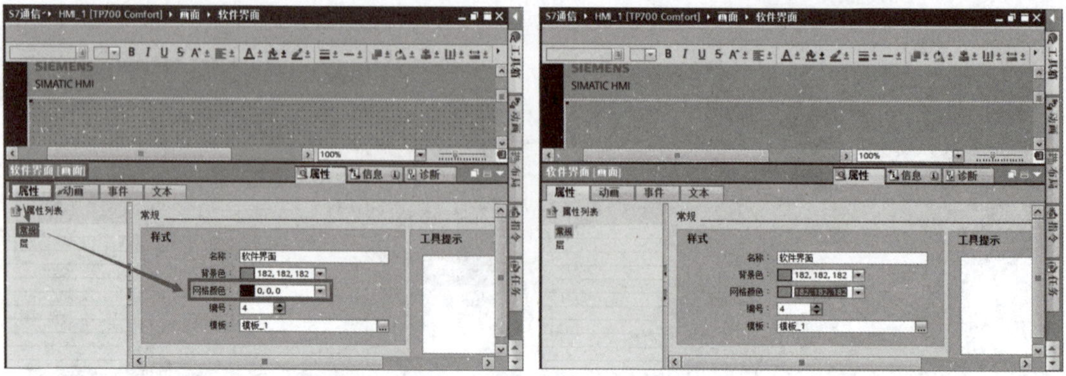

图 8 - 59 修改"软件界面"的"网格颜色"

在"软件界面"的画面中添加文本框。单击右侧栏的"工具箱"按钮,弹出"工具箱"窗格。单击"选项"→"基本对象"→"文本"图标,将"文本"对象放置到画面中的合适位置,如图 8 - 60 所示。

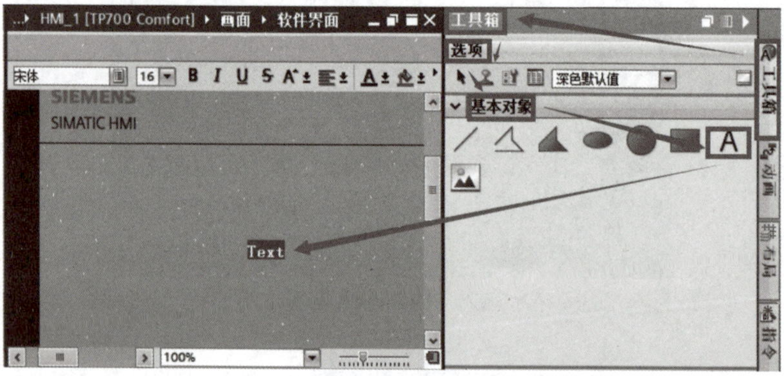

图 8 - 60 在"软件界面"中组态"文本"对象

"文本"对象添加完成后,对其属性进行修改。选中添加成功的"文本"对象,在其"属性"选项卡的"属性列表"中选择"常规"选项,在"文本"框中对"文本"对象的内容进行修改,这里修改为"客户机和服务器聊天软件",如图 8 - 61 所示。

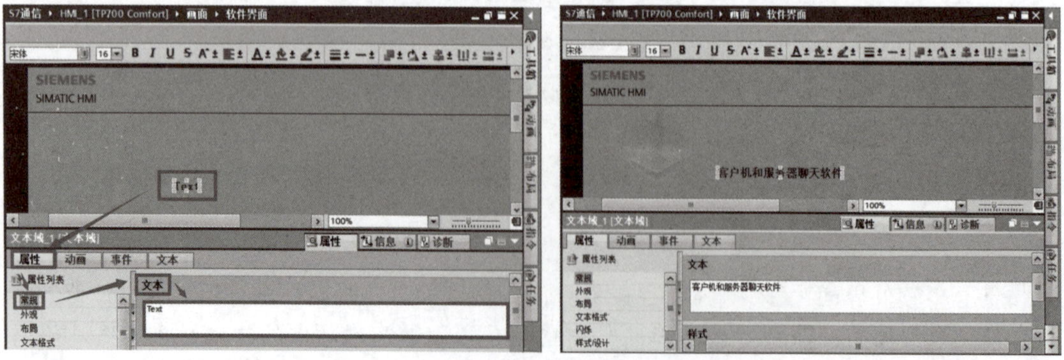

图 8 - 61 修改"文本"对象的内容

在"样式"区域对"文本"对象的文字样式进行修改,单击"字体"右侧的"…"按钮,弹出"字体"对话框,这里将字体大小修改为"21",如图 8 - 62 所示。

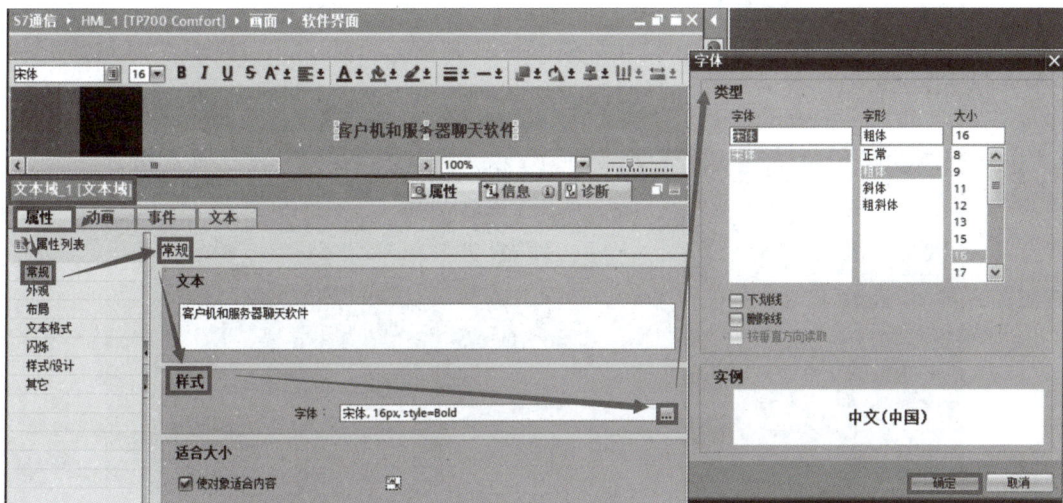

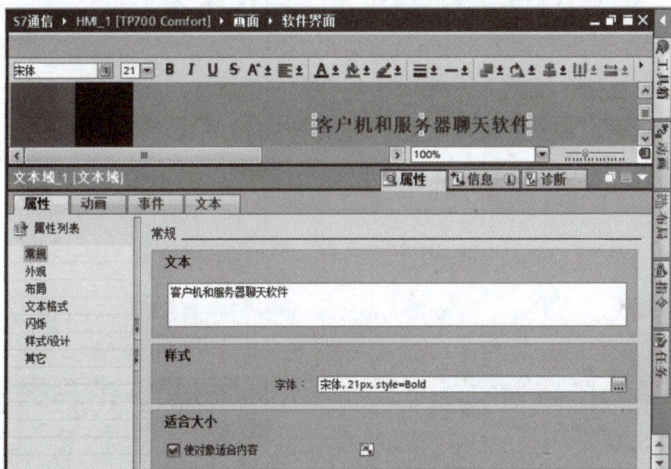

图 8-62　修改"文本"对象的文本样式

在"外观"区域，可以对背景和文本颜色的属性进行修改。这里，在"背景"→
"填充图案"下拉列表中选择"实心"选项，"颜色"选择红色；"文本"→"颜色"选
择白色，如图 8-63 所示。

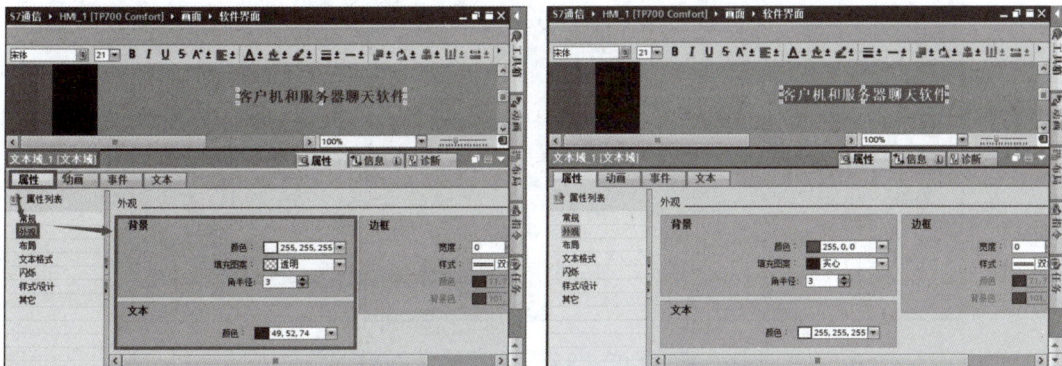

图 8-63　修改"文本"对象的"颜色"属性

　　在"布局"→"适合大小"区域，取消勾选"使对象适合内容"复选框。修改"文本"对象方框的大小，拖拽"文本"对象方框，调整至合适大小；或者在"布局"→"位置和大小"区域，修改宽度和高度分别为"400"和"80"，如图 8-64 所示。

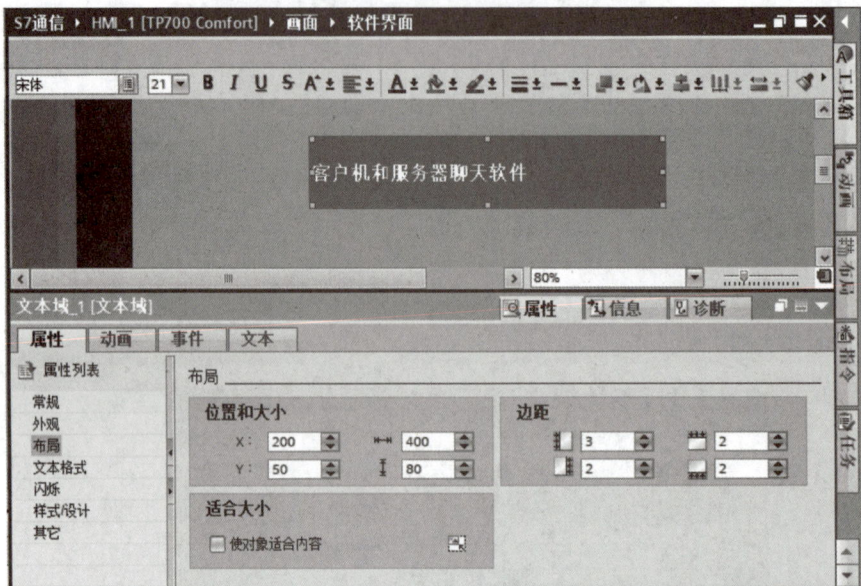

图 8-64　修改"文本"对象的"布局"

　　在"文本格式"→"对齐"区域，"水平"选择"居中"，如图 8-65 所示。

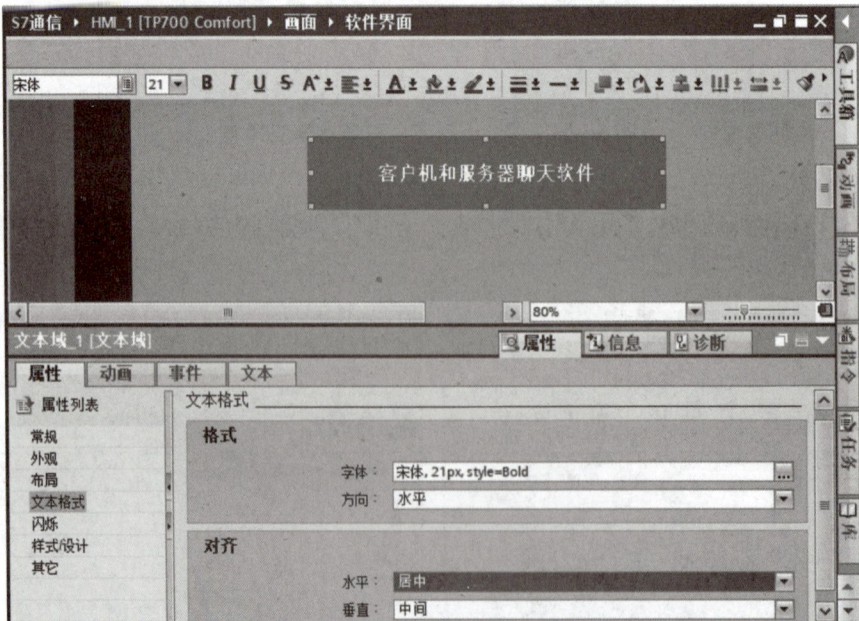

图 8-65　修改"文本"对象的"文本格式"

（2）添加按钮。

在"软件界面"中需要添加按钮，单击后可进入"登录界面"。单击打开"工具箱"窗格，选择"元素"→"按钮"选项，将按钮命名为"登录入口"，并修改按钮的大小、外观。这里，在"属性"→"外观"→"背景"下，设置"颜色"为浅绿色，"文本颜色"为白色。

定义按钮的事件，按下定义为激活画面。选择巡视窗口的"属性"→"事件"→"按下"选项，单击视图右边窗口中表格最上面一行，再单击它的右侧出现的展开键，在"系统函数"列表中选择"画面"→"激活屏幕"选项，如图 8-66 所示。

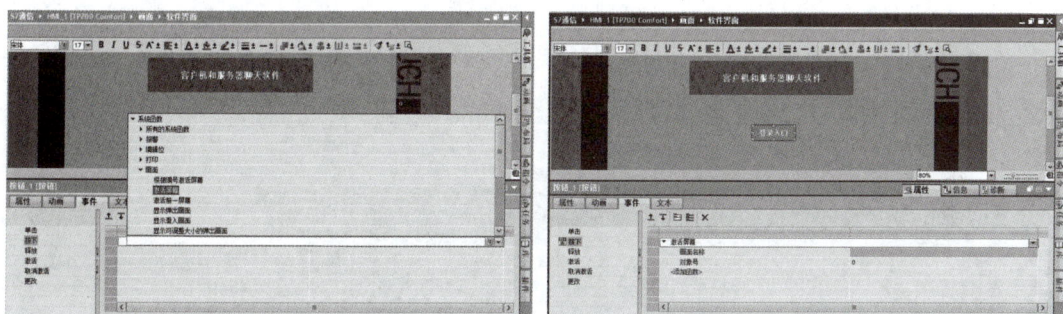

图 8-66 添加按钮的按下事件

单击添加的"画面名称"右侧的"…"按钮，选择该按钮上方出现的小对话框中的"登录界面"选项，单击"确定"按钮。在 HMI 运行时，单击该按钮，可从"软件界面"切换到"登录界面"，如图 8-67 所示。

图 8-67 选择需要激活的界面

2）"登录界面"组态

"登录界面"用于输入用户名和密码，在用户名与密码均正确的情况下，出现"登录"按钮。因此，在"登录界面"中需要添加两个"文本"对象，分别为"用户名"和"密码"；两个"I/O 域"对象，用于使用者输入用户名和密码信息；两个按钮，分别用于进入"聊天界面"和返回"软件界面"。

（1）添加"文本"对象。

添加"文本"对象的方法与"软件界面"组态中添加标题的方法相同，效果如图 8-68 所示。

图8-68　添加"用户名"和"密码"的"文本"对象

（2）添加"I/O"域对象。

打开"工具箱"窗格，单击"选项"→"元素"→"I/O域"图标，将"I/O域"对象放置到画面中的合适位置，并修改为合适大小，如图8-69所示。

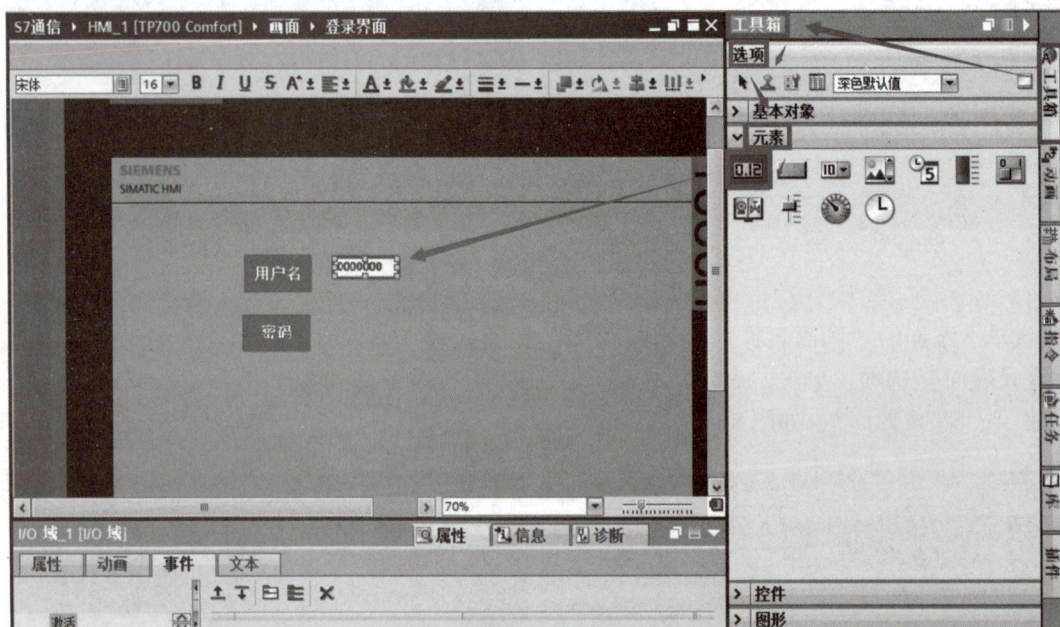

图8-69　"添加I/O域"对象

"I/O域"对象添加完成后，对其属性进行修改。选中添加成功的"I/O域"对象，在"属性"选项卡的"属性列表"中选择"常规"选项，在"格式"区域，修改数据显示格式，这里修改为"字符串"，将"域长度"修改为"10"，如图8-70所示。

图8-70　修改"I/O域"对象的"格式"

在"过程"区域对"I/O域"对象进行变量连接。单击变量右侧的"…"按钮，选择"I/O域"对象连接的 PLC 变量，这里为"用户数据"数据块中的"用户名"变量，如图 8-71 所示。采用同样的方法添加"密码"的"I/O域"对象，连接的变量为"用户数据"数据块中的"密码"变量。

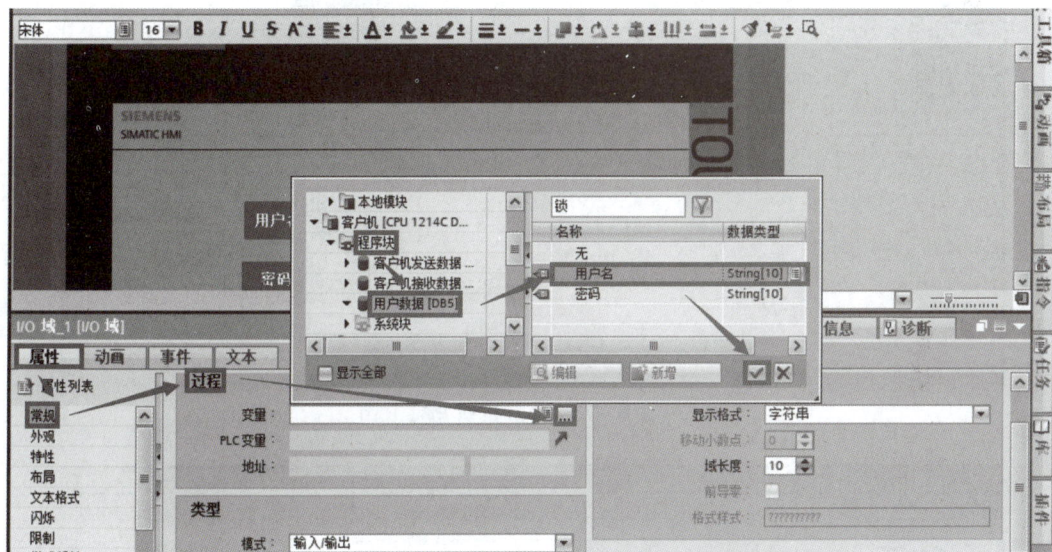

图 8-71 "I/O域"对象连接变量

（3）添加按钮。

添加"登录"按钮和"退出"按钮。按钮添加方法与前述一致，这里，"登录"按钮的名称为"登录"。双击"动画"→"显示"→"添加新动画"选项，弹出"添加动画"对话框。选择其中的"可见性"选项，单击"确定"按钮，如图 8-72 所示。

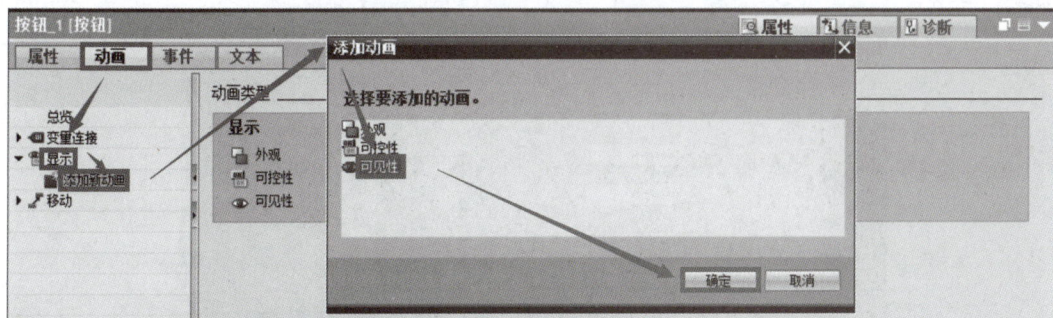

图 8-72 添加按钮（1）

在"可见性"区域对按钮对象的可见性动画进行变量连接。单击变量下方右侧的"…"按钮，选择按钮可见性动画连接的 PLC 变量，这里为"PLC 变量"→"默认变量表"→"登录"变量，如图 8-73 所示。将"可见性"→"过程"区域的"范围"修改为从"1"至"1"，在"可见性"→"可见性"区域单击"可见"单选按钮，如图 8-74 所示。

263

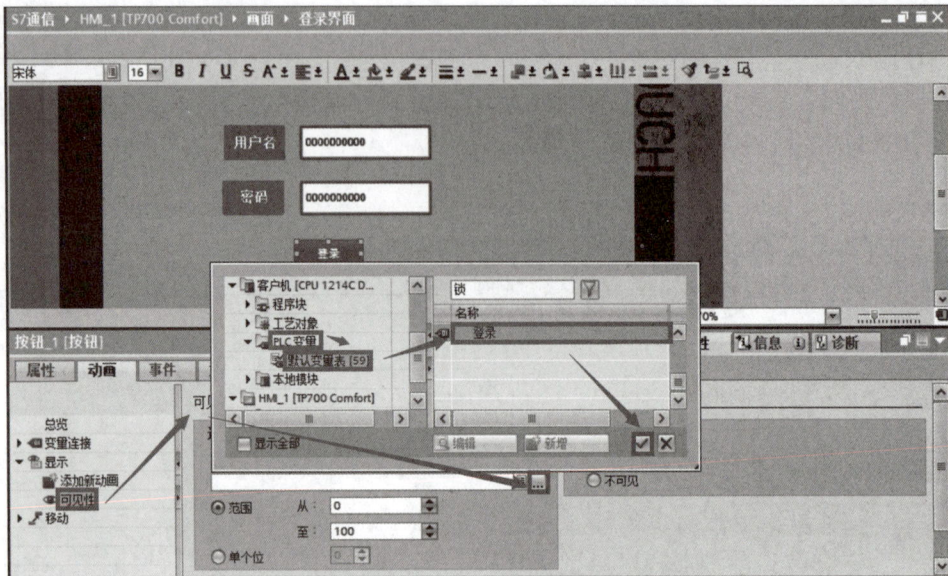

图 8 – 73　添加按钮（2）

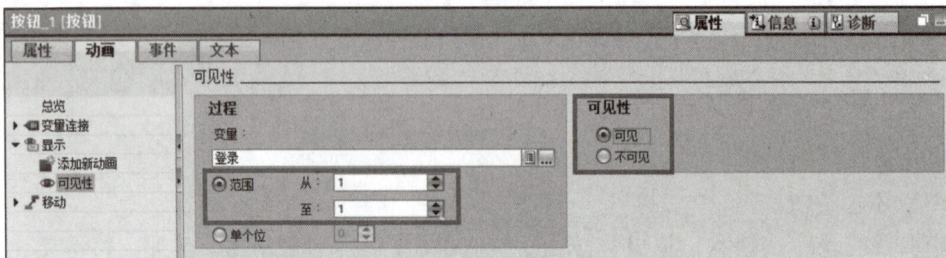

图 8 – 74　添加按钮（3）

　　"登录"按钮的事件添加为按下激活"聊天界面"，具体操作如前所述，效果如图 8 – 75 所示。

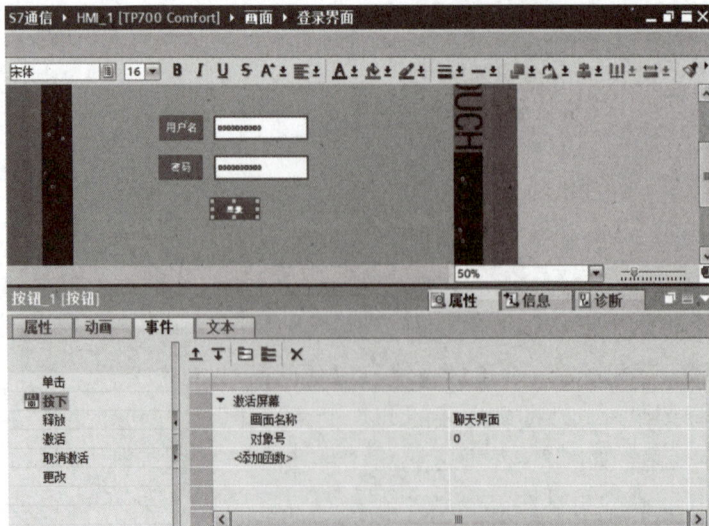

图 8 – 75　定义"登录"按钮按下事件

"退出"按钮的名称为"退出",按钮的事件添加为按下激活"软件界面",具体操作如前所述,效果如图 8 – 76 所示。

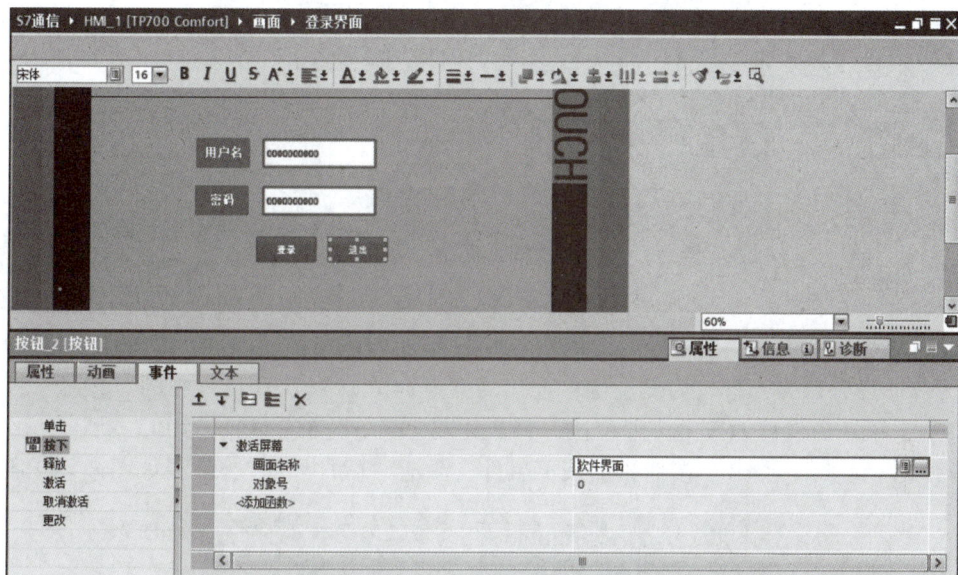

图 8 – 76　定义"退出"按钮按下事件

3)"聊天界面"组态

"聊天界面"包含客户机和服务器的聊天窗口,包含"文本""I/O 域"对象和按钮。首先添加"文本"对象,包含客户机、服务器名称,以及客户机和服务器对应的发送、接收文本,添加方法与前述一致,效果如图 8 – 77 所示。

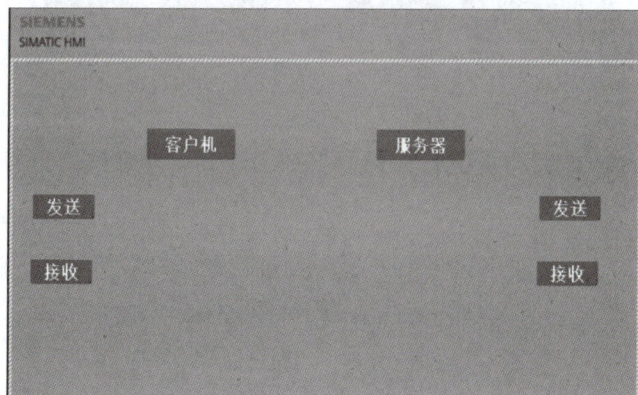

图 8 – 77　添加"文本"对象

然后添加"I/O 域"对象,包括客户机和服务器的发送和接收,这里,客户机发送对应的"I/O 域"对象连接"客户机发送数据"数据块的"客户机发送数据"变量,客户机接收对应的"I/O 域"对象连接"客户机接收数据"数据块的"客户机接收数据"变量。服务器发送对应的"I/O 域"对象连接"服务器发送数据"数据块的"服务器发送数据"变量,服务器接收对应的"I/O 域"对象连接"服务器接收数据"数据块的"服务器接收数据"变量,添加方法与前述一致,效果如图 8 – 78 所示。

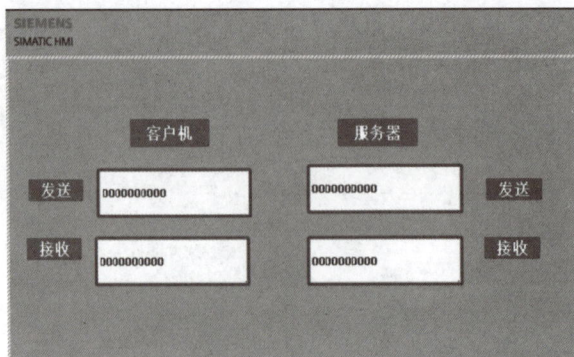

图 8 – 78　添加"I/O 域"对象

　　最后添加"接收""发送""退出"按钮，添加方法与前述一致。"发送"按钮添加事件为按下为置位位，释放为复位位，连接的变量为 PLC 默认变量表中的"发送"变量；"接收"按钮添加事件为按下为置位位，释放为复位位，连接的变量为 PLC 默认变量表中的"接收"变量；"退出"按钮添加按下事件，激活"软件界面"，效果如图 8 – 79 所示。

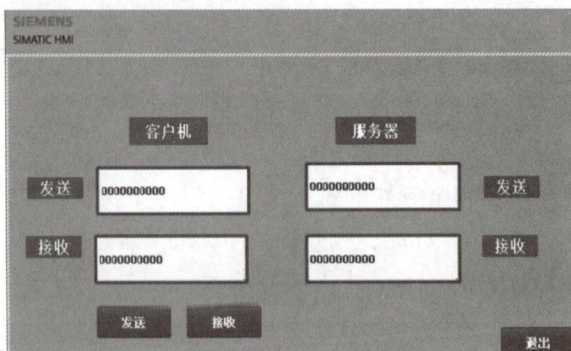

图 8 – 79　添加按钮

3. HMI 监控运行

　　分别对服务器和客户机 PLC 进行编译、下载，然后转至在线。运行 HMI 界面，效果如图 8 – 80 所示。

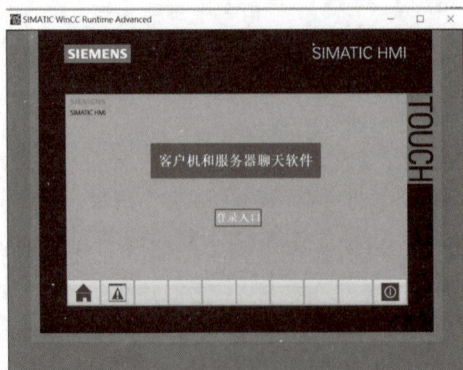

（a）

图 8 – 80　HMI 监控运行效果
（a）"软件界面"

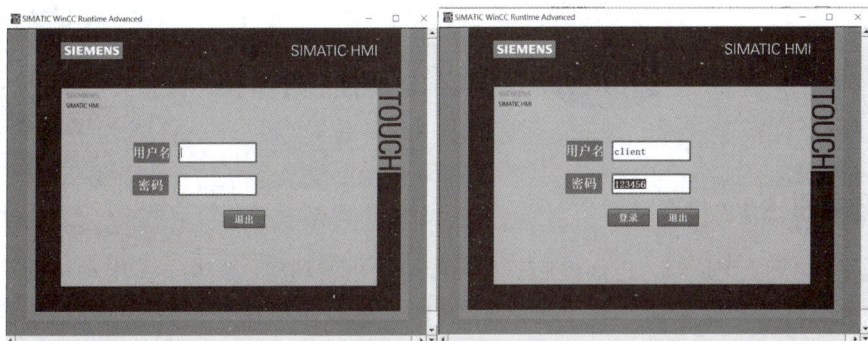

（b）

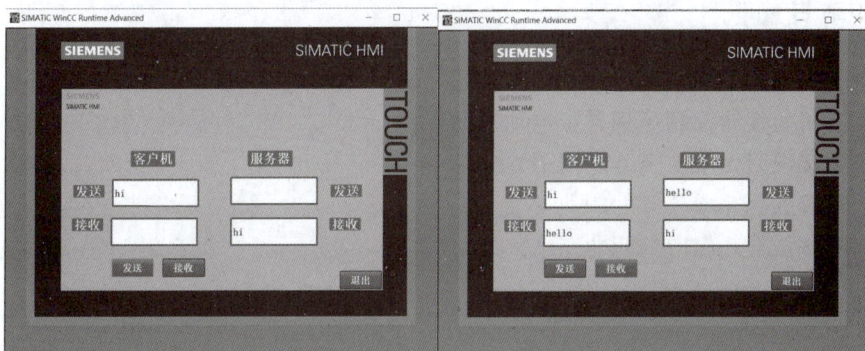

（c）

图 8 - 80　HMI 监控运行效果（续）

（b）"登录界面"；（c）"聊天界面"

【任务评价】

任务评价见表 8 - 3。

表 8 - 3　任务评价

评价内容	评价细则	占比/%	完成情况
两台 PLC 的 S7 通信	创建 PLC 项目	5	
	PLC 组态与 S7 通信	15	
	S7 通信编程	15	
HMI 组态与通信	HMI 硬件组态与通信地址配置	10	
	PLC 与 HMI 通信	5	
	HMI 画面设计	30	
HMI 监控运行	PLC 程序编译、下载、转至在线	5	
	HMI 运行画面	5	
	监控测试	10	

变频器联网控制项目

8.3 变频器联网控制项目

【任务引入】

通过 PLC 控制变频器，进而控制三相异步电动机的动作。三相异步电动机的动作包括正转、反转、停止以及调速。本任务是通过 PLC、变频器和 HMI 设备间的通信，实现利用 HMI 控制三相异步电动机的动作。

【任务目标】

（1）能实现 PLC 与变频器的 PN 通信配置。

（2）能用变频器控制三相异步电动机运行。

（3）能实现 HMI 的组态与网络配置。

（4）养成独立完成任务的职业习惯。

（5）树立认真、敬业的职业态度。

【任务准备】

本任务的硬件设备包括 PLC 设备、计算机、HMI 设备、工业网络交换机、变频器、网线，如图 8-81 所示。

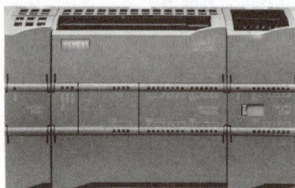

（a）

（b）

（c）

（d）

图 8-81　硬件设备

（a）PLC 硬件设备；（b）计算机；（c）HMI 设备；（d）工业网络交换机

【任务实施】

利用 HMI 实现对变频器的控制，通过变频器实现三相异步电动机的正转、反转、调速等功能。PLC 通过 PROFINET 接口与一个或多个 HMI 设备进行数据交换，进行操作员监控，然后通过 HMI 连接进行数据交换。同样，变频器通过 PROFINET 接口与 PLC 进行通信，故可实现利用 HMI 控制变频器，从而控制三相异步电动机的动作。在博途软件中，可以对PLC、变频器和 HMI 分别进行组态，并将 PLC、变频器和 HMI 进行连接，从而实现通信。

8.3.1 PLC 硬件组态

1. 创建项目

在博途软件中创建变频器联网控制项目。打开博途软件，在 Portal 视图中单击"创建新项目"按钮，弹出"创建新项目"对话框，在该对话框的"项目名称"框中输入项目名称"变频器联网控制项目"。项目的默认保存路径为"C：\Users\Administrator\Documents"，可更改项目保存路径，单击"路径"右边的"…"按钮，弹出"选择文件夹"对话框，选择项目保存的位置，这里选择"C：\Users\Administrator\Desktop\教材\示例程序"，完成后，单击"创建"按钮（图 8 – 82）。

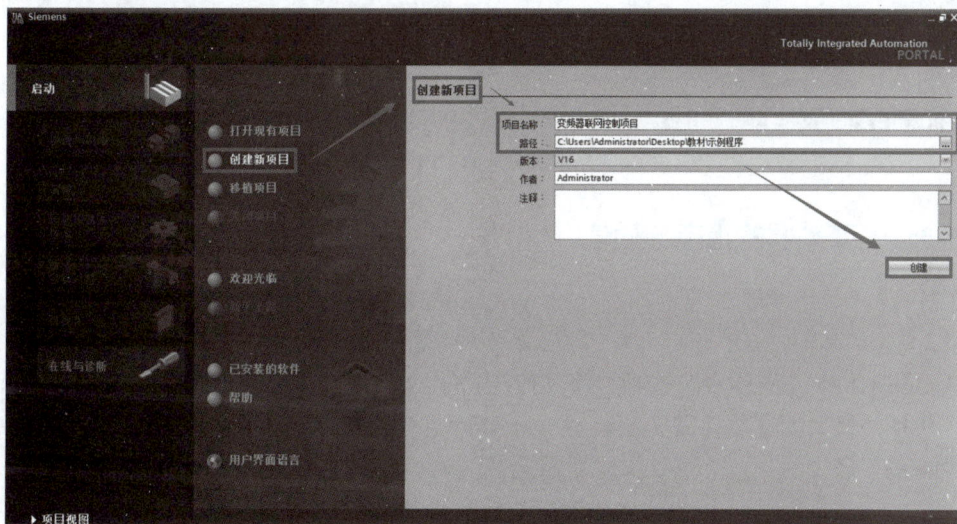

图 8 – 82　创建新项目

2. 添加 CPU 设备

变频器安装与组网调试

创建新项目后，在项目中添加 PLC 的 CPU 设备。在"项目视图"界面的项目树中找到创建的"变频器联网控制项目"，单击"添加新设备"按钮，出现"添加新设备"对话框。单击该对话框中的"控制器（Controllers）"按钮，选择"SIMATIC S7 – 1200"→"CPU"选项，选择要添加的 CPU 型号，这里 CPU 型号为"CPU 1214C DC/DC/DC"，然后选择 CPU 订货号，这里 CPU 订货号为"6ES7 214 – 1AG40 – 0XB0"，版本为"V4.4"，最后单击"确定"按钮，生成名为"PLC_1"的 CPU 设备（图 8 –83）。

添加好 CPU 设备后，根据实际的硬件设备组态其他 PLC 设备，包括 IO 模块和通信模块。这里添加 3 个 IO 模块，分别为 16 位输入和输出的 DI/DQ 模块（电源为 DC×DC）、8位输入和输出的 DI/DQ 模块（电源为 DC×RLY）、4 个通道输入和 2 个通道输出的 AI/AQ模块。通信模块为 RS 422/485。具体添加方法参照前面所述。

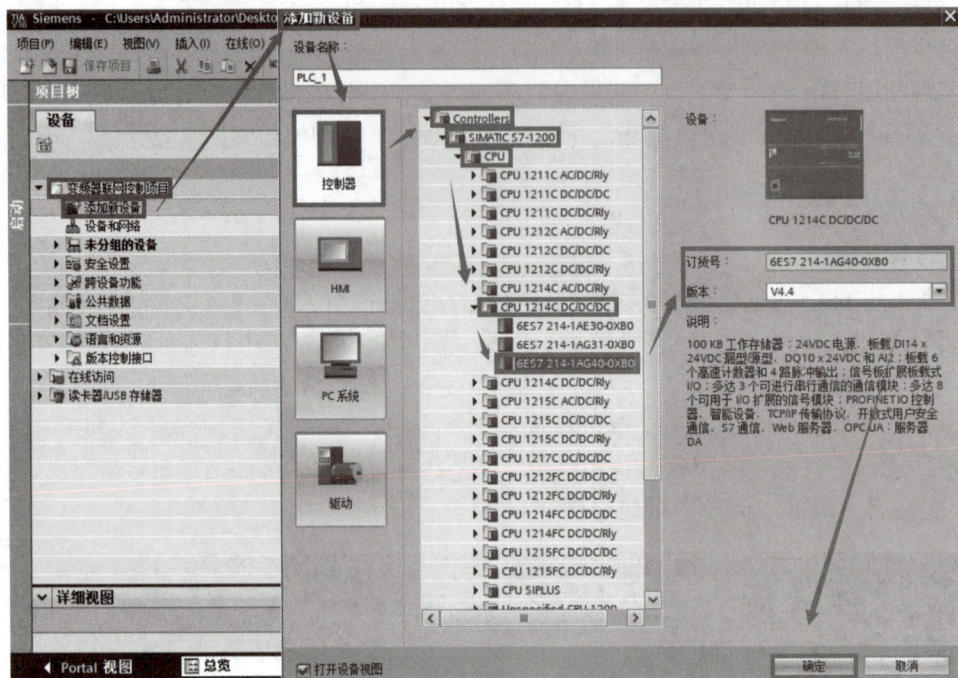

图 8-83 添加 CPU 设备

8.3.2 变频器的组态与通信

(1) 在"网络视图"界面中组态 G120C 变频器。在"硬件目录"选择"Other field devices"→"PROFINET IO"→"Drives"→"SIEMENS AG"→"SINAMICS"→"SINAMICS G120C PN V4.7"选项，将其拖拽到"网络视图"界面，如图 8-84 所示。注意操作下面的步骤时博途软件需要安装"Startdrive"，安装成功后，在"网络视图"界面中出现添加好的设备。

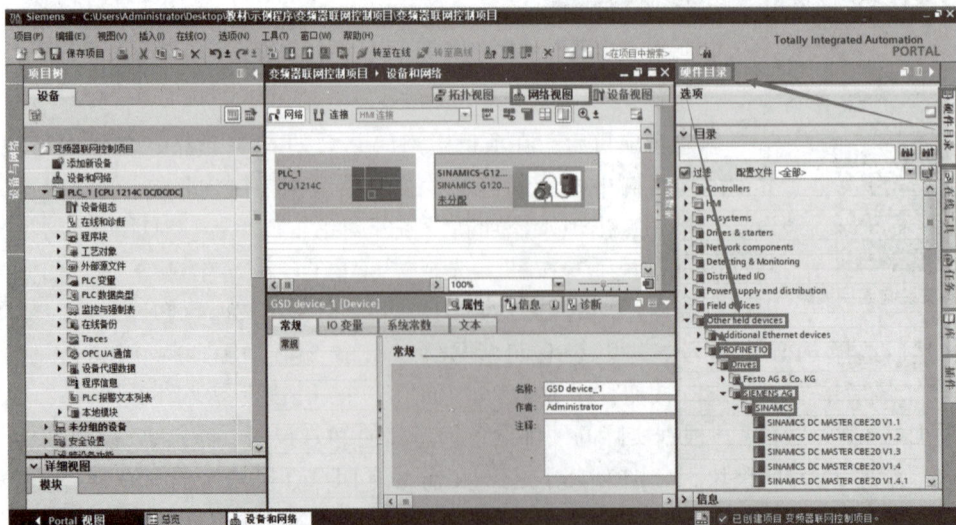

图 8-84 组态变频器

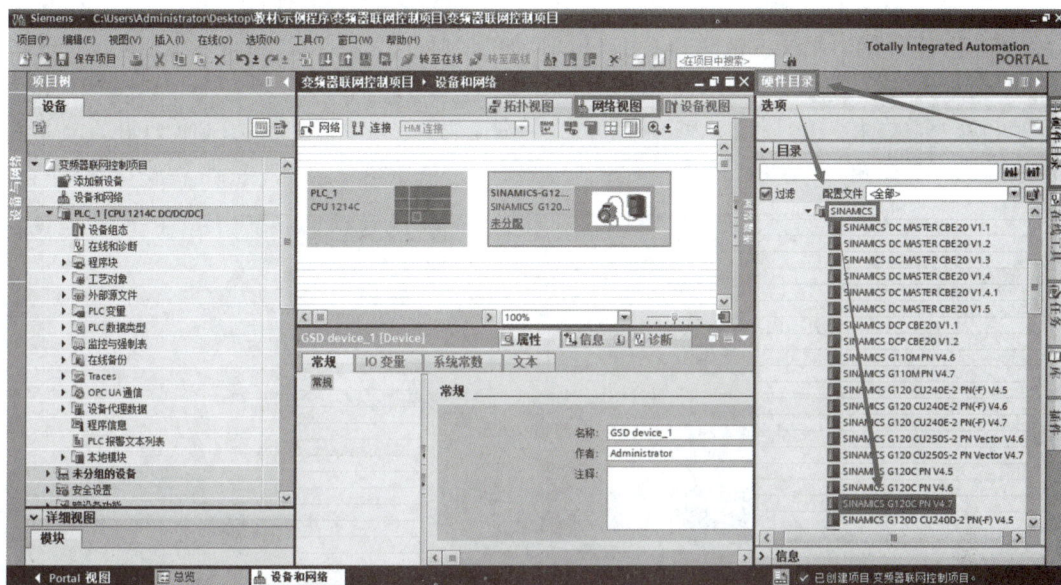

图 8 - 84　组态变频器（续）

（2）建立 PLC 的 IP 地址，在"网络视图"界面中，进入 PLC 的组态区域"设备视图"界面，选择"属性"→"常规"→"以太网地址"选项，以太网的 IP 地址为 192.168.0.5，子网掩码为 255.255.255.0，名称 PROFINET 设备名称为 S7 - 1200，如图 8 - 85 所示。

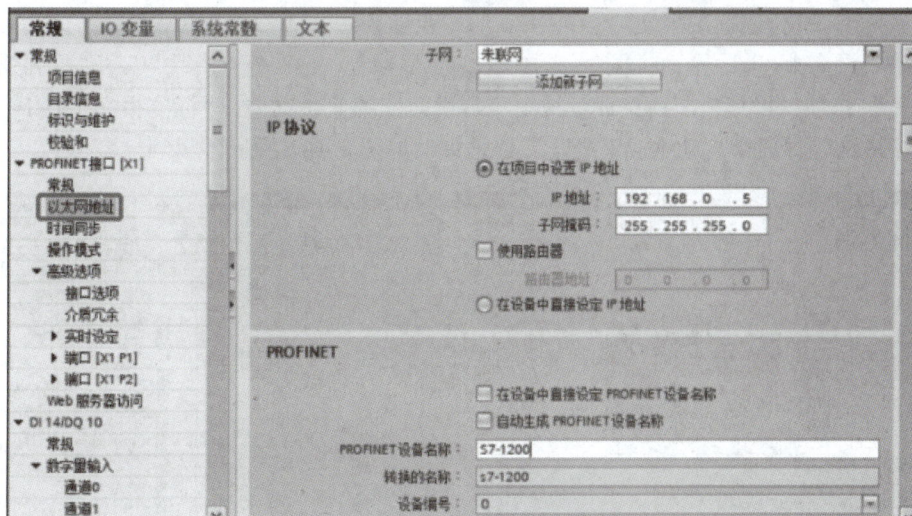

图 8 - 85　PLC 的通信配置

（3）建立 G120C 变频器的 IP 地址和名称。在"网络视图"界面中，选择 G120C 变频器，单击"未分配"字样，选择 PLC_1.PROFINET 接口_1，建立 PROFINET 组态连接。进入 G120C 变频器的组态区域"设备视图"界面，选择"属性"→"常规"→"以太网地址"选项，修改以太网的 IP 地址为 192.168.0.7，子网掩码为 255.255.255.0，PROFINET 设备名称为 G120，如图 8-86 所示。

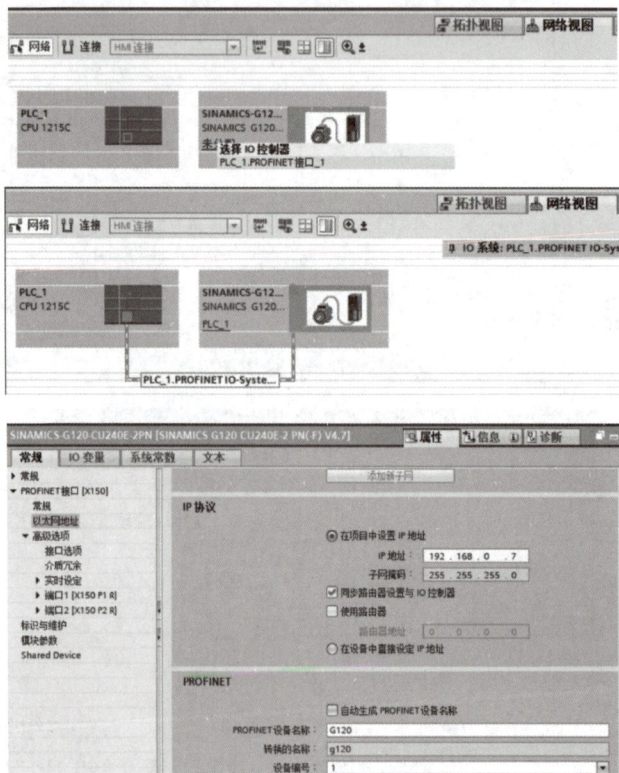

图 8-86　变频器的通信配置

（4）对 G120 分配标准报文 1。在 G120 的"设备视图"界面中，单击左右子菜单栏目按钮，出现"设备概览"界面；同时选择"硬件目录"中的"子模块"→"标准报文 1 PZD-2/2"选项，将其拖拽到"设备视图"界面对应的蓝色框中；"标准报文 1 PZD-2/2"在"设备概览"界面中自动生成 I 地址及 Q 地址，如图 8-87 所示。

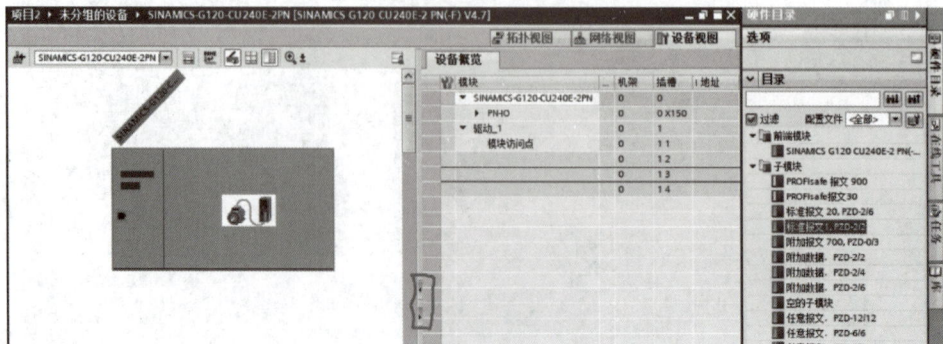

图 8-87　添加变频器报文

图 8 – 87　添加变频器报文（续）

（5）设置 G120 的参数向导。在项目树中选择"在线访问"→PC 网卡名称→"更新可访问的设备"→"显示更多信息"选项，出现现场使用的设备名称；选择"g120 [192. 168. 0. 7]"→"调试"选项并双击，如图 8 – 88 所示。

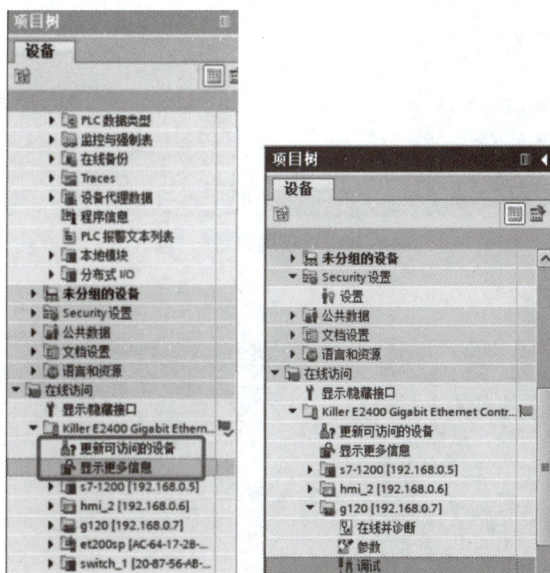

图 8 – 88　在线访问 G120

选择"调试向导"选项，设置基本电动机参数，如图 8 – 89 所示。

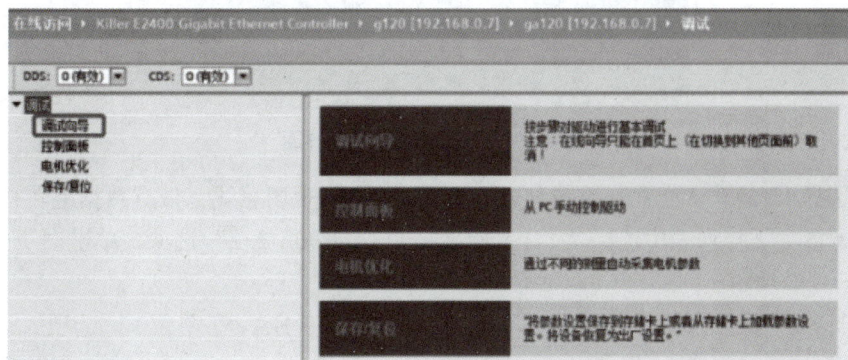

图 8 – 89　调试向导

273

在"应用等级"下拉列表中选择"［1］Standard Drive Control（SDC）"选项，单击"下一步"按钮，如图8-90所示。

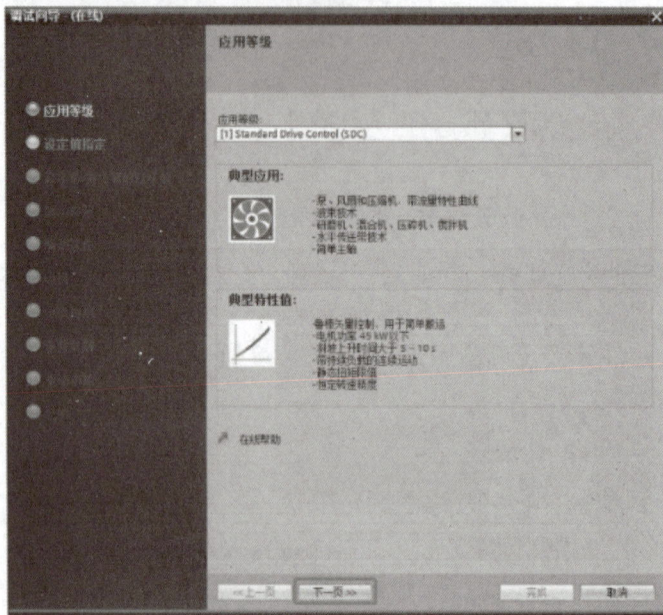

图8-90 "应用等级"界面

单击表示"PLC连接驱动"的单选按钮，再单击"下一步"按钮，如图8-91所示。

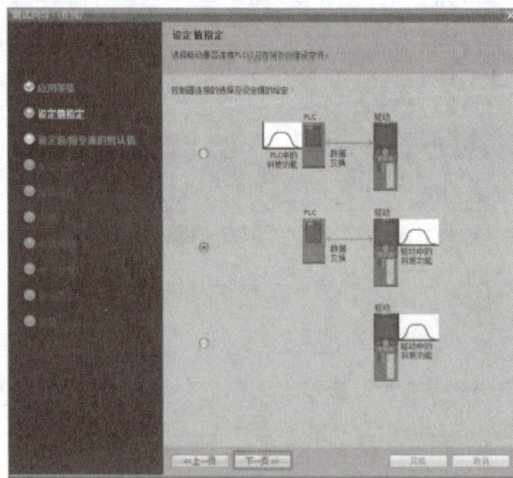

图8-91 "设定值指定"界面

在"选择IO的默认配置"下拉列表中选择"［7］现场总线，带有数据组转换"选项，在"报文配置"下拉列表中选择"［1］标准报文1，PZD-2/2"选项，单击"下一步"按钮，如图8-92所示。

在"标准"下拉列表中选择"［0］IEC电机（50 Hz，SI单位）"选项，设置"设备输入电压"为400 V（根据电动机的额定电压设置），单击"下一步"按钮，如图8-93所示。

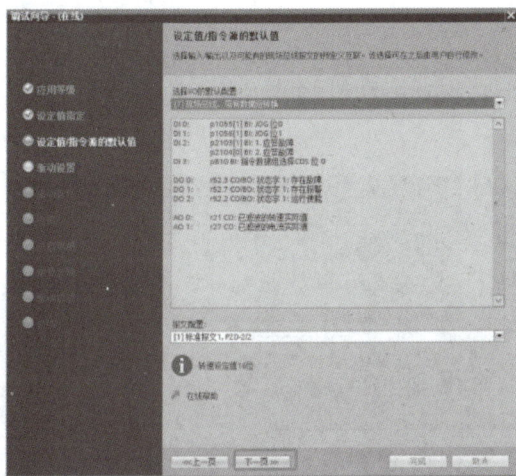

图 8-92 "设定值/指令源的默认值"界面

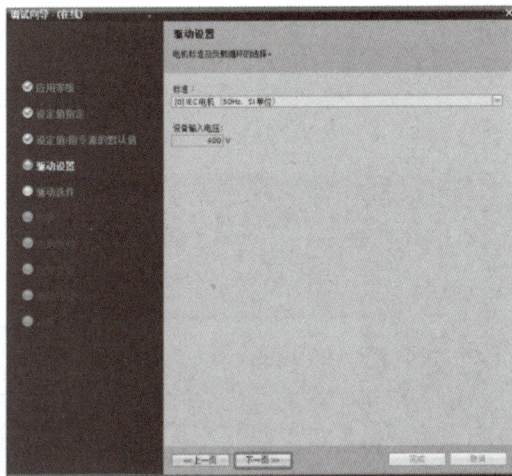

图 8-93 "驱动设置"界面

在"驱动选件"界面勾选"制动电阻"复选框，设置"最大制动功率"为 1.50 kW，在"驱动：输出滤波器类型"下拉列表中选择"[0] 无筛选"选项，单击"下一步"按钮，如图 8-94 所示。

注意：这里一定要勾选"制动电阻"复选框，否则电动机启动后在加速时会自动降速停止并报警。根据现场电动机铭牌，对照输入相关参数，单击"下一步"按钮，如图 8-95 所示。

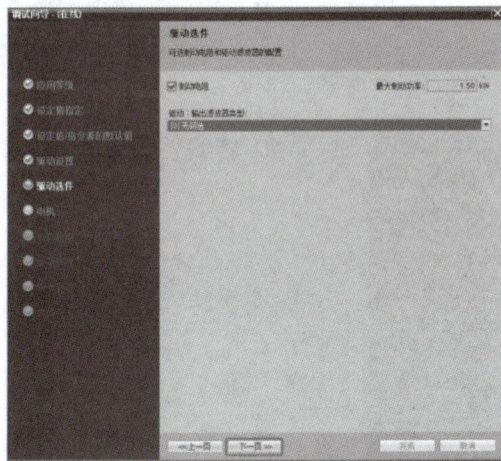

图 8-94 "驱动选件"界面

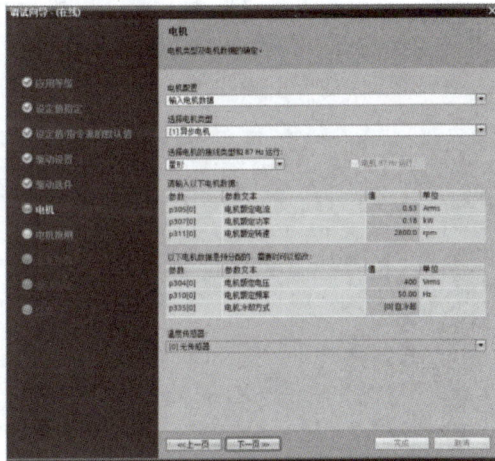

图 8-95 "电机"界面

现场电动机铭牌如图 8-96 所示。

图 8-96 现场电动机铭牌

在"电机抱闸配置"下拉列表中选择"［0］无电机抱闸"选项，单击"下一步"按钮，如图8-97所示。

根据现场实际需求，设定相应要求，转速根据现场电动机铭牌选择，单击"下一步"按钮，如图8-98所示。

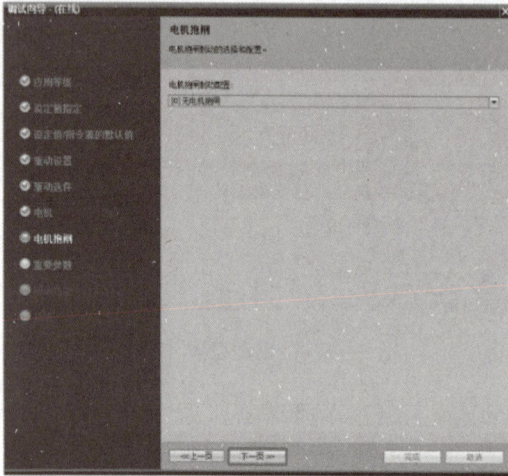

图8-97 "电机抱闸"界面

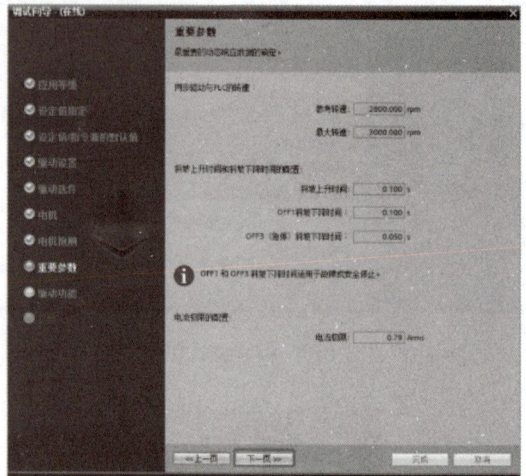

图8-98 "重要参数"界面

在"工艺应用"下拉列表中选择"［0］恒定负载（线性特性曲线）"选项。

第一次使用变频器拖动电动机时一定要进行电动机识别（或者单独进行电动机识别），做完电动机识别再修改回来。在"电机识别"下拉列表中选择"［0］禁用"选项，单击"下一步"按钮，如图8-99所示。

查看信息是否正确，单击"完成"按钮，如图8-100所示。

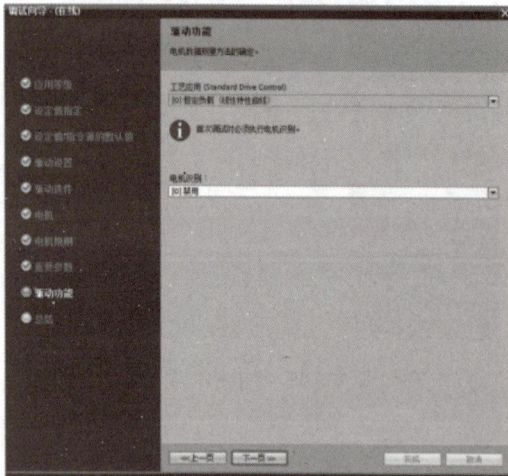

图8-99 "驱动功能"界面

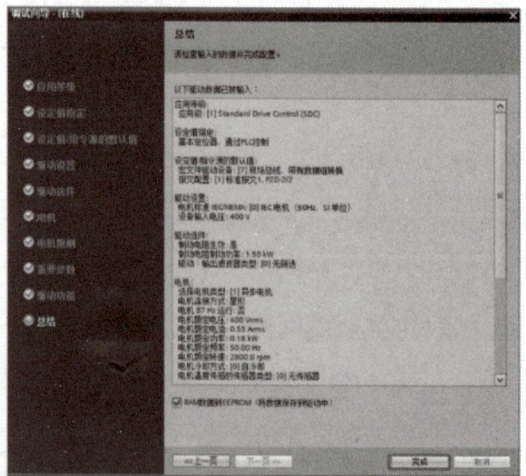

图8-100 "总结"界面

单击"完成"按钮后，RAM数据自动保存到EEPROM中，如图8-101所示。

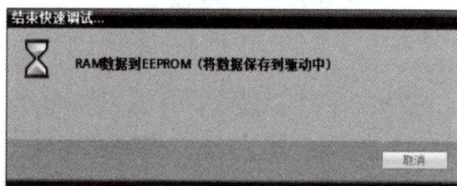

图 8－101　保存 RAM 数据提示对话框

8.3.3　PLC 程序设计

组态变频器时分配了“标准报文 1，PZD－2/2”，PLC 自动分配了 I 区地址及 Q 区地址，即 IW68 和 IW70、QW68 和 QW70。

“标准报文 1，PZD－2/2”（图 8－102）的 PZD1 为控制字 1（STW1），PZD2 为主设定值（NSOLL_A），PZD1 为状态字 1（ZSW1），PZD2 为实际转速（NIST_A）。

QW68 对应 PZD1——控制字 1（STW1），QW70 对应 PZD2——主设定值（NSOLL_A）；

IW68 对应 PZD1——状态字 1（ZSW1），QW70 对应 PZD2——实际转速（NIST_A）。

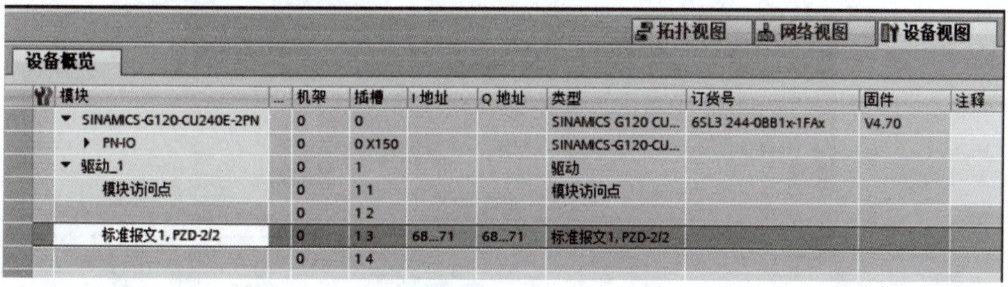

模块	...	机架	插槽	I 地址	Q 地址	类型	订货号	固件	注释
SINAMICS-G120-CU240E-2PN		0	0			SINAMICS G120 CU...	6SL3 244-0BB1x-1FAx	V4.70	
PN-IO		0	0 X150			SINAMICS-G120-CU...			
驱动_1		0	1			驱动			
模块访问点		0	1 1			模块访问点			
		0	1 2						
标准报文1, PZD-2/2		0	1 3	68...71	68...71	标准报文1, PZD-2/2			
		0	1 4						

图 8－102　“标准报文 1，PZD－Z/2”设备概览

常用控制字如下。

047E（十六进制）——OFF1（停车）；

047F（十六进制）——（正转启动）；

0C7F（十六进制）——（反转启动）；

04FE（十六进制）——（故障复位）。

1. 控制字赋值

为控制字赋值，包括“电动机故障复位”“电动机停止”“电动机正转”“电动机反转”，如图 8－103 所示。

2. 设定转速

第一个指令“设置限制值”，在 HMI 中输入 MD100 的变量值只能在 0 ~2800 范围内，即输入值超出 2800 为 2800，输入值小于 0 为 0。第二、三个指令“标准化、缩放”，把 HMI 中 MD100 的输入值进行线性化方程转换，对应 0~16384，也是 0 对应 0，2800 对应 16384，这样 0~2800 的转速可以随意设置切换。(图 8－104)。

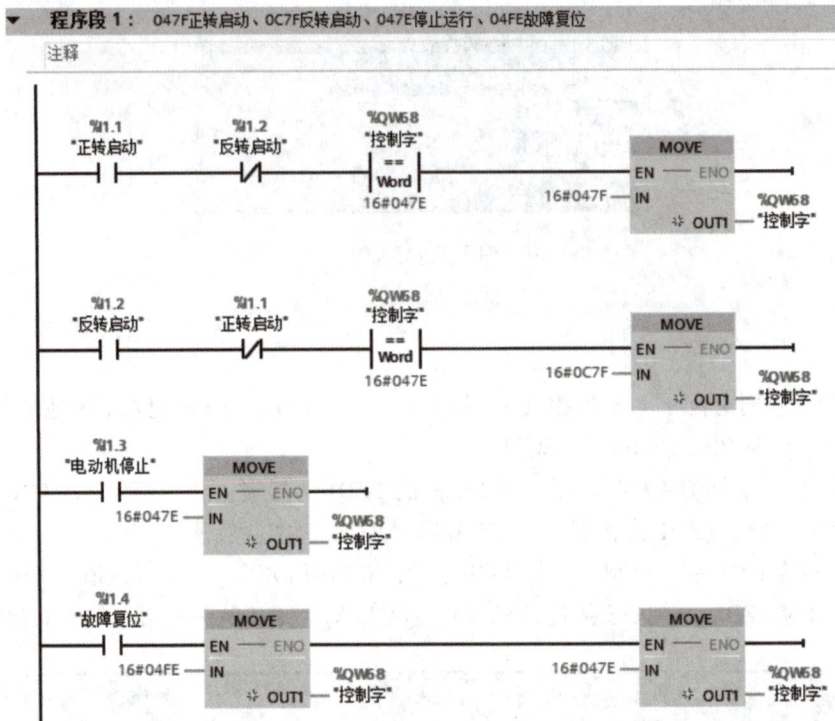

图 8-103　控制字赋值程序

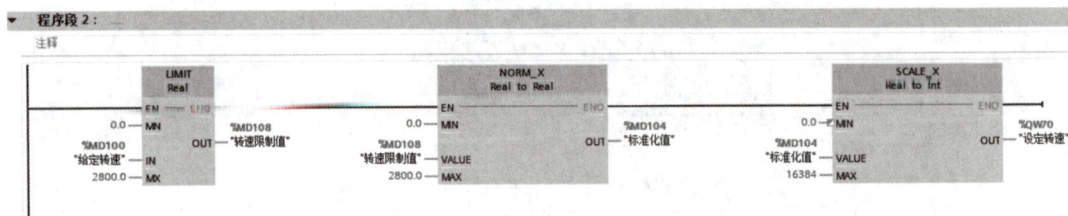

图 8-104　设定转速程序

3. HMI 监控程序

读取 MW50 和 MW116 分别可以监视变频器状态和电动机实际转速并显示在 HMI 中（图 8-105）。

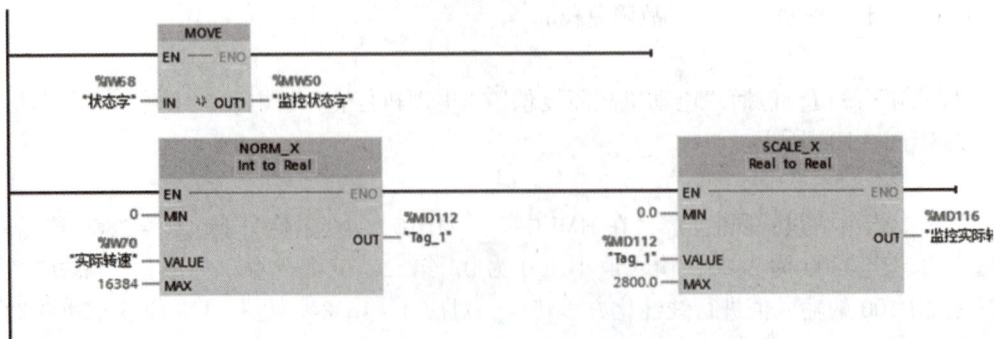

图 8-105　HMI 监控程序

8.3.4　HMI 设计

1. 添加 HMI 并通信

按照前面的方法添加 HMI，然后分配 HMI 的 IP 地址。在"网络视图"界面中，单击 PLC 的示意图（图 8－106），进入 HMI 的组态区域"设备视图"界面，在"属性"选项卡中修改以太网的 IP 地址为 192.168.0.6，子网掩码为 255.255.255.0，PROFINET 设备名称为 TP700。

图 8－106　HMI 网络连接

2. HMI 画面制作及变量连接

HMI 画面设计如图 8－107 所示。

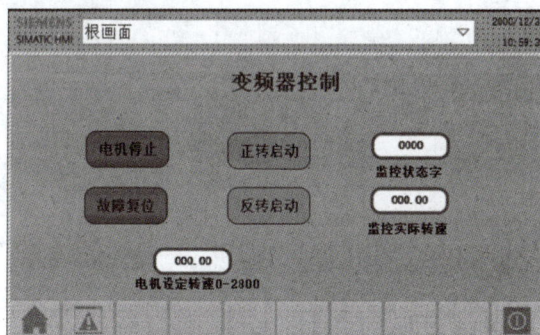

图 8－107　HMI 画面设计

1）按钮变量选择

以"电机停止"按钮为例进行按钮变量选择（图 8－108）。双击"电机停止"按钮，会弹出该按钮的属性对话框，若没有自动弹出，需要用鼠标将该对话框拖拽出来。

图 8－108　"电机停止"按钮

在"属性"→"常规"处输入"电机停止"；在"属性"→"填充样式"处选择颜色"红色"（图 8－109）。

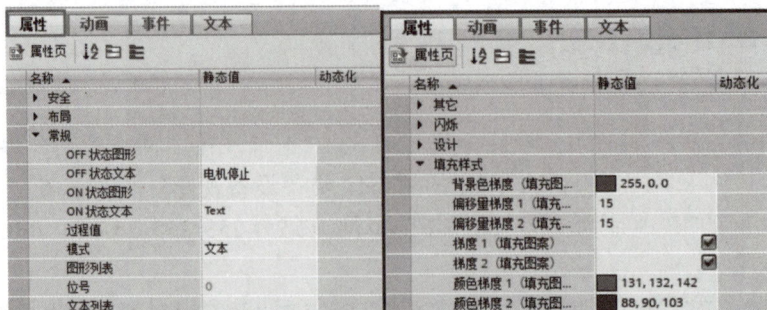

图 8-109　修改"电机停止"按钮属性

单击"事件"选项卡,在"按下"→"置位位"处添加 PLC 变量"电机停止-I1.3";在"释放"→"复位位"处添加 PLC 变量"电机停止-I1.3"(图 8-110)。

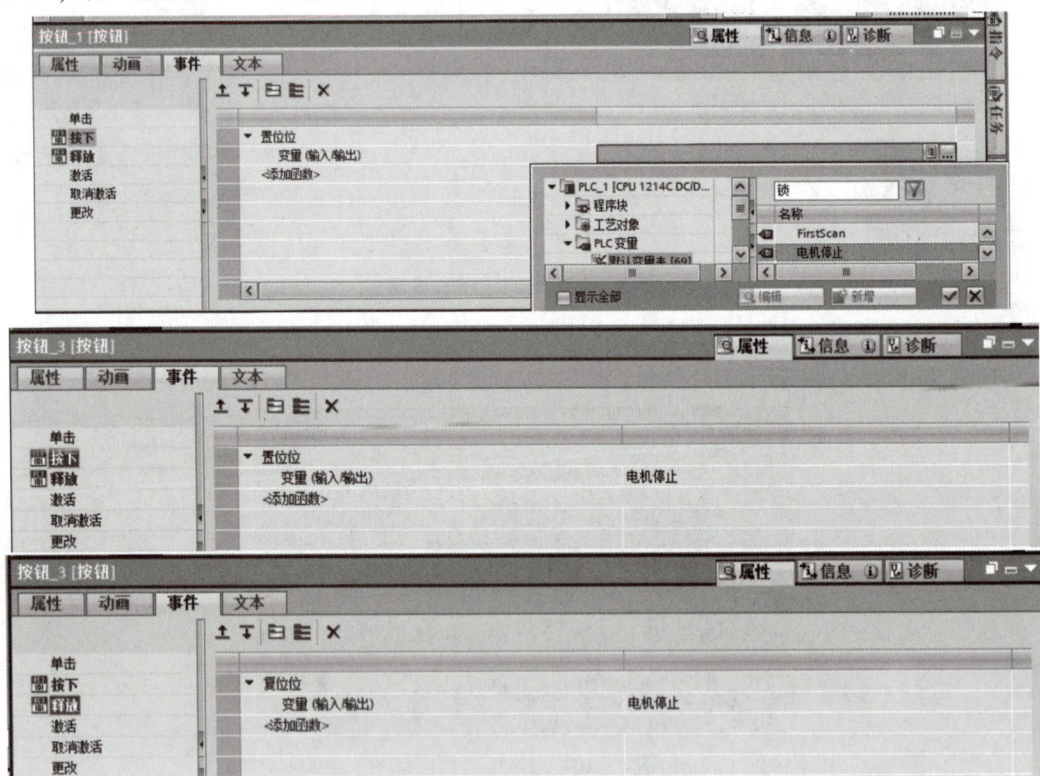

图 8-110　"电机停止"按钮事件定义

2)I/O 域变量选择

双击编辑的"I/O 域"对象(图 8-111),会弹出该"I/O 域"对象的属性对话框,若没有自动弹出,需要用鼠标将对话框拖拽出来。

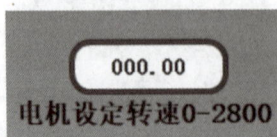

图 8-111　添加"I/O 域"对象

在"属性"→"常规"处设置"格式样式""模式""显示格式"。"I/O 域"下面的文字为注解，通过添加的"文本域"实现（图 8 – 112）。

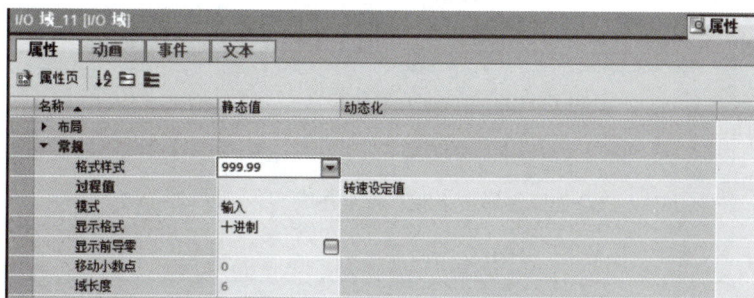

图 8 – 112 修改"I/O 域"属性

单击"动画"选项卡，选择"变量连接"选项添加一个过程值，同时添加 PLC 变量"转速设定值 – MD100"（图 8 –113）。

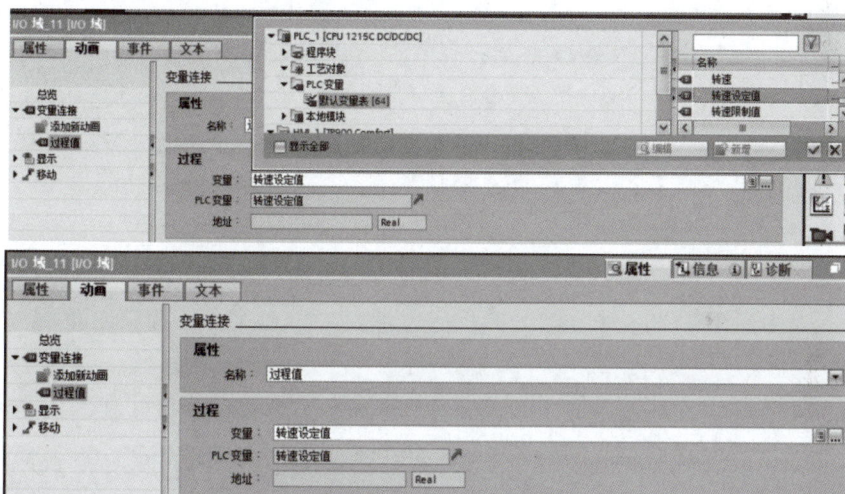

图 8 – 113 I/O 域连接变量

其余按钮及"I/O 域"操作一样，只是选择对应的变量。

【任务评价】

任务评价见表 8 – 4。

表 8 – 4 任务评价

评价内容	评价细则	占比/%	完成情况
PLC 组态与通信	创建 PLC 项目	5	
	PLC 硬件组态与通信地址配置	5	
变频器组态与通信	添加变频器	5	
	变频器通信地址配置，变频器与 PLC 连接	10	
	添加标准报文	5	

续表

评价内容	评价细则	占比/%	完成情况
PLC 程序设计	变频器控制电动机实现对应功能的程序设计	15	
HMI 组态与通信	HMI 硬件组态与通信地址配置	10	
	HMI 画面设计	25	
HMI 监控运行	PLC 程序编译、下载、转至在线	5	
	HMI 运行画面	5	
	监控测试	10	